高等职业教育机电类专业规划教材

电路分析与测试

刘文革　彭志平　主　编
胡春玲　李晓洁　副主编
杨　柳　主　审

中国铁道出版社有限公司
CHINA RAILWAY PUBLISHING HOUSE CO., LTD.

内 容 简 介

本书依据高职电气化铁道技术、电气自动化技术、电子应用技术等电类专业的就业岗位群及考证要求的电路分析基本知识与电路测试基本技能编写而成。主要内容包括：电路的基本概念、基本定律与测试，直流电路的分析与测试，一阶电路的过渡过程与测试，单相正弦交流电路的分析与测试、互感电路的分析与测试、三相正弦交流电路的分析与测试。将电路基本概念、基本元器件、基本分析方法及常用电工仪表的使用融合在相关的学习任务中，并配有足够数量的典型例题及标准化检测题便于学生课后复习与自学，加强知识技能与测试技能的训练。

本书可供高等职业院校电气化铁道技术、电气自动化技术、电子应用技术等电类专业"电工基础""电路分析"课程使用，也可供非电类专业"应用电工学"课程使用。

图书在版编目（CIP）数据

电路分析与测试 / 刘文革，彭志平主编. —北京：
中国铁道出版社，2015. 9（2019. 7 重印）
高等职业教育机电类专业规划教材
ISBN 978-7-113-20490-7

Ⅰ. ①电… Ⅱ. ①刘… ②彭… Ⅲ. ①电路分析 –
高等职业教育 – 教材②电路测试 – 高等职业教育 – 教材
Ⅳ. ①TM13

中国版本图书馆 CIP 数据核字（2015）第 181341 号

书　　名：**电路分析与测试**
作　　者：刘文革　彭志平　主编

策　　划：何红艳　　　　　　　　　　　读者热线：(010) 63550836
责任编辑：何红艳
编辑助理：绳　超
封面设计：付　巍
封面制作：白　雪
责任校对：钱　鹏
责任印制：郭向伟

出版发行：中国铁道出版社有限公司（100054，北京市西城区右安门西街 8 号）
网　　址：http://www.tdpress.com/51eds/
印　　刷：三河市兴博印务有限公司
版　　次：2015 年 9 月第 1 版　　　2019 年 7 月第 2 次印刷
开　　本：787 mm×1 092 mm　1/16　印张：15. 75　字数：370 千
印　　数：2001～3000 册
书　　号：ISBN 978-7-113-20490-7
定　　价：32. 00 元

课程建设与改革是提高教学质量的核心，也是教学改革的重点和难点。本书的编写以编者主持的 2011—2013 年建设广州市级精品课程"电路分析与测试"及广州铁路职业技术学院 2011—2014 年国家骨干校建设重点项目中重点教材建设为契机，通过广州铁路职业技术学院三个专业四年多的教学实践，在不断改进与完善中编写而成。

本书在内容的选取与组织上，主要注重以下几个方面：

（1）融"教学做"于一体：本书以学生就业所需的专业知识和操作技能为着眼点，在适度的基础知识与理论体系覆盖下，将"理论、实验、应用"一体化设置，将教学内容细化为 6 个模块的各个具体任务，并把理论知识融入实际元器件特性测试、典型电路测试及应用电路测试之中，既体现内容的基础性，又突出教学使用中的实用性和可操作性。

（2）精选例题，确保示范性：高职学生学习本课程普遍反映"一听就懂，一做就错"。编者根据从教高职"电路分析与测试"课程多年的教学实践，对其中重点与难点内容精选了适当数量的例题，力求做到解题思路清晰明了，步骤规范，图文并茂，以期对学生掌握基本的理论知识起到应有的示范与指导作用。

（3）精选工作任务，确保普及性：本书共设计有 13 个工作任务，每个工作任务典型而简洁，能够满足高职院校不同层次学生的需要，具有普及性。

（4）精选检测题，确保评价性：本书共分 6 个模块，每个模块后面都精选了数量适当、难度适中的检测题，可用于学生课后适时复习、巩固并检验学习效果，也可供教师进行阶段标准化考核，确保学生进行较全面的自评，教师进行较全面的测评。

本书在编写过程中借鉴了不少同行编写的优秀教材，从中受到了不少教益与启发，在此对各位作者表示衷心的感谢。

本书由广州铁路职业技术学院刘文革、河北轨道运输职业技术学院彭志平任主编，黑龙江职业学院胡春玲、郑州电力高等专科学校李晓洁任副主编。具体编写分工如下：刘文革编写模块四和模块五，彭志平编写模块三和模块六，胡春玲编写模块二，李晓洁编写模块一。全书由广州铁路职业技术学院杨柳主审。

广州铁路职业技术学院陈映芳为本书实验及应用性测试题提供了真实的实验数据，广州铁路职业技术学院王亚妮为本书的编写提出了宝贵的建设性意见，广深铁路股份有限公司广州供电段陈耀坤从企业的需求对本书编写进行了全程指导，在此向他们表示衷心感谢。

由于编者水平所限，书中疏漏之处在所难免，欢迎使用本书的师生提出宝贵的意见。

编　者
2015 年 6 月

模块一　电路的基本概念、基本定律与测试

学习目标

1. 知识目标

（1）了解电路的基本组成及各部分的作用，建立简单电路模型；

（2）理解电路基本物理量的概念，会计算电路的功率并能判断部分电路在整个电路中的作用；

（3）掌握基尔霍夫定律；

（4）了解电阻元件的外观、分类、应用、识别、检测，掌握其伏安特性，特别是欧姆定律；

（5）了解电源的分类，掌握理想电源的伏安特性；

（6）了解电工测量的基本知识，特别是仪表的误差与准确度、测量误差的概念。

2. 技能目标

（1）能根据电路原理图在面包板上完成简单直流电路的连接；

（2）初步学会使用直流稳压电源、直流电压表、直流电流表测量电路基本物理量；

（3）初步学会使用万用表测量直流电阻、电压、电流并能初步判断电路的故障。

任务一　简单直流电路的制作与直流电压、电流的测试

任务目标

（1）认识实际电路，理解电路模型的概念，了解电路的组成及工作状态；

（2）会使用直流电压表、电流表及万用表测量电路中的直流电流、电路任意两点间的电压及电路中任一点的电位；

（3）能正确理解电压、电流参考方向的概念；

（4）能利用计算的方法及测量的方法确定电路的功率，并判断各部分电路的作用；

（5）了解电工测量方法、误差、测量结果处理的基本知识。

工作任务

直流电压与电流的测量是直流电路测试的基本技能，通过相关知识的学习，完成以下任务：

（1）自行制作以小电珠为负载的简单直流照明电路；

（2）认识电工仪表的型号和面板标记的符号；

（3）学会使用直流稳压电源；

（4）使用直流电流表、电压表、万用表测量直流电流、电压、电位。

相关知识

一、电路模型的建立

手电筒实物外形及电路连接如图 1-1-1 所示。

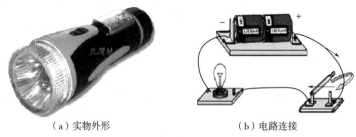

（a）实物外形　　　　　　　　　（b）电路连接

图 1-1-1　手电筒实物外形及电路连接

1. 电路简介

（1）电路的定义。电路是由一些电气设备或器件按一定方式组合起来，以实现某一特定功能的电流的通路。实际电路的主要功能如下：

①进行能量的传输、分配与转换，如将其他形式的能量转换成电能，如热能、水能、光能、原子能等的发电装置；通过变压器和输电线将电能送至各类用电器。

②实现信息的传递与处理，如电话、收音机、电视机电路等。

（2）电路的组成及作用。实际电路一般由电源、负载、连接导线及控制电器几个部分组成。图 1-1-2 标出了手电筒实际电路的组成及各部分作用。

2. 电路模型

（1）理想元件。实际电路中的元件虽然种类繁多，但在电磁现象方面却有共同之处。为了便于对电路进行分析和计算，可将实际的电路元件加以近似化、理想化，在一定的条件下忽略其次要性质，用足以表征其主要特性的"模型"来表示，即用理想元件来表示。如理想电阻元件只消耗电能；理想电容元件只存储电能，不消耗电能；理想电感元件只存储磁能，不消耗电能。

（2）电路模型。有些实际器件，则需要由一些元件的组合构成它的模型。元件或元件的组合，就构成了实际器件和实际电路模型。元件都用规定的图形符号表示，再用连线表示元件之间的电的连接，这样画出的图形称为电路图，这就是实际电路的模型，简称电路模型。电路理论中所研究的电路实际是电路模型的简称。图 1-1-3 所示为图 1-1-2 的电路模型。表 1-1-1 列出了电路图中常用的元器件及仪表的图形符号。

表 1-1-1 电路图中常用的元器件及仪表的图形符号

名　　称	图 形 符 号	名　　称	图 形 符 号
电池	—⊣⊢—	可调电容元件	⫫
理想电压源	+ ⊖ —	理想导线	——
理想电流源	⊕→	互相连接的导线	—•—
电阻元件	—▭—	交叉但不相连的导线	—┼—
电位器	▭̄	开关	／
可调电阻元件	▱	熔断器	—▭—
照明灯	—⊗—	电流表	—Ⓐ—
电感元件	—ᴍᴍᴍ—	电压表	—Ⓥ—
铁芯电感元件	—ᴍᴍᴍ—	功率表	*Ⓦ*
电容元件	—⊣⊢—	接地	⏚

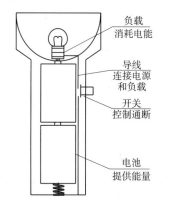

图 1-1-2 手电筒实际电路的组成及各部分作用

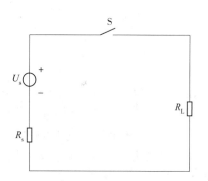

图 1-1-3 手电筒电路模型

【例 1-1-1】　图 1-1-4（a）所示为开关控制灯泡与电铃的实物接线图，请画出对应电路图。

解： 对应电路图如图 1-1-4（b）所示。

二、电路中常用的物理量及测试

电路中的物理量主要包括电流、电压、电位、电动势以及电功率。

1. 电流及其测试

（1）电流的定义。带电粒子定向移动形成电流。如金属导体中的自由电子受到电场力的作用，逆着电场方向定向移动，从而形成了电流。

3

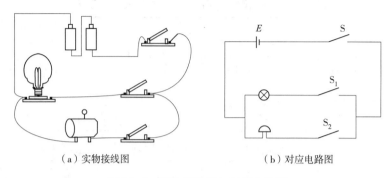

（a）实物接线图　　　　　　　（b）对应电路图

图 1-1-4　实物接线图与对应电路图

（2）电流的大小及实际方向。电流的大小等于单位时间内通过导体横截面的电荷量。电流的实际方向习惯上是指正电荷定向移动的方向。

电流分为 2 类：一是大小和方向均不随时间变化的电流，称为直流电流，简称直流，用 I 表示；二是大小和方向均随时间变化的电流，称为交变电流，简称交流，用 i 表示。

对于直流电流，单位时间内通过导体截面的电荷量是恒定不变的，其大小为

$$I = \frac{Q}{t} \tag{1-1-1}$$

对于交变电流，若在一个无限小的时间间隔 $\mathrm{d}t$ 内，通过导体横截面的电荷量为 $\mathrm{d}q$，则该瞬间的电流为

$$i = \frac{\mathrm{d}q}{\mathrm{d}t} \tag{1-1-2}$$

在国际单位制（SI）中，电流的单位是安［培］（A）。

（3）电流参考方向。图 1-1-5 所示为实验室验证基尔霍夫定律等的典型实验电路，当两个电源都连上并且改变它们的大小时，你能确定通过 R_1、R_2 电流的实际方向吗？在复杂电路中，电流的实际方向有时难以确定，为了便于分析计算，便引入电流参考方向的概念。

所谓电流的参考方向，就是在分析计算电路时，先任意选定某一方向，如图 1-1-5 所示，作为待求电流的方向，并根据此方向进行分析计算。

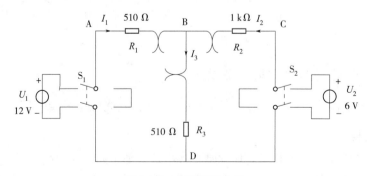

图 1-1-5　典型实验电路

（4）计算（测量）结果意义。在电路计算（测量）中，在选定参考方向下，若计算（测量）结果为正值，说明电流的参考方向与实际方向相同；若计算（测量）结果为负值，说明电流的参考方向与实际方向相反。图1-1-6所示为电流的参考方向（图中实线所示）与实际方向（图中虚线所示）之间的关系。

图1-1-6　电流的参考方向与实际方向之间的关系

【例1-1-2】　图1-1-7所示为某一直流电路一部分，经过计算得出在图示参考方向下，流过该部分电路的电流值为－5 A，试说明其物理意义，并画出电流表测试电路图。

解：在图1-1-7所示参考方向下，$I = -5$ A，说明通过这部分电路电流的大小为5 A，实际方向与参考方向相反。该电流实际方向及电流表测试电路图如图1-1-8所示。

图1-1-7　【例1-1-2】图　　　　　图1-1-8　【例1-1-2】解答图

2. 电压及其测试

（1）电压的定义。在电路中，电场力把单位正电荷（q）从a点移到b点所做的功（W）就称为a、b两点间的电压，记作

$$u_{ab} = \frac{dw}{dq} \tag{1-1-3}$$

对于直流，则

$$U_{ab} = \frac{W}{Q} \tag{1-1-4}$$

电压的单位为伏［特］（V）。

（2）电压的实际方向。规定电场力移动正电荷运动的方向为电压的实际方向。

（3）电压的参考方向与计算（测量）结果意义。如同电流的参考方向一样，在电路分析与测量时，电压也需要假定参考方向，其方向可用箭头表示，"＋""－"极性表示，也可用双下标表示，如图1-1-9所示。若用双下标表示，如U_{ab}表示a指向b。显然$U_{ab} = -U_{ba}$。

图1-1-9　电压参考方向的标定示图

电压的参考方向也是任意选定的，在选定电压参考方向时，当计算（测量）结果为正值，说明电压参考方向与实际方向相同；反之，说明电压参考方向与实际方向相反。如

图 1-1-10 所示，电压的参考方向（实线所示）已标出，若计算出 $U_1 = 1\ \text{V}$，$U_2 = -1\ \text{V}$，则各电压实际方向（虚线所示）如图 1-1-10 所示。

图 1-1-10　电压的参考方向与实际方向之间的关系

【例 1-1-3】　图 1-1-11 所示为某一直流电路的一部分，经过计算得出在图示参考方向下，该部分电路两端的电压为 10 V，试说明其物理意义，并画出电压表测试电路图。

解：在图示参考方向下，$U = 10\ \text{V}$，说明该部分两端电压的大小为 10 V，实际方向与参考方向一致。该电压实际方向及电压表测试电路如图 1-1-12 所示。

特别指出，电流与电压的参考方向原本可以任意选择，彼此无关，但在实际电路分析时，一般把两者的参考方向选为一致，称为关联参考方向；若参考方向选择为相反，则称为非关联参考方向。

图 1-1-11　【例 1-1-3】图　　　　　图 1-1-12　【例 1-1-3】解答图

3. 电位及其测试

在电工技术中，大都使用电压的概念，例如，荧光灯的工作电压为 220 V，干电池的电压为 1.5 V 等，而在电子技术中，经常要用到电位的概念。

（1）参考点。在电路中任选一点作为参考点，当电路中有接地点时，则以地为参考点；若没有接地点时，则选择较多导线的汇集点为参考点。在电子电路中，通常以设备外壳为参考点。参考点用符号"⊥"表示。

（2）电位的定义。选定参考点后，定义电路中某一点与参考点之间的电压称为该点的电位。一般规定参考点的电位为零，因此参考点又称零电位点。电位用符号 V 或 φ 示。例如，A 点的电位记为 V_A 或 φ_A。显然

$$\varphi_A = U_{AO} \tag{1-1-5}$$

式中，U_{AO} 表示 A 点与参考点 O 之间的电压。

（3）电路中各点电位、电压与参考点的关系：

①电位与参考点的关系：各点的电位随参考点的变化而变化，在同一电路中，只能选择一个参考点，参考点一旦选定，各点的电位是唯一确定的。和电压一样，电位也是一个代数量，凡比参考点电位高的各点为正电位，比参考点电位低的各点为负电位。

②电压与参考点的关系：电路中任意两点的电压与参考点的选择无关，即电路参考点不同，但电路中任意两点的电压不变。

③电压与电位的关系：电路中任意两点的电压等于这两点的电位差，即

$$u_{ab} = \varphi_a - \varphi_b \tag{1-1-6}$$

【例 1-1-4】 如图 1-1-13 所示电路，已知各元件两端的电压为 $U_1 = 10\ \text{V}$，$U_2 = 5\ \text{V}$，$U_3 = 8\ \text{V}$，$U_4 = -23\ \text{V}$。若分别选 B 点与 C 点为参考点，试求电路中各点的电位。

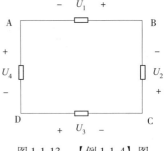

图 1-1-13 【例 1-1-4】图

解： 选 B 点为参考点，则 $\varphi_B = 0$

$\varphi_A = U_{AB} = -U_1 = -10\ \text{V}$

$\varphi_C = U_{CB} = U_2 = 5\ \text{V}$

$\varphi_D = U_{DB} = (\varphi_D - \varphi_C) + (\varphi_C - \varphi_B)$

$\qquad = U_3 + U_2 = (8+5)\ \text{V} = 13\ \text{V}$

选 C 点为参考点，则 $\varphi_C = 0$

$\varphi_A = U_{AC} = (\varphi_A - \varphi_B) + (\varphi_B - \varphi_C) = -U_1 - U_2 = (-10-5)\ \text{V} = -15\ \text{V}$

或 $\varphi_A = U_{AC} = U_4 + U_3 = (-23+8)\ \text{V} = -15\ \text{V}$

$\varphi_B = U_{BC} = -U_2 = -5\ \text{V}$

$\varphi_D = U_{DC} = U_3 = 8\ \text{V}$

4. 电动势

（1）电动势的定义。在电路中，正电荷在电场力的作用下，由高电位移到低电位，形成电流。要维持电流，还必须要有非电场力把单位正电荷从低电位推到高电位。这个非电场力就是电源力（在各类电源内部就存在着这种力。例如，干电池中的化学力，发动机内部的电磁力等），电源力把单位正电荷由低电位点 B 经电源内部移到高电位点 A，克服电场力所做的功，称为电源的电动势。电动势用 e 表示，即

$$e = \frac{\mathrm{d}w_{\text{非}}}{\mathrm{d}q} \tag{1-1-7}$$

直流电源的电动势为

$$E = \frac{W_{\text{非}}}{Q} \tag{1-1-8}$$

电动势的单位也是伏［特］（V）。

（2）电动势的实际方向与参考方向。电动势的实际方向规定由低电位指向高电位，即由"－"极指向"＋"极。当电源极性未知时，同样需要选定其参考方向，即假设参考极性。

（3）电动势与电压的关系：

①电动势与电压的物理意义不同：电压是衡量电场力做功能力的物理量，而电动势是衡量电源力做功能力的物理量，电动势只存在于电源的内部。

②电动势与电压的实际方向不同：电动势的实际方向由"－"极指向"＋"极，而电压的方向则是由"＋"极指向"－"极。

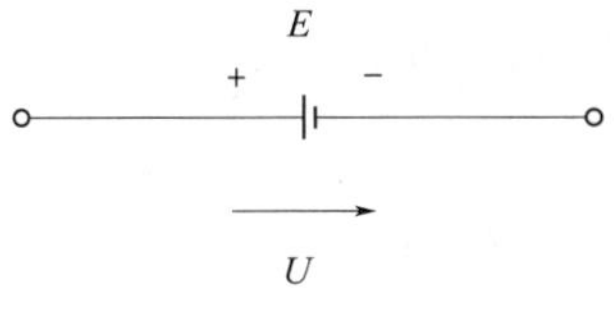

设某电源的参考极性（U 与 E 的参考方向相反）如图 1-1-14 所示，则电源电动势与其端电压的关系为 $U = E$，若 U 与 E 的参考方向一致，则 $U = -E$。

图 1-1-14 电源电动势与其端电压参考方向

5. 电功率

（1）电功率的定义及计算公式。单位时间内电场力或电源力所做的功，称为电功率，用 p 表示，即

$$p = \frac{\mathrm{d}w}{\mathrm{d}t} \tag{1-1-9}$$

如图 1-1-15（a）所示，u、i 为关联参考方向，N 为电路的任一部分或任意元件。根据电压、电流及电功率的定义，可得电路吸收的功率为

$$p = ui \tag{1-1-10}$$

如图 1-1-15（b）所示，u、i 为非关联参考方向，$u_{ab} = -u_{ba}$，电路吸收的功率为

$$p = -ui \tag{1-1-11}$$

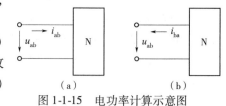

图 1-1-15 电功率计算示意图

在直流电路中，电压、电流都是恒定值，电路吸收的功率也是恒定的，常用大写字母表示，式（1-1-10）及式（1-1-11）可写成

$$P = \pm UI \tag{1-1-12}$$

电功率的单位是瓦［特］（W）。

（2）正确理解和使用电功率公式。当需要求解某部分（或某元件）的功率，并判断其在电路中作用时，应该明确以下几步：

①选定电压、电流的参考方向（关联或非关联）。

②选用正确公式：关联 $p = ui$，$P = UI$（直流）；非关联 $p = -ui$，$P = -UI$（直流）。

③将 u、i（U、I）的数值连同符号一起代入所选公式，计算出 p（P）。

④判断作用：计算结果 p（P）> 0，吸收功率，起负载作用；p（P）< 0，产生功率，起电源作用；p（P）$= 0$，既不吸收也不产生功率。

【例 1-1-5】 如图 1-1-16 所示电路，方框代表某一电路的一部分，其电压、电流如图 1-1-16 所示，求各图中部分电路的功率，并说明该部分电路在整个电路中的作用。

图 1-1-16 【例 1-1-5】图

解：图 1-1-16（a）U、I 参考方向关联

$$P = UI = 5 \times 3 \text{ W} = 15 \text{ W} > 0 \qquad\qquad 吸收功率 \quad 负载$$

图 1-1-16（b）U、I 参考方向非关联

$$P = -UI = -5 \times 3 \text{ W} = -15 \text{ W} < 0 \qquad\qquad 产生功率 \quad 电源$$

图 1-1-16（c）U、I 参考方向关联

$$P = UI =（-5）\times 3\ \text{W} = -15\ \text{W} < 0 \qquad 产生功率\quad 电源$$

图 1-1-16（d）U、I 参考方向非关联

$$P = -UI =-（-5）\times 3\ \text{W} = 15\ \text{W} > 0 \qquad 吸收功率\quad 负载$$

前面已介绍了电路中几个物理量的国际单位，如安［培］（A）、伏［特］（V）、瓦［特］（W）等。在实际应用中，有时嫌这些单位太小或太大，通常可在这些单位前加上相关的词头，构成所需的实用单位。例如，1 mA（毫安）$=1\times10^{-3}$ A，2 kV（千伏）$=2\times10^{3}$ V 等。

三、电路工作状态的认识

电路在不同的工作条件下，会处于不同的状态，并具有不同的特点。电路的工作状态有 3 种：开路状态、负载状态和短路状态。

1. 开路状态（空载状态）

在图 1-1-17 所示电路中，当开关 S 断开时，电源则处于开路状态。开路时，电路中电流为零，电源不输出能量，电源两端的电压称为开路电压，用 U_{OC} 表示，其值等于电源电动势 E，即 $U_{\text{OC}} = E$。

2. 短路状态

在图 1-1-18 所示电路中，当电源两端由于某种原因短接在一起时，电源则被短路。短路电流 $I_{\text{SC}} = \dfrac{E}{R_0}$ 很大，此时电源所产生的电能全被内阻 R_0 所消耗。

短路通常是严重的事故，应尽量避免发生，为了防止短路事故，通常在电路中接入熔断器或断路器，以便在发生短路时能迅速切断故障电路。

3. 负载状态（通路状态）

电源与一定大小的负载接通，称为负载状态。这时电路中流过的电流称为负载电流，如图 1-1-19 所示。

负载的大小是以消耗功率的大小来衡量的。当电压一定时，负载的电流越大，则消耗的功率亦越大，则负载也越大。

为使电气设备正常运行，在电气设备上都标有额定值。额定值是生产厂为了使产品能在给定的工作条件下正常运行而规定的正常允许值。一般常用的额定值有额定电压、额定电流、额定功率，用 U_{N}、I_{N}、P_{N} 表示。

需要指出，电气设备实际消耗的功率 P 不一定等于额定功率 P_{N}。当 $P = P_{\text{N}}$ 时，称为满载运行；当 $P < P_{\text{N}}$ 时，称为轻载运行；当 $P > P_{\text{N}}$ 时，称为过载运行。电气设备应尽量在接近额定的状态下运行。

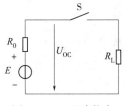
图 1-1-17　开路状态

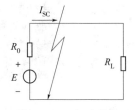
图 1-1-18　短路状态

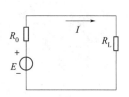
图 1-1-19　负载工作状态

任务实施与评价

下面进行直流电流、电压、电位的测量。

一、实施步骤

1. 熟悉实验室的工作环境、通用实验台布置和实验室规则

图 1-1-20 是实验室通用实验台主要功能区分布图。

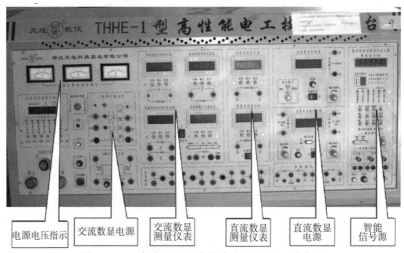

图 1-1-20　实验室通用实验台主要功能区分布图

2. 学习通用实验台上的直流电压表、直流电流表及直流电源的使用

（1）直流数显电压源的使用。图 1-1-21 所示为实验台上的直流数显稳压电源及直流数显恒流源。

直流数显稳压电源的使用。开启直流数显稳压电源带灯开关，0～30 V 电压源两路输出插孔均有电压输出。

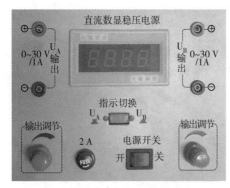

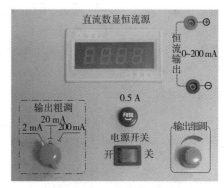

（a）直流数显稳压电源　　　　　　　　　　　（b）直流数显恒流源

图 1-1-21　直流数显稳压电源及直流数显恒流源

①将"指示切换"按键弹起，数字式电压表指示 A 口输出的电压值；将此按键按下，则电压表指示 B 口输出的电压值。

②调节"输出调节"多圈电位器旋钮，可平滑地调节输出电压值。调节范围为 0 ~ 30 V（自动换挡），额定电流为 1 A。

③两路稳压源既可单独使用，也可组合构成 - 30 ~ + 30 V 或 - 60 ~ + 60 V 电源。

④两路输出均设有软截止保护功能，但应尽量避免输出短路。

直流数显恒流源的使用。将负载接至"恒流输出"两端，开启电源开关，数显表即指示输出电流值。调节"输出粗调"波段开关和"输出细调"多圈电位器旋钮，可在 3 个量程段（满度为 2 mA、20 mA 和 500 mA）连续调节输出的恒流电流值。

注意：当输出口接有负载时，如果需要将"输出粗调"波段开关从低挡向高挡切换，则应将输出"输出细调"调至最低（逆时针旋到头），再拨动"输出粗调"开关；否则会使输出电压或电流突增，可能导致负载器件损坏。

（2）智能直流电压表和智能直流毫安表的使用。本实验室用到的智能直流电压表与智能直流毫安表如图 1-1-22 所示。

智能直流电压表：数字显示，测量范围 0 ~ 300 V，量程分 200 mV、2 V、20 V、300 V 四挡，准确度 0.5 级，数字显示状态采用 3 位半 LED 显示。

智能直流毫安表：数字显示，测量范围 0 ~ 2 A，量程分 2 mA、20 mA、200 mA、2 A 四挡，准确度 0.5 级，输入阻抗 0.1 Ω（200 mA、2 A 挡），1 Ω（2 mA、20 mA 挡），数字显示状态采用 3 位半 LED 显示。

①操作：

a. 被测表不能超过规定测量范围。

b. 加电后，预热 15 min。

c. 将电压表（或电流表）按照正确极性并联（或串联）在被测表上就可以测量。

②使用说明：

a. 数字显示：直接按"复位"键，或按下"功能"键，当显示 U（或 I）时按下"确认"键。

b. 存储：按下"功能"键，当显示为"SAVE"时，按下"确认"键，出现数字即存储成功。

c. 查询：按下"功能"键，当显示为"DISP"时，按下"确认"键，通过按"数据"或"数位"上下选择需要查询的存储单元，再按"确认"键后显示所存储数据。

d. 退出：直接按"复位"键，初始化为自动量程、数字显示测量状态。

e. 告警：

智能直流电压表：当负电压超过 5% 或正电压超出测量范围时告警灯亮，此时用户将

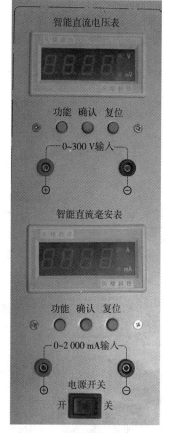

图 1-1-22　智能直流电压表及
智能直流毫安表

被测电压调整到仪表规定测量范围即可恢复正常测量。

智能直流毫安表：当负电流超过 2.5% 或正电流超出测量范围时告警灯亮，此时用户将被测电流调整到仪表规定测量范围即可恢复正常测量。

3. 直流电流的测量

测量图 1-1-23 所示直流电流模块。测量时，故障开关置于右，开关 K_1 和 K_2 分别投向 U_1 和 U_2 侧，K_3 投向电阻侧，先调出输出电压值，令 $U_1 = 12$ V，$U_2 = 6$ V，再接入电源 U_1 和 U_2，用专用电流插头按图示接入数字直流毫安表及模拟万用表，测量各支路电流，观察指针偏转（数显极性），并将测量结果记录在表 1-1-2 中。

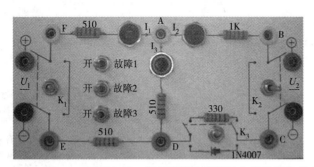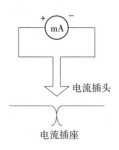

图 1-1-23　测量直流电流模块电路及配备的专用插头

表 1-1-2　直流电流的测量记录

被 测 量	I_1/mA	I_2/mA	I_3/mA
测 量 值			
结 　 论	直流电流的测量： 指针偏转（数显极性）与参考方向关系：		

4. 直流电压的测量

利用图 1-1-23 中连接好的电路，用实验台上数显直流电压表及万用表测量电路两点的电压，观察数字表显示的极性（模拟表注意偏转方向），并将测量结果记录在表 1-1-3 中。

表 1-1-3　直流电压（电位）的测量记录

被测量	U_1/V	U_2/V	黑表笔接在 B 点				黑表笔接在 C 点			
			φ_A/V	φ_C/V	φ_D/V	U_{AD}/V	φ_A/V	φ_B/V	φ_D/V	U_{AD}/V
测量值										
结 　 论	直流电压（电位）的测量： 指针偏转（数显极性）与参考方向关系： 电压与电位关系：									

5. 直流电路电位的测量

按图 1-1-23 连好的电路，分别以 B 点与 C 点为参考零电位点，测量电路其他各点的电位（电位测量方法是将万用表的黑表笔接到电位的零参考点，红表笔接到待测的各点，所得读数即为该点的电位），并将测量结果记录在表 1-1-3 中。

二、任务评价

评价内容及评分如表 1-1-4 所示。

表 1-1-4　任 务 评 价

任务名称		直流电流、电压、电位的测量			
	评价项目	标　准　分	评　价　分	主　要　问　题	
自我评价	任务要求认知程度	10 分			
	相关知识掌握程度	15 分			
	专业知识应用程度	15 分			
	信息收集处理能力	10 分			
	动手操作能力	20 分			
	数据分析与处理能力	10 分			
	团队合作能力	10 分			
	沟通表达能力	10 分			
	合计评分				
小组评价	专业展示能力	20 分			
	团队合作能力	20 分			
	沟通表达能力	20 分			
	创新能力	20 分			
	应急情况处理能力	20 分			
	合计评分				
教师评价					
总评分					
备注	总评分 = 教师评价 50% + 小组评价 30% + 个人评价 20%				

 **知识拓展**

电工测量的基本知识

一、电工测量的基本概念

电工测量就是借助测量设备，把未知的电学量或磁学量与作为测量单位的同类标准电学量或标准磁学量进行比较，从而确定这个未知电学量或磁学量（包括数值和单位）的过程。

任何测量都包括测量对象（即被测量）、测量方法和测量设备 3 个方面，电工测量也是如此。

1. 测量对象

电工测量的对象：反映电和磁特征的物理量，如电流（I）、电压（U）、电功率（P）、电能（W）以及磁感应强度（B）等；反映电路特征的物理量，如电阻（R）、电容（C）、电感（L）等；反映电和磁变化规律的非电学量，如频率（f）、相位移（φ）、功率因数（λ）等。

2. 测量方法

根据测量的目的和被测量的性质，可选择不同的测量方法。

3. 测量设备

进行测量时所用的工具就是测量设备。一个完整的测量过程，所用到的设备包括以下3个主要方面：

（1）电工仪表：进行电学量或磁学量测量所需的仪器仪表，统称为电工仪表。电工仪表是根据被测电学量或磁学量的性质，按照一定原理构成的。根据测量方法的不同，有直读仪表和较量仪器2种。

（2）度量器：这是测量单位的实物样品。电工测量中使用的标准电学量或磁学量是电学量或磁学量测量单位的复制体，称为电学度量器。电学度量器是电气测量设备的重要组成部分，它不仅作为标准量参与测量过程，而且是维持电磁学单位统一、保证量值准确传递的器具。电工测量中常用的电学度量器有标准电池、标准电阻器、标准电容器和标准电感器等。

（3）附件：用作测量单位的实物样品，或扩大仪表量程的装置，如度量器、分流器、互感器等。

一个完整的测量过程，除包括以上3个主要方面外，测量过程中还必须建立测量设备所必须的工作条件；慎重地进行操作；认真记录测量数据，并考虑测量条件的实际情况，进行数据处理，以确定测量结果和测量误差。

二、测量方法的分类

1. 按被测量的测量方式分类

（1）直接测量。在测量过程中，能够直接将被测量与同类标准量进行比较，或能够直接用事先刻度好的测量仪器对被测量进行测量，从而直接获得被测量数值的测量方式，称为直接测量。例如，用电压表测量电压、用弹簧秤测量物体的质量，被测量（电压、质量）的大小和单位可以直接在电压表或弹簧秤上读出。直接测量方式常被广泛应用于工程测量中。

（2）间接测量。当被测量由于某种原因不能直接测量时，可以通过直接测量与被测量有一定函数关系的物理量，然后按函数关系计算出被测量的数值，这种间接获得测量结果的方式称为间接测量。例如，用伏安法测量电阻，是利用电压表和电流表分别测量出电阻器两端电压和通过该电阻器的电流，然后根据欧姆定律 $R = U/I$ 计算被测电阻 R 的大小。间接测量方式广泛应用于科研、实验室及工程测量中。

2. 按度量器参与测量过程的方式分类

在测量过程中，作为测量单位的度量器可以直接参与也可以间接参与。根据度量器参与测量过程的方式，可以把测量方法分为直读法和比较法。

（1）直读法。用直接指示被测量大小的电工仪表进行测量，能够直接从仪表刻度盘上读取被测量数值的测量方法，称为直读法。例如，用欧姆表测量电阻时，由指针在标度尺上指示的刻度可以直接读出被测电阻的数值。

（2）比较法。将被测量与度量器在比较仪器中直接比较，从而获得被测量数值的方法，称为比较法。例如，用天平测量物体质量时，作为质量度量器的砝码始终都直接参与了测量过程。在电工测量中，例如，用电桥测量未知电阻。

三、电工仪表

电工仪表是进行电工测量的必备工具和仪器，是实现电磁测量过程所需技术工具的总称。电工仪表不仅用来测量电学量，而且也可以同其他装置配合在一起测量非电学量（如温度、机械量等）。

电工仪表按仪表的结构和用途，大体可分为以下几类：

1. 指示仪表

指示仪表可通过指针的偏转角位移直接读出测量结果，因此是应用最为广泛的电工仪表。交流和直流电压表、电流表以及万用表等，大多为指示仪表。

2. 比较仪器

比较仪器是用比较法来进行测量的仪器。包括直流比较仪器，例如，电桥、电位差计、标准电阻箱等；也包括交流比较仪器，例如，交流电桥、标准电感器、标准电容器等。

3. 数字式仪表

数字式仪表是以逻辑控制来实现自动测量，并以数码形式直接显示测量结果的仪表，如数字式万用表等。

4. 记录仪表和示波器

记录仪表和示波器是一种能记录和测量被测量随时间变化情况的仪表。如电子示波器能够把波形变化的全貌显示出来，从中不但可以进行定性观察分析，而且可以对显示的波形进行定量测量。

5. 积算仪表

积算仪表用以测量与时间有关的量，即在某段测量时间内，仪表对被测量进行累计，如电能表就是一种积算电能的仪表。

此外还有测量用的稳压源、稳流源、校验装置、测磁仪器等。尽管电工仪表种类如此之多，但应用最广、数量最大的还是指示仪表。指示仪表具有测量迅速、直接读数等优点，其分类如下：

（1）按仪表的工作原理分为磁电式、电磁式、电动式、感应式、整流式等。

（2）按仪表测量对象的名称（或单位）分为电流表（安培表、毫安表、微安表）、电压表（伏特表、毫伏表）、功率表、兆欧表、欧姆表、电能表及万用表等。

（3）按被测电流种类分为直流仪表、交流仪表、交直流两用仪表。

（4）按使用方式分为安装式和便携式。前者安装于开关板上或仪器的外壳上，准确度较低，但过载能力强，价格低廉；后者便于携带，常在实验室使用，这种仪表过载能力较差，价格较高。

（5）按仪表的准确度等级分为 0.1、0.2、0.5、1.0、1.5、2.5、5.0 共 7 个等级。

（6）按仪表的使用条件分为 A、A_1、B、B_1、C 共 5 组。

此外，还可按仪表对外磁场防御能力等分类。

为了便于正确选择和使用仪表，前面提到的仪表类型、测量对象、准确度等级、放置方法、对外磁场防御能力等，均以符号形式标注在仪表的表盘上。

四、仪表的误差与准确度

任何形式的测量都希望获得被测量的真实数值，真实数值简称为"真值"。不过，所有的仪器仪表都不能实现绝对理想的测量，因而测出的数据并不是被测量的真值，而是近似值。仪表的误差是指仪表在测量中的指示值与被测量的真值之间的差异。误差愈小，仪表的测量值就愈准确。

1. 仪表误差的分类

根据误差产生的原因，可分为两大类：

（1）基本误差。指仪表在规定的正常工作条件（如仪表指针调整到零点、仪表按规定工作位置安放等）下进行测量时的固有误差，它是仪表本身所固有的，是由于结构和制造工艺上的不完善而产生的。例如，摩擦误差、倾斜误差、刻度误差等均属于基本误差范畴。

（2）附加误差。指仪表在非正常工作条件下（指环境温度改变，使用方式错误、有外磁场或外电场干扰等）使用时所产生的额外误差。

2. 误差的几种表示形式

仪表的误差，通常用绝对误差、相对误差和引用误差来表示。

（1）绝对误差。指仪表的指示值 A_x 与被测量的真值 A_0 之间的差值，用符号 Δ 表示，即

$$\Delta = A_x - A_0 \tag{1-1-13}$$

在计算时，可以用标准表的读数作为被测量的实际值。

【例 1-1-6】 用甲、乙两只电压表测负载电压，其读数分别为 202 V 和 199 V，而用标准表测量时其读数为 200 V，求甲、乙两表的绝对误差。

解：甲表的绝对误差

$$\Delta_1 = A_{x1} - A_0 = （202 - 200）\text{ V} = +2 \text{ V}$$

乙表的绝对误差

$$\Delta_2 = A_{x2} - A_0 = （199 - 200）\text{ V} = -1 \text{ V}$$

计算结果表明，绝对误差有正负之分。正的误差表明甲表的读数比实际值偏大；而负的误差则表明乙表的读数比实际值偏小，还可看出乙表的读数比甲表更为准确。因此，在

测量同一个量时，可以用绝对误差 Δ 的绝对值来说明不同仪表的准确程度，$|\Delta|$ 愈小的仪表，测量结果就愈准确。

（2）相对误差。绝对误差能直观地反映仪表基本误差的大小，但不能反映仪表基本误差对测量结果究竟有多大的影响。也就是说，绝对误差反映不出仪表的基本误差在测量中占了多大的比例。因此，在测量不同大小的被测量时，不能简单地用绝对误差来判断其准确程度。在工程上常采用相对误差来比较测量结果的准确程度。

相对误差是绝对误差 Δ 与被测量的真值 A_0 的比值，通常以百分数来表示。以字母 γ 表示相对误差，则

$$\gamma = \frac{\Delta}{A_0} \times 100\% \tag{1-1-14}$$

在相对误差的实际计算中，有时难以求得被测量的真值，这时也可以用仪表的指示值 A_x 代替真值 A_0 而近似求得

$$\gamma = \frac{\Delta}{A_x} \times 100\% \tag{1-1-15}$$

【例 1-1-7】 有甲、乙两只电压表，用甲表测量 200 V 的电压时，绝对误差 $\Delta_1 = +2$ V；用乙表测量 10 V 的电压时，绝对误差 $\Delta_2 = +0.5$ V，判断哪只表的测量准确度更高？

解： 从绝对误差看，显然 $\Delta_1 > \Delta_2$，但绝不等于甲表的测量准确度比乙表低；而从相对误差看，甲表的相对误差

$$\gamma_1 = \frac{\Delta_1}{A_{01}} \times 100\% = \frac{+2}{200} \times 100\% = +1\%$$

乙表的相对误差

$$\gamma_2 = \frac{\Delta_2}{A_{02}} \times 100\% = \frac{+0.5}{10} \times 100\% = +5\%$$

结果表明 $\gamma_2 > \gamma_1$。可见，甲表虽然绝对误差较大，但对测量结果的影响却小，即相对误差小。

由于相对误差定量表示了仪表的基本误差对测量结果的影响程度，所以工程上常用它来估算测量结果的准确度。

（3）引用误差。相对误差可以表示测量结果的准确程度，但却不足以说明仪表本身的准确性能。同一只仪表，在测量不同的被测量时，由于摩擦等原因造成的绝对误差 Δ 变化不大，但随着被测量的变化，A_x 却可在仪表的整个刻度范围内变化。因此，在根据式（1-1-15）计算相对误差时，对应于不同大小的被测量，就有不同的相对误差。这样，就难以用相对误差去全面衡量一只仪表的准确性能。

例如，一只测量范围为 $0 \sim 250$ V 的电压表，在测量 200 V 电压时，绝对误差为 1 V，该处的相对误差为 $\gamma_1 = \frac{1}{200} \times 100\% = 0.5\%$；同一只电压表用来测量 10 V 电压时，绝对误差为 0.9 V，则该处的相对误差为 $\gamma_2 = \frac{0.9}{10} \times 100\% = 9\%$。可见，在被测量变化时，相对误差也随之改变。因此，为了正确地反映直读仪表的准确性能，通常采用引用误差的表示方法。

引用误差就是绝对误差 Δ 与仪表测量上限 A_m 比值的百分数，用符号 γ_m 表示，即

$$\gamma_m = \frac{\Delta}{A_m} \times 100\% \tag{1-1-16}$$

式（1-1-16）表明，引用误差实际也是相对误差，不同的仅是用 A_m 取代原有的 A_0。

由于 A_m 与 Δ 都是由仪表本身性能所决定的参数，其中仪表的测量上限是常数，仪表的绝对误差又大致相等，这样引用误差也基本上是常数，所以可用它来较确切地表示仪表的准确程度。

3. 仪表的准确度

仪表的准确度是用仪表的最大引用误差表示的，因为考虑到仪表各刻度位置上的绝对误差有一些小差别，为了能用引用误差概括仪表的基本误差全貌，用最大绝对误差 Δ_m 与测量上限 A_m 比值的百分数来表示仪表准确度，即

$$\pm K\% = \frac{\Delta_m}{A_m} \times 100\% \tag{1-1-17}$$

式中，K 为仪表的准确度等级，它的百分数即表示仪表在正常的使用条件下最大引用误差的数值。仪表准确度越高，则最大引用误差越小，基本误差也就越小。

仪表的准确度等级符号都在仪表的标度盘（又称表面）上表示出来。常用电工指示仪表准确度等级为 7 级，即 0.1、0.2、0.5、1.0、1.5、2.5、5.0 级。它们表示的基本误差见表 1-1-5。

表 1-1-5　仪表的基本误差

准确度等级	0.1	0.2	0.5	1.0	1.5	2.5	5.0
基本误差/%	±0.1	±0.2	±0.5	±1.0	±1.5	±2.5	±5.0

五、测量误差简介

1. 测量误差定义及分类

测量误差是指测量结果与被测量的实际值之间的差异。它除了包括仪表误差外，还包括因测量方法、外界环境操作技术等因素带来的误差。通常测量误差可分为以下 3 类：

（1）系统误差。凡数值固定或遵循一定规律变化的误差，称为系统误差。系统误差有以下几种来源：

①仪表本身的"固有误差"，即基本误差。

②仪表的"使用误差"，即附加误差。

③测量方法的误差。测量方法的误差是由于仪表接入电路后改变了电路原来的状态，或测量方法依据的是某个近似公式造成的误差。

对于系统误差，首先尽量减小误差来源。若做不到这一点，则应采用正负误差补偿法、替代法、引入校正值等方法削弱它对测量结果的影响。

（2）偶然误差。这是一种大小和符号都不确定的误差。这种误差是由周围环境的偶发原因造成的，所以尽管在完全相同的条件下，同样仔细程度地对同一被测量进行多次测

量，结果仍不一致。例如外界的振动、电源频率的偶然变化都可能是偶然误差产生的因素。

修正偶然误差的方法，是用多次测量值的平均值作为测量结果。

（3）疏失误差。这是一种严重歪曲测量结果的误差，它是由于测量者在测量过程中的粗心和疏忽造成的。如仪器操作不正确、读数错误或记录错误等。

因为疏失误差严重歪曲测量结果，故含有疏失误差的测量值必须一律剔除。

2. 从仪表的准确度估计测量误差

在用直读仪表直接进行测量时，可以根据仪表准确度等级来估计测量结果的误差，例如该仪表的准确度等级为 K，则由式（1-1-17）可知，仪表在规定条件下进行测量时，测量结果中可能出现的最大绝对误差为

$$\Delta_m = \pm K\% \cdot A_m$$

那么，用该仪表测量时，若得到的读数为 A_x，则测量结果可能出现的最大相对误差为

$$\gamma = \frac{\Delta_m}{A_x} \times 100\% = \pm \frac{K\% \cdot A_m}{A_x} \times 100\% \qquad (1\text{-}1\text{-}18)$$

【例 1-1-8】　现有两只电压表：其中一只电压表量程为 500 V、1.0 级；另一只电压表量程为 250 V、1.5 级。试问用哪只表测量 220 V 的电压较为准确？

解： 由式（1-1-18）可得两表可能出现的最大相对误差分别为

$$\gamma_1 = \pm \frac{K_1\% \cdot A_{m1}}{A_x} \times 100\% = \pm \frac{1.0\% \cdot 500}{220} \times 100\% \approx \pm 2.3\%$$

$$\gamma_2 = \pm \frac{K_2\% \cdot A_{m2}}{A_x} \times 100\% = \pm \frac{1.5\% \cdot 250}{220} \times 100\% \approx \pm 1.7\%$$

故用 250 V、1.5 级的电压表测量较为准确。

通过上面例子可以看出：

（1）仪表的准确度对测量结果的准确度影响很大。准确度高，最大绝对误差小，则测量结果可能出现的最大相对误差也就小。

（2）仪表的准确度并不等于测量结果的准确度，它与被测量的大小有关。只有仪表运用在满刻度偏转时，测量结果的准确度才等于仪表的准确度。因此，绝不能将仪表的准确度与测量结果的准确度混为一谈，这一点应当特别注意。

因而，选用仪表不仅要考虑仪表的准确度，还要选择合适的量程。为了保证测量结果准确度，仪表的量程要尽量接近被测量，通常被测量应大于仪表量程的1/2。在运行现场，应尽量保证发电机、变压器及其他电力设备在正常运行时，仪表指示在刻度尺量程的2/3以上，并应考虑过负荷时能有适当的指示。

任务二　直流电路基本元件及定律的认识与测试

 **任务目标**

（1）会用万用表及伏安法测量电阻；

（2）熟练掌握欧姆定律；

（3）会测试实际电源的伏安特性，理解恒压源、恒流源的伏安特性，掌握实际电源的两种组合模型；

（4）认识受控源；

（5）能正确列基尔霍夫电压、电流方程；

（6）学会用万用表的直流电压挡、电阻挡检测直流电路的故障。

 工作任务

电路基本元件的伏安关系及基本定律是分析电路的基本依据。电路电压、电流关系的测量是电路基本物理量测量的基本技能，这有助于对定律的理解。因此，通过相关知识的学习，要完成以下任务：

（1）进一步掌握直流电压、电流的测量；

（2）加强对基尔霍夫定律的理解；

（3）初步训练直流电路故障的排除。

 相关知识

一、电阻及其测量

1. 电阻的相关实践知识

图 1-2-1 为部分电阻器及电位器的实物图。

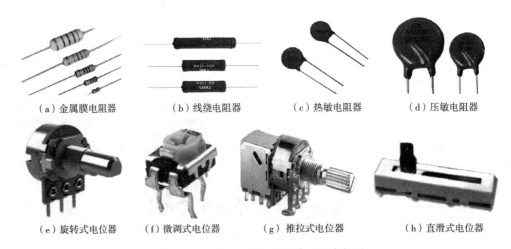

（a）金属膜电阻器　　（b）线绕电阻器　　（c）热敏电阻器　　（d）压敏电阻器

（e）旋转式电位器　　（f）微调式电位器　　（g）推拉式电位器　　（h）直滑式电位器

图 1-2-1　部分电阻器及电位器的实物图

（1）电阻器的分类。常用电阻器有碳膜电阻器、碳质电阻器、金属膜电阻器、线绕电阻器等。

（2）电阻参数识别方法。大多数电阻器都标有电阻的数值，这就是电阻的标称阻值。电阻的标称阻值，往往和它的实际阻值不完全相符，电阻的实际阻值和标称阻值的偏差，除以标称阻值的百分数，称为电阻的误差。电阻标称阻值与误差作为电阻的主要参数一般标注在电阻器上，以供识别。电阻参数表示方法有直标法、文字符号法、色环法 3 种。

①直标法。直标法是一种常见的标注方法，特别是在体积较大（功率大）的电阻器上采用。它将该电阻器的标称阻值、允许误差、型号、功率等参数直接标在电阻器表面，如图 1-2-2 所示。在 3 种表示方法中，直标法使用最为方便。

②文字符号法。文字符号法和直标法相同，也是直接将有关参数印制在电阻器上，即用阿拉伯数字和文字符号两者有规律的组合来表示标称阻值，其允许偏差也用文字符号表示，符号前面的数字表示整数阻值，后面的数字依次表示第一位小数阻值和第二位小数阻值。如欧姆用 Ω；千欧用 k；兆欧（$10^6\Omega$）用 M。图 1-2-3（a）所示为金属膜电阻器，阻值为 100 kΩ，允许误差为 $\pm 1\%$；图 1-2-3（b）所示为碳膜电阻器，阻值为 1.8 kΩ，允许误差为 $\pm 10\%$，其用级别符号 II 表示误差。

③色环法。色环电阻器是在电阻封装上（即电阻器表面）涂上一定颜色的色环，来代表这个电阻器的阻值。色环电阻器是电子电路中最常用的电子元件。

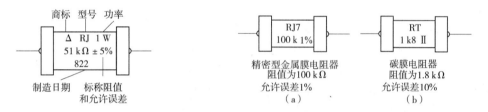

图 1-2-2　直标法标注电阻参数　　　图 1-2-3　文字符号法标注电阻参数

色环电阻器普通的为四色环，高精密的用五色环表示，另外还有六色环表示的（此种产品只用于高科技产品且价格昂贵）。表 1-2-1 所示为四色环电阻器色环颜色所代表的意义。

表 1-2-1　四色环电阻器色环颜色所代表的意义

颜色	黑	棕	红	橙	黄	绿	蓝	紫	灰	白	金	银	无色
第 1 位有效值	0	1	2	3	4	5	6	7	8	9	—	—	—
第 2 位有效值	0	1	2	3	4	5	6	7	8	9	—	—	—
倍率10^n	0	1	2	3	4	5	6	7	8	9	−1	−2	
允许误差/%	—	±1	±2	—	—	—	—	—	—	±5	±10	±20

图 1-2-4（a）所示是用四色环表示的标称阻值和允许误差。图 1-2-4（b）所示色环颜色依次为黄、紫、橙、金，则此电阻器标称阻值为 $47 \times 10^3 \ \Omega = 47$ kΩ，允许误差为 $\pm 5\%$。图 1-2-4（c）所示电阻器的色环颜色依次为蓝、灰、金、无色（即只有 3 条色环），则电阻器标称阻值为 $68 \times 10^{-1} \ \Omega = 6.8 \ \Omega$，允许误差为 $\pm 20\%$。

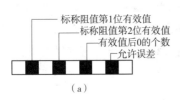

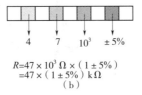

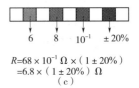

图 1-2-4　四色环电阻器的识别示意图

图 1-2-5（a）所示是五色环表示标称阻值和允许误差，通常五色环电阻器识别方法与四色环电阻器一样，只是比四色环电阻器多 1 位有效数字。图 1-2-5（b）所示电阻器的色环颜色依次为棕、紫、绿、银、棕，其标称阻值为 $175 \times 10^{-2}\ \Omega = 1.75\ \Omega$，允许误差为 $\pm 1\%$。

认读色环电阻器，需要正确判断出第一条色环，判断方法如下：

对于未安装的电阻器，可以用万用表测量一下电阻器的阻值，再根据所读阻值看色环，读出标称阻值。对于已装配在电路板上的电阻器，可用以下方法进行判断：

四色环电阻器作为普通型电阻器，其只有 3 种系列，允许误差为 $\pm 5\%$、$\pm 10\%$、$\pm 20\%$，从标称阻值系列表可知，所对应的色环为金色、银色、无色，而金色、银色、无色这 3 种颜色没有有效数字，所以，金色、银色、无色作为四色环电阻器的误差色环，即为最后一条色环。

五色环电阻器为精密型电阻器，一般常用棕色或红色作为误差色环。如出现头尾同为棕色或红色时，则可根据第一条色环比较靠近电阻器引脚一端或表示电阻器标称阻值的四条环间隔距离一般为等距离，而表示偏差的色环（即最后一条色环）一般与第四条色环的间隔比较大，以此判断哪一条为最后一条色环，如图 1-2-6 所示。

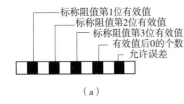

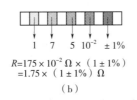

图 1-2-5　五色环电阻的识别示意图　　　　图 1-2-6　最后一条色环示意图

（3）电阻器的检测：

①固定电阻器的检测。通常固定电阻器、水泥电阻器检测方法是先用万用表的电阻挡进行电阻的测量，根据电阻误差等级不同，读数与标称阻值之间分别允许有 $\pm 5\%$、$\pm 10\%$ 或 $\pm 20\%$ 的允许误差，如不相符，超出允许误差范围，则说明该电阻值变值了。

②电位器的检测。电位器一般有 3 个端子：2 个固定端、1 个滑动端，如图 1-2-7 所示。电位器的标称阻值是 2 个固定端的电阻值，滑动端可在 2 个固定端之间的电阻体上滑动，使滑动端与固定端之间的电阻值在标称阻值范围内变化。

电位器用字母 R_P 表示，图形符号如图 1-2-8 所示。电位器常用作可调电阻器或用于调节电位。当电位器作为可调电阻器使用时，连接方式如图 1-2-9（a）所示，这时将 2 和 3 两端连接，调节 2 点位置，1 端和 3 端的电阻值会随 2 点的位置而改变；当电位器用来调节电位时，连接如图 1-2-9（b）所示，输入电压 U_1 加在 1 和 3 两端，改变 2 点的位置，2 点的电位就会随之改变，起到调节电位的作用。

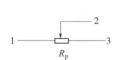

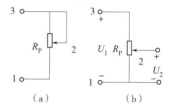

图 1-2-7 电位器外形图   图 1-2-8 电位器的图形与文字符号   图 1-2-9 电位器的连接

检查电位器时，首先要转动旋柄，看看旋柄转动是否平滑，开关是否灵活，开关通、断时"咔嗒"声是否清脆，并听一听电位器内部接触点和电阻体摩擦的声音，如有"沙沙"声，说明质量不好。用万用表测试时，先根据被测电位器阻值的大小，选择好万用表的合适电阻挡位，然后可按下述方法进行检测：

a. 用万用表的欧姆挡测 1 和 2 两端，其读数应为电位器的标称阻值，如万用表的指针不动或阻值相差很多，则表明该电位器已损坏。

b. 检测电位器的活动臂与电阻片的接触是否良好。用万用表的欧姆挡测 1 和 2（或 2 和 3）两端，将电位器的转轴按逆时针方向旋至接近"关"的位置，这时阻值越小越好。再顺时针慢慢旋转轴柄，阻值应逐渐增大，表头中的指针应平稳移动。当轴柄旋至极端位置 3 时，阻值应接近电位器的标称阻值。如万用表的指针在电位器的轴柄转动过程中有跳动现象，说明活动触点有接触不良的故障。

2. 电阻的相关理论知识

（1）电阻元件。电阻是表示导体对电流起阻碍作用的物理量。电阻元件是表示电路中消耗电能这一物理现象的理想二端元件，图形符号如图 1-2-10 所示。

图 1-2-10 电阻元件符号

在国际单位制中，电阻的单位是欧［姆］，用符号 Ω 表示。对较高的阻值常用千欧（kΩ）及兆欧（MΩ）作单位，其关系为

$$1\ k\Omega = 10^3\ \Omega \qquad 1\ M\Omega = 10^6\ \Omega$$

电阻的倒数称为电导，用 G 表示，即

$$G = \frac{1}{R}$$

电导的国际单位为西［门子］（S），$1\ S = 1\ \Omega^{-1}$。电导也是表征电阻元件特性的参数，反映的是元件的导电能力。

（2）欧姆定律：

①适用范围：欧姆定律只适用于线性电阻元件电路。所谓线性电阻元件是指其电流与电压的大小成正比的电阻元件；否则称为非线性电阻元件。本书主要介绍线性元件及含线性元件的电路，以后如果不加说明，电阻元件皆指线性电阻元件。线性电阻元件的电压大小与电流大小的比值即为电阻 R。

$$R = \frac{u}{i} \qquad (1\text{-}2\text{-}1)$$

②内容简述：欧姆定律的内容指的就是线性电阻元件的伏安特性，即在同一电路中，导体中的电流跟导体两端的电压成正比，跟导体的电阻成反比。对于线性电阻，电压和电流的伏安特性是通过原点的直线，如图 1-2-11 所示中的直线 a。

③数学表达式：如图 1-2-12 所示，u、i 为关联参考方向，在任何时刻，电阻元件两端的电压和电流关系为

$$u = iR \qquad (1\text{-}2\text{-}2)$$

在直流电路（见图 1-2-13）中：

$$U = IR \qquad (1\text{-}2\text{-}3)$$

若选择 u、i 为非关联参考方向，则有

$$u = -iR \qquad (1\text{-}2\text{-}4)$$

在直流电路中：

$$U = -IR \qquad (1\text{-}2\text{-}5)$$

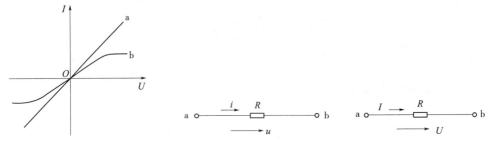

图 1-2-11　电阻元件的伏安特性　　　图 1-2-12　电阻电路　　　图 1-2-13　直流电阻电路

（3）电阻元件的功率。如图 1-2-13 所示，在直流电路中，U、I 为关联参考方向，由式（1-1-12）、式（1-2-3）得

$$P = UI = I^2 R = \frac{U^2}{R} \qquad (1\text{-}2\text{-}6)$$

若 U、I 为非关联参考方向，同样可得

$$P = -UI = -(-IR)I = I^2 R = \frac{U^2}{R}$$

由此可知对于电阻元件，无论 U、I 的参考方向如何选择，都有 $P > 0$，在电路中都是消耗功率，所以电阻元件又称耗能元件。

电阻器在直流或交流电路中，长期连续工作所允许消耗的最大功率称为额定功率，有 2 种标志方法：2W 以上的电阻器，直接用数字印在电阻体上；2W 以下的电阻器，以自身体积大小来表示功率。在电路图上表示电阻元件功率时，采用如图 1-2-14 所示符号。

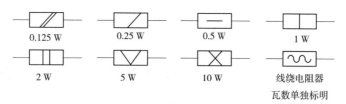

图 1-2-14　电阻元件功率符号

【例 1-2-1】　简要说明伏安法测量电阻的原理，并画出测试电路图。

解：伏安法测量电阻的原理是，测出流过被测电阻器 R_X 的电流 I_R 及其两端的电压降 U_R，则根据欧姆定律可得其阻值为

$$R_X = \frac{U_R}{I_R}$$

实际测量时，有 2 种测量电路，即电流表的内接法及电流表的外接法，电路如图 1-2-15 所示。

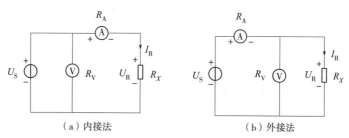

（a）内接法　　　　　　　　（b）外接法

图 1-2-15　伏安法测量电阻的电路

二、独立源

电源可分独立电源和受控电源。独立电源元件是指能独立向电路提供电压、电流的器件、设备或装置，如常见的干电池、蓄电池、稳压电源等。

1. 独立电压源

（1）定义及图形符号：内阻为零，且电源两端的端电压值恒定不变，或者其端电压值按某一特定规律随时间而变化的电压源称为理想电压源，即通常所说的电压源，图形符号如图 1-2-16 所示。实验中使用的恒压源在规定的电流范围内，具有很小的内阻，可以将它视为一个电压源。

（2）特点：它的电压大小取决于电压源本身的特性，与流过的电流无关。流过电压源的电流大小与电压源外部电路有关，由外部负载电阻决定，因此称为独立电压源。

（3）直流电压源的伏安特性：电压为 U_S 的直流电压源的伏安特性曲线，是一条平行于横坐标的直线，如图 1-2-16（c）所示，其特性方程为

$$U = U_S \tag{1-2-7}$$

（4）功率：电压源的功率可按式（1-1-12）求解。如图 1-2-17 所示，电压源端电压与流过的电流是非关联参考方向，所以 $P = -UI = -U_S I$，再将数据代入即可。

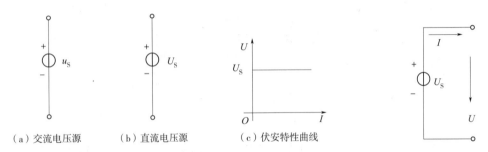

（a）交流电压源　　　（b）直流电压源　　　（c）伏安特性曲线

图1-2-16　电压源图形符号及伏安特性曲线　　　　图1-2-17　电压源功率求解示意图

2. 独立电流源

（1）定义及图形符号：内阻为无限大，且电源输出电流值恒定不变，或者输出电流值按某一特定规律随时间而变化的电流源称为理想电流源，即通常所说的电流源，图形符号如图1-2-18所示。实验中使用的恒流源在规定的电流范围内，具有很大的内阻，可以将它视为一个电流源。

（2）特点：它的电流大小取决于电流源本身的特性，与电源的端电压无关。端电压的大小与电流源外部电路有关，由外部负载电阻决定，因此称为独立电流源。

（3）直流电流源的伏安特性：电流为 I_S 的直流电流源的伏安特性曲线，是一条垂直于横坐标的直线，如图1-2-18（c）所示，其特性方程为

$$I = I_S \tag{1-2-8}$$

（4）功率：电流源的功率可按式（1-1-12）求解。如图1-2-19所示，电流源端电压与流过的电流是非关联参考方向，所以 $P = -UI = -UI_S$，再将数据代入即可。

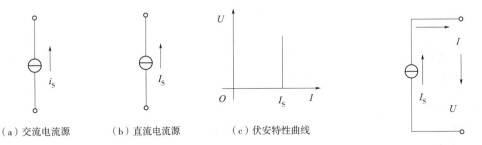

（a）交流电流源　　　（b）直流电流源　　　（c）伏安特性曲线

图1-2-18　电流源图形符号及伏安特性曲线　　　　图1-2-19　电流源功率求解示意图

3. 实际电源的2种组合模型

实际运用时，电源并不是前面分析的理想模型，所有的电源都有有限的内阻。

（1）电压源组合模型。实际电源可以用一个理想电压源 U_S 与一个理想电阻元件 R_S 串联组合成一个电路来表示，如图1-2-20（a）所示。

实际电源的伏安特性曲线如图1-2-20（c）所示，可见电源输出的电压随负载电流的增加而下降。

（2）电流源组合模型。实际电源也可以用一个理想电流源 I_S 与一个理想电阻元件 R'_S 并联组合成一个电路来表示，如图1-2-20（b）所示。

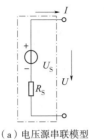 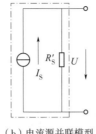 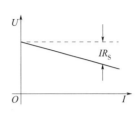

（a）电压源串联模型　　（b）电流源并联模型　　（c）伏安特性曲线

图1-2-20　实际电源的两种组合模型及伏安特性曲线

【例1-2-2】　如图1-2-21所示电路，若 R_1 选用2 W、100 Ω 电阻器，R_2 选用1 W、1 kΩ电阻器，检查这两个电阻器在电路中能否正常工作。

解：由电压源与电流源的特性及电阻功率的公式，可得

$$P_{R1} = I^2 R_1 = 0.15^2 \times 100 \text{ W} = 2.25 \text{ W} > 2 \text{ W}　\text{不能正常工作}$$

$$P_{R2} = \frac{U^2}{R_2} = \frac{50^2}{1\ 000} \text{ W} = 2.5 \text{ W} > 1 \text{ W}　\text{不能正常工作}$$

*三、受控源（标有"＊"的内容为选学，以下同）

1. 受控源的定义

实际电路中有这样的情况：一个支路的电流（或电压）是受另一个支路的电流（或电压）控制的。例如，晶体管有3个电极：基极 b、发射极 e 和集电极 c，如图1-2-22（a）所示。集电极电流 i_c 受基极电流 i_b 控制，在一定范围内，集电极电流与基极电流成正比，即 $i_c = \beta i_b$。类似这样的情况是不能够由电压源、电流源、电阻元件来模拟的，故引入受控源这种理想电路元件，主要用来构成电子元件的电路模型，分析电子电路。

受控源的定义：一个受控源由2个支路组成，一个支路是短路（或是开路），另一个支路如同电流源（或电压源），而其电流（或电压）受短路支路的电流（或开路支路的电压）控制。

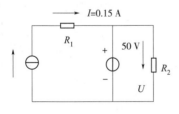　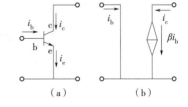

图1-2-21　【例1-2-2】图　　　　　图1-2-22　晶体管的电流

2. 受控源的分类

按照定义，有4种受控源，如图1-2-23（a）所示，控制支路是短路支路，控制量为电流 i_1，受控量为电流 βi_1，这类受控源称为电流控制电流源（CCCS）；图1-2-23（b）所示为电压控制电流源（VCCS）；图1-2-23（c）所示为电压控制电压源（VCVS）；图1-2-23（d)所示为电流控制电压源（CCVS）。相应定义有以下4种转移函数：

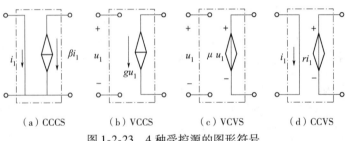

图 1-2-23 4 种受控源的图形符号

电压控制电压源（VCVS）：$U_2 = f(U_1)$，$\mu = U_2/U_1$，称为转移电压比（或电压增益）。

电压控制电流源（VCCS）：$I_2 = f(U_1)$，$g = I_2/U_1$，称为转移电导。

电流控制电压源（CCVS）：$U_2 = f(I_1)$，$r = U_2/I_1$，称为转移电阻。

电流控制电流源（CCCS）：$I_2 = f(I_1)$，$\beta = I_2/I_1$，称为转移电流比（或电流增益）。

图 1-2-23 中，β、g、μ、r 为常数的受控源称为线性受控源，下文只讨论线性受控源，简称受控源。

这样，上述晶体管便可用电流控制电流源构成其电路模型，如图 1-2-22（b）所示。

3. 受控源与独立源的区别

独立电压源的电压不受其外部的影响，独立电流源的电流不受其外部的影响，它们是独立存在的。受控源则不能独立存在，因为当控制量为零时，受控支路的电流或电压也为零。例如，图 1-2-22（b）的受控源，如果它还没有接入电路，或者虽然接入电路但 $i_b = 0$，则 βi_b 为零。因此，受控源属于非独立源。在电路图中独立源用圆形符号，受控源用菱形符号，以示区别。

在电路图中，受控源的控制支路都不画出，只是注明控制量。

下面举例说明受控源的特性。

【**例 1-2-3**】 求图 1-2-24 所示电路中的 u_L 和受控源的功率。

解： 由电路可知

$$i_1 = \frac{u_s}{R_1} \qquad i_2 = ai_1$$

$$u_L = u_2 = i_2 R_L = ai_1 R_L = a\frac{R_L}{R_1}u_s$$

$$p = -u_2 i_2 = -a\frac{R_L}{R_1}u_s \cdot a\frac{u_s}{R_1} = -\left(a\frac{u_s}{R_1}\right)^2 R_L < 0$$

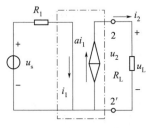

图 1-2-24 【例 1-2-3】图

由此例可知：

（1）受控源在 2-2′端表现为电流源的作用，提供一定的电流 ai_1，但如果电路中没有独立源 u_s，则 i_1 为 0，受控源提供的电流也不复存在。受控源不能独立地作为电路的激励，而只是表示电路中某两个支路电压、电流之间的相互依存的关系；不表示外部供给电路的能源或信号源，这点与独立源有本质的区别。

（2）当 $a > \dfrac{R_1}{R_L}$ 时，$u_L > u_s$，可见受控源的存在，使电路有了放大作用。

（3）本例中受控源吸收功率小于0，说明受控源可以输出功率。

四、基尔霍夫定律及应用

基尔霍夫定律是由德国物理学家基尔霍夫提出的，它概括了集总参数电路（若实际电路的尺寸远小于其工作频率所对应的波长，电路模型便可用有限个理想元件的组合来表示，这称为集总参数电路）电流和电压分别遵循的基本规律，运用基尔霍夫定律进行电路分析时，仅与电路的连接方式有关，而与构成该电路的元器件具有什么样的性质无关。它包括基尔霍夫电流定律（KCL）和基尔霍夫电压定律（KVL）

1. 基尔霍夫电流定律简介

（1）几个相关的电路名词。以图1-2-25所示电路为例介绍电路中相关名词。

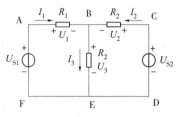

图1-2-25　电路名词认识示例图

支路：电路中的每一个分支。图1-2-25中有3条支路，分别是BAF、BCD和BE。支路BAF、BCD中含有电源，称为含源支路；支路BE中不含电源，称为无源支路。

节点：电路中3条或3条以上支路的连接点。图1-2-25中B、E为2个节点。

回路：电路中的任一闭合路径。图1-2-25中有3个回路，分别是ABEFA、BCDEB、ABCDEFA。

网孔：内部不含支路的回路。图1-2-25中ABEFA和BCDEB都是网孔。

（2）基尔霍夫电流定律：

①内容。基尔霍夫电流定律指出：任何时刻，流入电路中任一节点电流的代数和恒等于零。

基尔霍夫电流定律简称KCL，它反映了节点处各支路电流之间的关系。

②数学表达式。KCL一般表达式可写为

$$\sum i = 0 \tag{1-2-9}$$

在直流电路中，表达式为

$$\sum I = 0 \tag{1-2-10}$$

③符号法则。在应用KCL列电流方程时，如果规定参考方向指向节点的电流取正号，则背离节点的电流取负号。在图1-2-25所示电路中，对于节点B可以写出 $I_1 + I_2 - I_3 = 0$。

④KCL推广。KCL不仅适用于节点，也可推广应用到包围几个节点的闭合面（又称广义节点）。图1-2-26所示的电路，可以把三角形ABC看作广义的节点，用KCL可列出

$$I_A + I_B + I_C = 0, \quad 即 \sum I = 0$$

可见，在任一时刻，流过任一闭合面电流的代数和恒等于零。

2. 基尔霍夫电压定律简介

（1）内容。基尔霍夫电压定律指出：任何时刻，沿电路中任一闭合回路，各段电压的

代数和恒等于零。基尔霍夫电压定律简称 KVL，它反映了回路中各段电压之间的关系。

（2）数学表达式。KVL 一般表达式为

$$\sum u = 0 \qquad (1\text{-}2\text{-}11)$$

在直流电路中，表达式为

$$\sum U = 0 \qquad (1\text{-}2\text{-}12)$$

（3）符号法则。应用式（1-2-11）或式（1-2-12）列电压方程时，首先假定回路的绕行方向，然后选择各部分电压的参考方向，凡参考方向与回路绕行方向一致者，该电压前取正号；凡参考方向与回路绕行方向相反者，该电压前取负号。

在图 1-2-25 中，对于回路 ABCDEFA，若按顺时针绕行方向，根据 KVL 可得

$$U_1 - U_2 + U_{S2} - U_{S1} = 0$$

（4）推广。基尔霍夫电压定律不仅应用于回路，也可推广应用于一段不闭合电路。图 1-2-27 所示电路中，A、B 两端未闭合，若设 A、B 两点之间的电压为 U_{AB}，按逆时针绕行方向可得

$$U_{AB} - U_R - U_{S2} = 0 \qquad U_{AB} = U_{S2} + U_R$$

由此可得出求电路中任意两点电压的公式：

$$u_{ab} = \sum_{a \to b} u \quad \text{或} \quad U_{ab} = \sum_{a \to b} U\,（直流） \qquad (1\text{-}2\text{-}13)$$

即电路中任意两点电压，等于从 a 到 b 所经过电路路径上所有支路电压的代数和，与路径 ab 行进方向一致的电压为正；反之，电压为负。

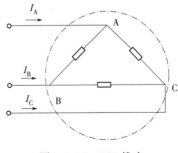

图 1-2-26　KCL 推广

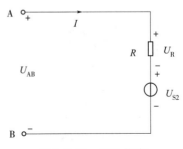

图 1-2-27　KVL 推广

【例 1-2-4】　在图 1-2-28 所示电路中，电流的参考方向已标明。若已知 $I_1 = 2$ A，$I_2 = -4$ A，$I_3 = -8$ A，试求 I_4。

解： 根据 KCL 可得

$$I_1 - I_2 + I_3 - I_4 = 0$$

$$I_4 = I_1 - I_2 + I_3 = [\,2 - (-4) + (-8)\,] \text{ A} = -2 \text{ A}$$

【例 1-2-5】　在图 1-2-29 所示的电路中，已知各元件的电压为 $U_1 = 10$ V，$U_2 = 5$ V，$U_3 = 8$ V，试求 U_4。若分别选 B 点与 C 点为参考点，试求电路中各点的电位。

解：

应用 KVL 进行电路分析时一般要注意：

（1）标回路绕行方向及电压参考方向：对所选定的回路（绕行方向一般选顺时针），把该回路中所有支路的电压的参考方向标出。

（2）列 KVL 方程：由符号法则列出 $\sum u = 0$（直流：$\sum U = 0$）方程。

（3）求解：把已知的电压值（连同符号）代入方程（组），求出未知电压。如图 1-2-29 所示，选取顺时针为电压绕行方向，由 KVL 可得

$$-U_1 - U_2 - U_3 - U_4 = 0 \qquad U_4 = -U_1 - U_2 - U_3$$

将数据代入得 $U_4 = -23$ V。

【例 1-2-6】 如图 1-2-30 所示，已知 $U_{S1} = 10$ V，$U_{S2} = 4$ V，$R_1 = 6$ Ω，$I_3 = 4$ A，$R_2 = 3$ Ω，试求电流 I_1 和 I_2。

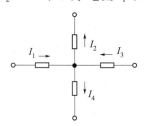
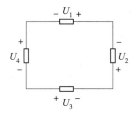
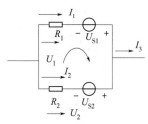

图 1-2-28 【例 1-2-4】图　　　　图 1-2-29 【例 1-2-5】图　　　　图 1-2-30 【例 1-2-6】图

解： 图 1-2-30 中有 2 个节点，只有一个独立的 KCL 方程

$$I_1 + I_2 - I_3 = 0 \qquad \qquad ①$$

对于图中的回路，绕行方向及电阻电压的参考方向如图 1-2-30 中所示，列 KVL 方程

$$U_1 - U_{S1} + U_{S2} - U_2 = 0$$

再由欧姆定律得 $U_1 = I_1 R_1$，$U_2 = I_2 R_2$，代入上式得

$$I_1 R_1 - U_{S1} + U_{S2} - I_2 R_2 = 0 \qquad \qquad ②$$

联立方程①与②，并代入数据得

$$I_1 = I_2 = 2 \text{ A}$$

 任务实施与评价

下面进行基尔霍夫定律的验证及直流电路故障的排除。

一、实施步骤

1. 验证基尔霍夫定律

（1）先调准输出直流稳压电源的电压值，再接入实验电路中，令 $U_1 = 6$ V，$U_2 = 12$ V。以 HE-12 作为实验电路模板，按图 1-2-31 所示连接电路。

（2）本实验电路模块是多个实验通用的，HE-12 上的 K_3 应拨向 330 Ω 侧，3 个故障按键均不得按下（控制开关置于右侧）。

①实验前先任意设定 3 条支路电流参考方向和 3 个闭合回路的绕行正方向。图 1-2-31 中的 I_1、I_2、I_3 的方向已设定。3 个闭合回路的绕行正方向可设为 ADEFA、BADCB 和 FBCEF。

②熟悉电流插头的结构，将电流插头的两端接至数字毫安表的"+、−"两端。

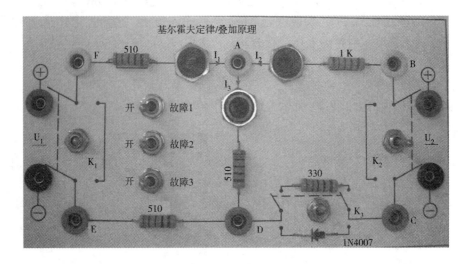

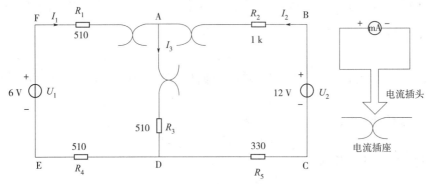

图 1-2-31　基尔霍夫定律验证电路

③将电流插头分别插入 3 条支路的 3 个电流插座中，将电流值读出并记录在表 1-2-2 中。

表 1-2-2　基尔霍夫定律验证测量数据

被测量	I_1/mA	I_2/mA	I_3/mA	U_1/V	U_2/V	U_{FA}/V	U_{AB}/V	U_{AD}/V	U_{CD}/V	U_{DE}/V
计算值										
测量值										
相对误差										

④用直流电压表分别测量两路电源及电阻元件上的电压值，并记录在表 1-2-2 中。

2. 开启故障，排除直流电路的故障

本实验模块预置了 3 个故障（短路或断路），分别开启故障 1、故障 2 及故障 3，填写表 1-2-3。

表 1-2-3　直流电路故障排除

排除过程　　故障点	故障 1	故障 2	故障 3
故障现象			
故障分析与测量结果			
结论（故障原因）			

二、任务评价

评价内容及评分如表 1-2-4 所示。

表 1-2-4　任 务 评 价

任务名称		基尔霍夫定律的验证及直流电路故障的排除			
	评 价 项 目	标 准 分	评 价 分	主 要 问 题	
自我评价	任务要求认知程度	10 分			
	相关知识掌握程度	15 分			
	专业知识应用程度	15 分			
	信息收集处理能力	10 分			
	动手操作能力	20 分			
	数据分析与处理能力	10 分			
	团队合作能力	10 分			
	沟通表达能力	10 分			
	合计评分				
小组评价	专业展示能力	20 分			
	团队合作能力	20 分			
	沟通表达能力	20 分			
	创新能力	20 分			
	应急情况处理能力	20 分			
	合计评分				
教师评价					
总评分					
备注	总评分 = 教师评价 50% + 小组评价 30% + 个人评价 20%				

检　测　题

一、填空题

1. 电路主要由_____、_____、_____、_____ 4 个基本部分组成。

2. _____的定向移动形成了电流。电流的实际方向规定为_____运动的方向。电流的大小用_____来衡量。

3. 电压的实际方向是由_____电位指向_____电位。选定电压参考方向后，如果计算出的电压值为正，说明电压实际方向与参考方向_____；如果电压值为负，说明电压实际方向与参考方向_____。

4. 电路中任意两点之间电位的差值等于这两点间_____。电路中某点到参考点间的_____称为该点的电位，电位具有_____性。

5. 无论电压与电流参考方向如何选择，运用功率公式时，当 $P > 0$ 时，认为是_____功率，该部分电路起_____作用；反之，$P < 0$ 时，起_____作用。

6. 测量直流电压时，电压表要和待测电路_____，且要注意极性。当电压极性不知道时，可以采用_____法来确定。

7. 欧姆定律适用于_____电路，直流电路的数学表达式为_____。

8. 当测得电路某一支路电流为零，可能的原因是_____。

9. 当测得电路中某一电阻元件两端的电压为零，可能的原因是_____。

10. 电路中各支路电流任意时刻均遵循_____定律，它的数学表达式是_____；回路上各电压之间的关系则受_____定律的约束，它的数学表达式是_____。

二、判断题

1. 一段有源支路，当其两端电压为零时，该支路电流必定为零。（　　）

2. 电源内部的电流方向总是由电源负极流向电源正极。（　　）

3. 电源短路时输出的电流最大，此时电源输出的功率也最大。（　　）

4. 如图 1-题-1 所示，选取电路中电流的参考方向由 A→B，当电流 $I = -2$ A 时，电流的实际方向由 A→B。（　　）

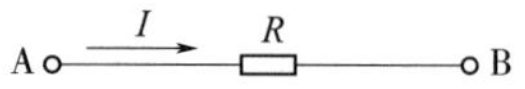

5. 用万用表测某一电阻，指针偏转为无穷大，该电阻一定是烧坏了。（　　）

图 1-题-1　判断题第 4 题图

6. 电路中两点的电位都很高，这两点间的电压也一定很大。（　　）

7. 当负载被断开时，负载上电流、电压、功率都是零。（　　）

8. 电阻器表面标志的阻值是实际阻值或标称阻值。（　　）

9. 线性电阻元件的伏安特性是通过坐标原点的一条直线。（　　）

10. 基尔霍夫定律适合于任意电路。（　　）

三、选择题

1. 在图 1-题-2 所示电路中，电流实际方向为（　　）。
   A. e 流向 d　　　　B. d 流向 e　　　C. 无法确定

2. 如图 1-题-3 所示，电流表和电压表的极性为（　　）。
   A. 1 "＋" 2 "－" 3 "＋" 4 "－"　　　　B. 1 "－" 2 "＋"　 3 "－" 4 "＋"
   C. 无法确定

3. 某电阻元件的额定数据为 1 kΩ、2.5 W，正常使用时允许流过的最大电流为（　　）
   A. 50 mA　　　　　B. 2.5 mA　　　　C. 250 mA

4. 测得某一电路中 A 点电位是 65 V，B 点电位是 35 V，则 $U_{BA} =$（　　）
   A. 100 V　　　　　B. －30 V　　　　C. 30 V

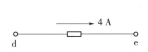

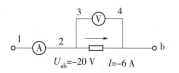

图 1-题-2　选择题第 1 题图　　　　　　图 1-题-3　选择题第 2 题图

5. 图 1-题-4 中电流表内阻极低，电压表电压极高，电池内阻不计，如果电压表被短接，则（　　　）

　　A. 灯 D 将被烧毁　　　　B. 灯 D 特别亮　　　C. 电流表被烧

6. 在图 1-题-4 中如果电流表被短接，则（　　　）

　　A. 灯 D 不亮　　　　　　B. 灯 D 将被烧　　　C. 不发生任何事故

7. 如图 1-题-5 所示，则电流 I、电压 U 为（　　　）。

　　A. 3A　18V　　　　　B. 3A　6V　　　　C. 1A　18V

8. 如图 1-题-6 所示含电源支路中，I_1 为（　　　）A。

　　A. 16　　　　　　　B. 4　　　　　　　C. −4

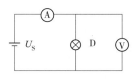

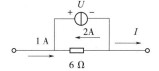

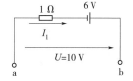

图 1-题-4　选择题第 5 题图　　　图 1-题-5　选择题第 7 题图　　　图 1-题-6　选择题第 8 题图

9. 如图 1-题-7 所示电路中，I 为（　　　）A。

　　A. 2　　　　　　　B. −2　　　　　　　C. 6

10. 如图 1-题-8 所示电路中，已知电压 $U_1 = 14$ V，则 U_S 为（　　　）V。

　　A. 20　　　　　　　B. 8　　　　　　　C. 14

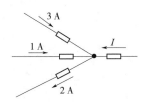

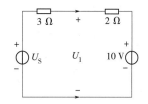

图 1-题-7　选择题第 9 题图　　　　　　图 1-题-8　选择题第 10 题图

四、简答题

1. 如何用万用表测量直流电路的电压、电位及电流？

2. 如何用万用表欧姆挡及直流电压挡检查直流电路故障？

3. 将一个内阻为 0.5 Ω，量程为 1 A 的电流表误认为电压表，接到电压源为 10 V，内阻为 0.5 Ω 的电源上，试问此时电流表中通过的电流有多大？会发生什么情况？

4. 用万用表测量图 1-2-31 所示电路中各支路的电流及电压。请思考下列问题：

（1）如何通过测量结果求出各支路电路的功率及电路总功率？

（2）如何判断某电源在电路中的作用？

（3）调节电源输出的电压，试分析电路中出现电阻烧焦现象的原因。

五、计算题

1. 判断图 1-题-9 所示网络是发出功率还是吸收功率？

2. 如图 1-题-10 所示，各支路的元件是任意的，但已知 $U_{AB} = 5$ V，$U_{BC} = -4$ V，$U_{DA} = -3$ V，试求 U_{CD}。

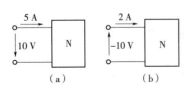

图 1-题-9　计算题第 1 题图　　　　　　图 1-题-10　计算题第 2 题图

3. 求图 1-题-11 所示电路中的未知量，并求各电阻器的功率。

4. 如图 1-题-12 所示电路，求各元件的功率，并说明各元件在电路中的作用。

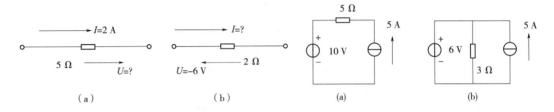

图 1-题-11　计算题第 3 题图　　　　　　图 1-题-12　计算题第 4 题图

5. 试求图 1-题-13 所示电路中的 φ_a。

6. 试求图 1-题-14 所示电路中 U_{ab} 与 I 的关系。

7. 如图 1-题-15 所示，已知：$R_1 = 0.5$ Ω，$R_2 = 5.5$ Ω，$U_S = 6$ V，求在开关闭合与断开 2 种情况下电压 U_{ab} 和 U_{cd}。

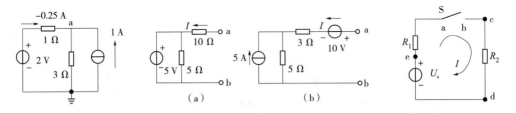

图 1-题-13　计算题第 5 题图　　　图 1-题-14　计算题第 6 题图　　　图 1-题-15　计算题第 7 题图

模块二 直流电路的分析与测试

学习目标

1. 知识目标

（1）掌握等效变换法分析与计算电路：电阻的连接及其等效变换，电源的连接及其等效变换；

（2）掌握方程法分析与计算电路：支路电流法、节点电压法，了解网孔电流法；

（3）掌握定理分析与计算电路：叠加定理、戴维南（又译作"戴维宁"）定理；

（4）了解万用表的结构与工作原理，能识读万用表原理图。

2. 技能目标

（1）能根据电路原理图在面包板上完成复杂直流电路的连接；

（2）能熟练测量直流电路的电压、电流及电阻；

（3）能通过测试复杂直流电路，加强对复杂直流电路的分析与计算的理解；

（4）能较熟练地利用万用表进行直流电路故障的排除；

（5）会查阅有关技术资料和工具书，了解并进行 EWB 仿真实验。

任务一　电路的等效变换法及应用

任务目标

（1）掌握电阻器串联等效电阻的计算与测量、分压公式的使用及电压表量程扩程的设计与测试；

（2）掌握电阻器并联等效电阻的计算与测量、分流公式的使用及电流表量程扩程的设计与测试；

（3）掌握电阻器混联电路等效电阻的计算与测量，能理解欧姆表设计原理。

工作任务

模拟万用表是实验室常用的电工仪表，电阻器的串联、并联、混联及应用是电路分析的基本技能，因此，通过相关知识的学习，完成以下任务：

在实验模块上改装指针式万用表的直流电压挡、直流电流挡及电阻挡并进行测试。

 **相关知识**

一、电阻连接等效变换、应用与测试

1. 等效网络的定义

如果电路的某一部分只有两个端钮与其余部分相连，则这部分电路称为二端网络，又称单口网络。其两个端钮间的电压称为端口电压；从某个端钮流入或流出的电流称为端口电流。一个二端元件就是一个最简单的二端网络。二端网络可用图 2-1-1（a）所示的方框符号表示，方框内的字母 N 代表"网络（network）"一词。内部含有电源的二端网络称为含源（active）二端网络，如图 2-1-1（b）所示，内部不含电源的二端网络称为无源（passive）二端网络，如图 2-1-1（c）所示。

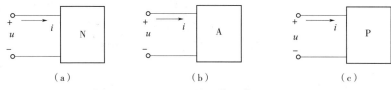

（a） （b） （c）

图 2-1-1　二端网络的符号

二端网络的端口电压与端口电流之间的关系，称为二端网络的伏安关系，或伏安特性。如果一个二端网络的伏安关系与另一个二端网络的伏安关系完全一致，则当它们的端口电压相等时，端口电流也必定相等，这样的两个二端网络互为等效网络。两个等效网络对任一外电路的作用彼此相同，因此，用一个结构简单的等效网络代替原来较复杂的网络，可以简化对电路的分析。

此外，还有三端、四端……n 端网络。两个 n 端网络，如果它们各对端钮的伏安关系都分别对应相同，则它们对外电路彼此等效。

2. 电阻器的串联、应用及测试

图 2-1-2 所示是多个电阻器串联的电路。

（1）特点：

①电流相等：由 KCL 可得

$$I = I_1 = I_2 = \cdots = I_n$$

②等效电阻：由等效电路及电阻定义，根据 KVL 可得 $R = \dfrac{U}{I} = \dfrac{U_1 + U_2 + \cdots + U_n}{I} = \dfrac{IR_1 + IR_2 + \cdots + I_n}{I}$，即

$$R = R_1 + R_2 + \cdots + R_n \tag{2-1-1}$$

③分压公式：如图 2-1-2 所标各分电压及总电压的参考方向，其参考方向选择为一致，

由欧姆定律得 $U_n = I_n R_n = \dfrac{U}{R} R_n$，即

$$U_n = \frac{R_n}{R} U \qquad\qquad (2\text{-}1\text{-}2)$$

④功率：由电阻器的功率公式得

$$P_1 : P_2 : \cdots : P_n = I^2 R_1 : I^2 R_2 : \cdots : I^2 R_n = R_1 : R_2 : \cdots : R_n$$

（2）电阻器串联分压电路的应用：

①分压器。如晶体管的直流偏置电路，就是一个固定分压电路，使晶体管的基极与发射极之间获得某一固定的电压。图 2-1-3 所示为步级分压电路，转换开关拨到不同的挡位可以输出不同的电压，例如，开关拨到 2 挡时输出电压 U_o 为

$$U_o = \frac{R_2 + R_3 + R_4}{R_1 + R_2 + R_3 + R_4} U_i$$

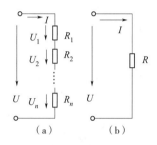

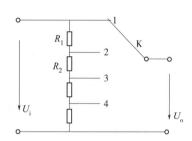

图 2-1-2　电阻器的串联　　　　　　　图 2-1-3　步级分压电路

②选配合适的电阻器。例如在调试电路时，若需要一个 51 kΩ 的电阻器，而身边只有 24 kΩ 和 27 kΩ 两种阻值的电阻器，可以将两个电阻器串联起来代用。

③串联电阻器用于限流。例如，继电器线圈的电阻为 100 Ω，工作电流为 10 mA，可接到 12 V 的电源上，通过该线圈的电流 $I = \dfrac{12}{100}$ A $= 120$ mA，大大超过继电器线圈的额定电流。为保证继电器能正常工作，必须串联一个电阻器 R，将工作电流限制在 10 mA，此时限流电阻为

$$R = \left(\frac{12}{10 \times 10^{-3}} - 100 \right) \Omega = 1\ 100\ \Omega$$

【例 2-1-1】　图 2-1-4 所示为 500 型万用表的直流电压表部分。等效表头最大电流 I'_g 为 50 μA。等效电阻 R'_g 为 3 kΩ。电压表有 5 个量程 $U_1 = 2.5$ V，$U_2 = 10$ V，$U_3 = 50$ V，$U_4 = 250$ V，$U_5 = 500$ V，试求各分压电阻。

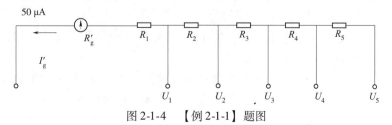

图 2-1-4　【例 2-1-1】题图

解：表头两端的电压 $U_g = I'_g R'_g = 3 \times 50 \times 10^{-3}$ V $= 0.15$ V，则 R_1 两端的电压为

$$U'_1 = U_1 - U_g = I'_g R_1$$

即

$$R_1 = \frac{U_1 - U_g}{I'_g} = \frac{2.5 - 0.15}{50 \times 10^{-3}} \text{ k}\Omega = 47 \text{ k}\Omega$$

同理可得

$$R_2 = \frac{U_2 - U_1}{I'_g} = \frac{10 - 2.5}{50 \times 10^{-3}} \text{ k}\Omega = 150 \text{ k}\Omega$$

$$R_3 = \frac{U_3 - U_2}{I'_g} = \frac{50 - 10}{50 \times 10^{-3}} \text{ k}\Omega = 800 \text{ k}\Omega$$

$$R_4 = \frac{U_4 - U_3}{I'_g} = \frac{250 - 50}{50 \times 10^{-3}} \text{ k}\Omega = 4 \times 10^3 \text{ k}\Omega$$

$$R_5 = \frac{U_5 - U_4}{I'_g} = \frac{500 - 250}{50 \times 10^{-3}} \text{ k}\Omega = 5 \times 10^3 \text{ k}\Omega$$

3. 电阻器的并联、应用及测试

图 2-1-5 所示是多个电阻器并联电路。

（1）特点：

①电压相等：由 KVL 可得

$$U_1 = U_2 = \cdots = U_n$$

②等效电阻：由等效电阻定义，根据 KCL 可将

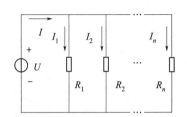

图 2-1-5　电阻器的并联

$I = I_1 + I_2 + \cdots + I_n$，再由欧姆定律可得

$$\frac{1}{R} = \frac{1}{R_1} + \frac{1}{R_2} + \cdots + \frac{1}{R_n} \tag{2-1-3}$$

③分流公式：$I_n = \dfrac{U}{R_n} = \dfrac{IR}{R_n}$，即

$$I_n = \frac{R}{R_n} I \tag{2-1-4}$$

注意，使用式（2-1-4）时，I、I_n 参考方向一致；否则，式中多一个负号。

④功率：由电阻器的功率公式可得

$$P_1 : P_2 : \cdots : P_n = R_n : \cdots : R_2 : R_1$$

（2）电阻器并联分流电路的应用：

①选配合适的电阻器。如在实验室需用一个 50 Ω 的电阻器，而身边只有 2 个 100 Ω 电阻器，则可将 2 个 100 Ω 电阻器并联起来代用。

②负载并联供电。如我们生活中照明用电，灯泡等用电器都是并联使用的。

③分流器。如电流表量程的扩大。

【例 2-1-2】　图 2-1-6 所示为 500 型万用表的直流电流表部分。其中表头满度电流 $I_g = 40$ μA，表头内阻 $R_g = 3.75$ kΩ。各挡量程为 $I_1 = 500$ mA，$I_2 = 100$ mA，$I_3 = 10$ mA，$I_4 = 1$ mA，$I_5 = 250$ μA，$I_6 = 50$ μA。求各分流电阻。

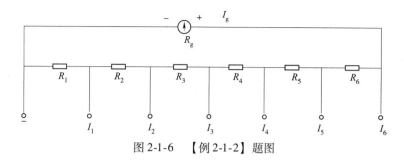

图 2-1-6 【例 2-1-2】题图

解： 从图中可以看出，当使用最小量程 $I_6 = 50\ \mu A$ 时，全部分流电阻串联起来与表头并联，可首先算出串联支路的总电阻 $R = R_1 + R_2 + R_3 + R_4 + R_5 + R_6$ 之值，即

$$R = \frac{R_g I_g}{I_6 - I_g} = \frac{3.75 \times 40}{50 - 40}\ k\Omega = 15\ k\Omega$$

当使用量程 $I_1 = 500\ mA$ 挡时，除 R_1 以外的分流电阻与表头一起串联之后，再与 R_1 并联，由分流公式

$$I_g = \frac{R_1}{[(R - R_1) + R_g] + R_1} I_1 = I_1 \cdot \frac{R_1}{R + R_g}$$

可得

$$R_1 = \frac{I_g (R + R_g)}{I_1} = \frac{40 (15 + 3.75)}{500}\ \Omega = 1.5\ \Omega$$

当使用量程 $I_2 = 100\ mA$ 时，除 $(R_1 + R_2)$ 以外的分流电阻与表头串联之后，再与 $(R_1 + R_2)$ 并联，可得

$$R_2 = \frac{I_g (R + R_g)}{I_2} - R_1 = \left[\frac{40 (15 + 3.75)}{100} - 1.5\right]\ \Omega = 6\ \Omega$$

同理可得

$$R_3 = \frac{I_g (R + R_g)}{I_3} - (R_1 + R_2) = \left[\frac{40 (15 + 3.75)}{10} - 7.5\right]\ \Omega = 67.5\ \Omega$$

$$R_4 = \frac{I_g (R + R_g)}{I_4} - (R_1 + R_2 + R_3) = \left[\frac{40 (15 + 3.75)}{1} - 75\right]\ \Omega = 675\ \Omega$$

$$R_5 = \frac{I_g (R + R_g)}{I_5} - (R_1 + R_2 + R_3 + R_4) = \left[\frac{40 (15 + 3.75)}{0.25} - 750\right]\ \Omega = 2\ 250\ \Omega$$

最后得出

$$R_6 = R - (R_1 + R_2 + R_3 + R_4 + R_5) = 12\ k\Omega$$

结论：电流量限与其分流电阻乘积是一个常数，数值等于 $I_g (R + R_g)$，R 为总的分流电阻，一般称为直流电流的最大电压降，简称直流电流压降。有了这个压降，各个量限的分流电阻就可算出，即

$$R_n = \frac{I_g (R + R_g)}{I_n} = \frac{直流电压降（V）}{该抽头电流量限（A）}$$

4. 电阻器的混联、应用及测试

实际应用中经常会遇到既有电阻器串联又有电阻器并联的电路，称为电阻器的混联电

路，如图 2-1-7 所示。求解电阻器的混联电路时，首先应从电路结构出发，根据电阻器串并联的特征，分清哪些电阻器是串联的，哪些电阻器是并联的；然后应用欧姆定律、分压和分流的关系求解。

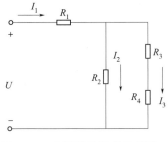

由图 2-1-7 可知，R_3 与 R_4 串联，然后与 R_2 并联，再与 R_1 串联，即

等效电阻 $R = R_1 + R_2 // (R_3 + R_4)$，符号"//"表示并联。

图 2-1-7　电阻器的混联示意图

$$I = I_1 = \frac{U}{R}$$

则

$$I_2 = \frac{R_3 + R_4}{R_2 + R_3 + R_4} I$$

$$I_3 = \frac{R_2}{R_2 + R_3 + R_4} I$$

各电阻器两端电压的计算，请读者自行完成。

电阻器混联电路中，有时电阻器串并联的关系不易看出，尤其是需要求某两点的等效电阻时，这往往需要将电路进行整理，其方法见应用举例【例 2-1-3】。

【例 2-1-3】　如图 2-1-8（a）所示，求 ab 间的等效电阻。

解：此类题按以下几步做，一般可顺利完成。

（1）找节点：找出电路 ab 间所有节点。图示中有 4 个节点。

（2）标字母：给各节点标字母，等位点用同一字母表示，不同电位点用不同字母表示。图 2-1-8（a）所示电路中，由于导线连通，在 ab 间实际只需标一个字母 c

（3）"顺连"电路：在 ab 间按字母顺序画出有效电阻（被短路的电阻对待求部分的等效电阻无作用），如图 2-1-8（b）所示。

（4）按电阻的串并联关系求 R_{ab}：显然 R_1 与 R_2 并联，再与 R_5 串联，最后与 R_6 并联，即 $R_{ab} = [R_1 // R_2 + R_5] // R_6$。

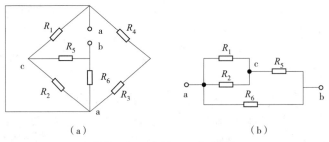

（a）　　　　　　　　　　　　　　（b）

图 2-1-8　【例 2-1-3】题图

5. 电阻器的星形与三角形连接

（1）星形电阻网络与三角形电阻网络。如图 2-1-9（a）所示，R_a、R_b、R_c 这 3 个电阻器组成一个星形，称为星形网络或 Y 网络。如图 2-1-9（b）所示，R_{ab}、R_{bc}、R_{ca} 这 3 个电阻器组成一个三角形，称为三角形网络或 △ 网络。

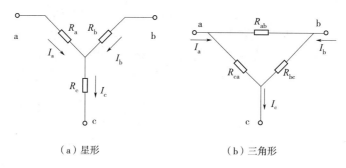

（a）星形　　　　　　　　　　　（b）三角形

图 2-1-9　电阻器的星形与三角形连接

（2）Y – △等效变换：

①等效条件。根据等效概念，要使△与Y等效，必须使二者外特性一致，即必须满足下列等效变换条件：

a. 任意两对应端间的电压大小相等，方向相同。

b. 流经任一对应端的电流大小相等，方向相同。

c. 变换前后Y连接与△连接的网络所消耗的功率相同。

②Y – △等效变换电阻间的关系。根据等效变换条件及基本定律分析可得，△连接变换为Y连接电路和公式为

$$\begin{cases} R_a = \dfrac{R_{ab} \cdot R_{ca}}{R_{ab} + R_{bc} + R_{ca}} \\[2mm] R_b = \dfrac{R_{bc} \cdot R_{ab}}{R_{ab} + R_{bc} + R_{ca}} \\[2mm] R_c = \dfrac{R_{ca} \cdot R_{bc}}{R_{ab} + R_{bc} + R_{ca}} \end{cases} \tag{2-1-5}$$

即星形连接电阻 $R_Y = \dfrac{三角形相邻两电阻之积}{三角形中各电阻之和}$。

若 $R_{ab} = R_{ca} = R_{bc} = R_\triangle$，则 $R_Y = \dfrac{1}{3} R_\triangle$。

如果已知Y连接电路各电阻，则等效△连接电路各电阻为

$$\begin{cases} R_{ab} = R_a + R_b + \dfrac{R_a \cdot R_b}{R_c} = \dfrac{R_a \cdot R_c + R_b \cdot R_c + R_a \cdot R_b}{R_c} \\[2mm] R_{bc} = R_b + R_c + \dfrac{R_b \cdot R_c}{R_a} = \dfrac{R_a \cdot R_b + R_a \cdot R_c + R_b \cdot R_c}{R_a} \\[2mm] R_{ca} = R_c + R_a + \dfrac{R_c \cdot R_a}{R_b} = \dfrac{R_a \cdot R_b + R_b \cdot R_c + R_c \cdot R_a}{R_b} \end{cases} \tag{2-1-6}$$

即三角形连接电阻（$R_\triangle$）$= \dfrac{星形中各电阻两两乘积之和}{星形中对面的一个电阻}$。

若 $R_a = R_b = R_c = R_Y$，则 $R_\triangle = 3R_Y$。

图 2-1-10 为Y – △等效对照图。

利用线性电阻Y⇔△等效变换，常常可以使电路简化，使之可以利用电阻器串、并联

的方法化简，至于是采用Y⇒△还是△⇒Y变换，应根据具体电路选择。

【例2-1-4】 求图2-1-11（a）所示电路等效电阻 R_{AC}。

解： 在图2-1-11（a）所示电路中，电阻既有Y连接，也有△连接。此题既可将Y⇒△，也可将△⇒Y。现将△连接 R_1、R_3、R_5 用Y连接代替，如图2-1-11（b）所示，其中 $R_a = \dfrac{R_1 \cdot R_3}{R_1 + R_3 + R_5}$，$R_c = \dfrac{R_1 \cdot R_5}{R_1 + R_3 + R_5}$，$R_d = \dfrac{R_3 \cdot R_5}{R_1 + R_3 + R_5}$，然后用电阻器串并联方法得出 R_{AC}（略）。

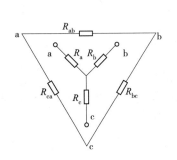

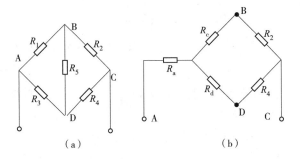

图2-1-10　Y–△等效对照图　　　　　　图2-1-11　【例2-1-4】图

二、电源的等效变换及应用

1. 实际电源2种组合模型的等效变换

一个实际的电源，就其外部特性而言，既可以看成是一个电压源，又可以看作是一个电流源如图2-1-12所示。由图2-1-12可得其伏安特性分别为 $U = U_S - IR_S$，$U = I_S R'_S - IR'_S$，比较这两式，根据等效定义，得到等效条件：

$$U_S = I_S R'_S \quad 且 \quad R_S = R'_S \tag{2-1-7}$$

应用电源的等效变换条件时应注意以下几点：

（1）电压源和电流源的参考方向要一致。

（2）所谓"等效"，是指它们对外电路等效，对内电路不等效。

（3）理想电压源与理想电流源之间不能等效变换，因为它们的伏安特性是不一样的。

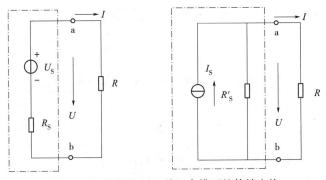

图2-1-12　实际电源2种组合模型的等效变换

2. 电源的连接及化简

（1）多个电压源串联。多个电压源串联，其等效电路为一新的电压源。以2个电压源串联为例，如图 2-1-13 所示，等效电压源的参数为（设 $U_{S1} > U_{S2}$）$U_S = U_{S1} - U_{S2}$ 及 $R_S = R_1 + R_2$。

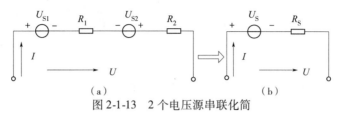

图 2-1-13　2 个电压源串联化简

（2）多个电流源并联。多个电流源并联，其等效电路是一新的电流源。以 2 个电流源并联为例，如图 2-1-14 所示，等效电压源的参数为（设 $I_{S1} > I_{S2}$）$I_S = I_{S1} - I_{S2}$ 及 $R_S = R_1 /\!/ R_2$。

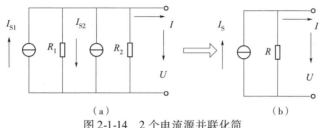

图 2-1-14　2 个电流源并联化简

（3）多个电压源并联。多个电压源并联，先将电压源化成电流源，变为多个电流源并联，按上述思路（多个电流源并联）化简。

（4）多个电流源串联。多个电流源串联，先将电流源化成电压源，变为多个电压源串联，按上述思路（多个电压源串联）化简。

综上所述，在实际化简电路时，当要化简的电路部分具有串联结构，一般往电压源化简；若具有并联结构，则往电流源化简。

3. 利用电源等效变换法解题

电源等效变换法是根据电源的等效变换条件，将电压源与电流源进行等效变换，使电路化简并进行电路求解的一种化简方法，解题方法见【例 2-1-5】。

【例 2-1-5】　把图 2-1-15（a）所示的电路变换成电压源的等效电路。

分析：图 2-1-15（a）并联结构 $\xrightarrow[\text{电压源化成电流源}]{}$ 2 个电流源并联，如图 2-1-15（b）所示⇒新的电流源图，如图 2-1-15（c）所示⇒电压源图，如图 2-1-15（d）所示。

解：由图 2-1-15（b）可得 $I_{S1} = \dfrac{U_{S1}}{R_1} = \dfrac{4}{2}$ A $= 2$ A，由图 2-1-15（c）可得 $I_S = I_{S1} - I_{S2} = (3 - 2)$ A $= 1$ A

由图 2-1-15（d）可得 $U_S = I_S R_1 = 1 \times 2$ V $= 2$ V。

注意：运用电源的等效变换法化简分析电路，关键要注意等效电路图中电源模型间的等效，尤其注意电源的方向，以及参数的求法。其一般步骤如下：

（1）将待求电路作为外电路，其余电路作为内电路。

（2）保留外电路不变，将内电路利用电源等效变换法，尽量化简，直至最简。

（3）对最简电路进行求解。

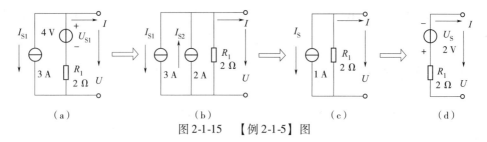

图 2-1-15 【例 2-1-5】图

 任务实施与评价

下面进行模拟万用表表头的测试与改装。

一、实施步骤

1. 选用实训设备

具体实训设备如表 2-1-1 及图 2-1-16 所示。

表 2-1-1 实训设备

序号	名　称	型号与规格	数量	备　注
1	智能直流电压表	0 ~ 300 V	1 块	实验台的屏上
2	智能直流电流表	0 ~ 500 mA	1 块	实验台的屏上
3	直流稳压电源	0 ~ 30 V	1 块	实验台的屏上
4	直流恒流源	0 ~ 500 mA	1 块	实验台的屏上
5	万用表表头（基本表）	MF47 型	1 块	HE-11 实验模块
6	电阻器	元件箱（多种阻值电阻器，电阻箱）	1 套	HE-19 实验模块
7	调压器	自耦变压器	1 台	实验台内置

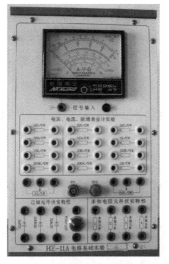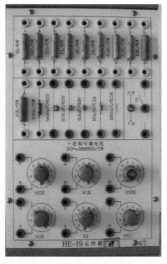

图 2-1-16 MF47 型万用表表头及标准元件箱

2. 表头参数的测定

万用表表头满偏时允许通过的电流用 I_M 表示，表头内阻用 R_M 表示，其等效电路如图 2-1-17 所示。

（1）测 I_M。具体步骤如下：

①将直流恒流源置于 2 mA 挡，并将输出细调旋钮调到最小，然后按图 2-1-18 所示接好电路，R 为十进制可调电阻箱，注意极性！

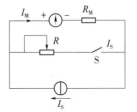

图 2-1-17　表头等效电路图　　　　图 2-1-18　测表头满偏电流和内阻

②开关 S 断开，慢慢调节输出细调旋钮，观察表头指针偏转，直到满偏，记下恒流源的输出电流，即为 I_M（约 46 μA）。

（2）测 R_M。采用半偏法，在图 2-1-18 中，保持电流源输出电流不变，闭合开关 S，调节电阻箱 R 的阻值，使表头的指针指在 1/2 满偏位置，此时有 $R_M = R$（R_M 约为 2 000 Ω）

3. 改装为满量程 $I'_g = 1$ mA，内阻 $R'_g = 100$ Ω 基本表

按理论分析，可以采取图 2-1-19（a）所示电路进行扩程，在实际应用中，按图 2-1-19（b）设计。选择 $R_{A1} = 120$ Ω，R_{W1} 用元件箱上 1 kΩ 可调电位器。慢慢调节恒流源输出电流，使输出电流为 1 mA，同时调节电位器，直到表头满偏，则基本表改装完成。下面进行 1 mA 电流表表头的检验：

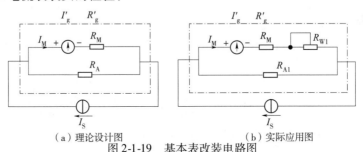

（a）理论设计图　　　　　　　（b）实际应用图

图 2-1-19　基本表改装电路图

（1）调节恒流源的输出，最大不超过 1 mA。

（2）先对电流表进行机械调零，再将恒流源的输出接至电流表的信号输入端。

（3）调节恒流源的输出，使其从 1 mA 调至 0，分别读取表的读数，并记录于表 2-1-2 中。

表 2-1-2　改装为 1 mA 电流表测量数据

恒流源输出/mA	1	0.8	0.6	0.4	0.2	0
表头读数/mA						

4. 将基本表改装为量程为 10 mA 的电流表

（1）将 11.1 Ω 分流电阻器并联在基本表的两端，这样就将基本表改装成了满量程为

10 mA的电流表（实际测量出分流电阻值）

（2）将恒流源的输出调至 10 mA。

（3）调节恒流源的输出，使其从 10 mA 调至 0，依次减小 2 mA，用改装好的电流表依次测量恒流源的输出电流，并记录于表 2-1-3 中。

表 2-1-3　改装为 10 mA 电流表测量数据

恒流源输出/mA	10	8	6	4	2	0
电流表读数/mA						

5. 将基本表改装为一只电压表

（1）将 9.9 kΩ 分压电阻器与基本表相串联，这样基本表就被改装成为满量程为 10 V 的电压表。

（2）将电压源的输出调至 10 V。

（3）调节电压源的输出，使其从 10 V 调至 0，依次减小 2 V，并用改装好的电压表进行测量，并记录于表 2-1-4 中。

表 2-1-4　改装为 10 V 电压表测量数据

电压源输出/V	10	8	6	4	2	0
电压表读数/V						

6. 欧姆表的设计与安装

指针式欧姆表的设计原理基于欧姆定律，按照表头与被测电阻器 R_X 的连接方式，欧姆表可分为并联式和串联式，如图 2-1-20 所示。本次实训采用的是串联式设计。

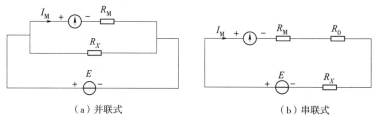

（a）并联式　　　　　　（b）串联式
图 2-1-20　欧姆表连接方式

（1）串联式欧姆表的原理说明。通常随着使用时间的延长，电池电压会发生变化，一般要求在 $(0.85 \sim 1.1)E$ 的电压范围内，通过调节电位器 R_W，使 $R_X = 0$ 时，$I_X = I_g$，如图 2-1-21 所示。图中 S_a、S_b 投向右，构成低阻挡测试电路；S_a、S_b 投向左，构成高阻挡测试电路。本实验的 E 和 E' 均采用直流稳压电源，电压值不会变化，故实验中不必调零，R_W 只用作 R_0 的补充。

在图 2-1-21 中，令 $R_M + R_W + R_0 = R_内$，则表头

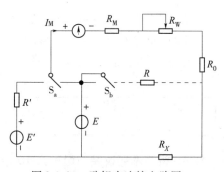

图 2-1-21　欧姆表连接电路图

的指示值为（R 不连）：

$$I_X = \frac{E}{R_X + R_内}$$

由上式可知：

①当 E 值一定时，I_X 与 R_X 的关系为非线性关系，因此，欧姆表（即 I_X）的指示刻度是不均匀的。

②当 $R_X = 0$ 时，$I_X = E/R_内 = I_M$，如果 $R_X = R_内$，则 $I_X = I_M/2$，这时，欧姆表的指针位于标尺的中心阻值处。该阻值称为欧姆表的中心阻值，记为 $R_中$，它等于欧姆表的总内阻。常用于指针式万用表中，欧姆表×1挡的中心阻值一般为 $10 \sim 30\ \Omega$。

③当 $R_X \ll R_中$ 时，指针接近满偏，读数需估测。则由于 R_X 本身值很小，相对而言误差较大。当 $R_X \gg R_中$ 时，即使 R_X 有较大变化，I_X 的变化也很小，因而测量误差也很大。为使 R_X 的测量较准确，应使 $R_中$ 与 R_X 处于同一数量级。当 R_X 不太大，如图 2-1-21 虚线所示，用并联 R 来降低 $R_中$。并联 R 后，新的中心阻值为

$$R_{中1} = \frac{RR_内}{R + R_内}$$

$R_{中1}$ 确定后，即可按此式求得 R 值。

为了能准确测量不同数量级的 R_X，欧姆表通常设有多个挡位，如×1、×10、×100、×1k、×10k 等挡位，各挡的中心阻值为 $R_中 \times$ 倍率。

但是，当 R_X 很大时，如果所需的 $R_中 > R_内$，就不能再用并联电阻器的方法了。这时，断开 R，如图 2-1-21 所示，将 S_a 拨向另一侧，串联 R'。串入 R' 后，E 也需换成 E'，使 $I_X = \dfrac{E'}{R' + R_内} = I_M$。$R'$ 与 E' 应满足：$R' + R_内 = R'_中$（高阻挡的中心阻值），$E' = I_M R'_中$。一般指针式万用表欧姆挡中，串 R' 的高阻挡只设一挡。

（2）将实验 2 测得的 I_M 和 R_M 记入表 2-1-5 中，再根据测得数据和已知数据，计算 $R_0 + R_W = (E/I_M) - R_M$，$R_1 \sim R_4 = R_中 R_内 / (R_内 - R_中)$，$R' = R'_中 - R_内$。

表 2-1-5　欧姆表各量程中心阻值的计算与测量值

表头测量：$R_M =$		$I_M =$	$R_0 + R_W =$	$R_内 =$
挡位	$R_中/\Omega$		计算 $R\ (R')\ /\Omega$	测量 $R\ (R')\ /\Omega$
×1	16.5			
×10	165			
×100	1.65k			
×1k	16.5k			
×10k	165k			

（3）按图 2-1-21（S_a、S_b 拨向右侧）接线，R_0 用 HE-19 中的 20k + 8.2k，R_W 用 HE-11A 中的 RP2（10k 调到最大），先断开 R，$R_X = 0$，测 $R_内$。E 取 1.5 V，调节 R_W，让表头满偏，测出 $R_内$。以后换挡不必再调节 R_W。

（4）测各挡并联电阻：按图 2-1-21 所示，连上 R_X，并取 R_X 为各挡的中心阻值，调节

R，使指针半偏，这时的 R 值即为各挡并联电阻，填入表 2-1-5 中。

（5）用设计好的欧姆表测量表 2-1-6 所选的 R_X，并将结果记入表 2-1-6 相应栏中。

表 2-1-6 用设计好的欧姆表测量电阻

	标称阻值/Ω	30	100	300	1k	3k	10k	10k + 20k	100k	100k + 200k
测试电阻	万用表测量值									
本欧姆表测量值	×10									
	×100									
	×10k									

（6）按图 2-1-21（S_a、S_b 拨向左侧）接线，令直流稳压电源输出 $E' = I_M R'_{\text{中}}$，R' 取自 HE-19 中的 100k + 20k 电阻箱 + 10k 电位器，令 $R_X = 0$，调节电位器，使指针满偏，测出 R' 值，记入表 2-1-5，并重复（5）。

二、任务评价

评价内容及评分如表 2-1-7 所示。

表 2-1-7 任务评价

任务名称	模拟万用表表头的测试与改装			
	评价项目	标准分	评价分	主要问题
自我评价	任务要求认知程度	10 分		
	相关知识掌握程度	15 分		
	专业知识应用程度	15 分		
	信息收集处理能力	10 分		
	动手操作能力	20 分		
	数据分析与处理能力	10 分		
	团队合作能力	10 分		
	沟通表达能力	10 分		
	合计评分			
小组评价	专业展示能力	20 分		
	团队合作能力	20 分		
	沟通表达能力	20 分		
	创新能力	20 分		
	应急情况处理能力	20 分		
	合计评分			
教师评价				
总评分				
备注	总评分 = 教师评价 50% + 小组评价 30% + 个人评价 20%			

任务二　电路方程法、电路定理法及应用

 任务目标

（1）熟练掌握基尔霍夫定律，并能应用支路电流法、节点电压法求解复杂直流线性电路；

（2）能用叠加定理求解多个独立源作用的线性电路；

（3）能用计算的方法与测量的方法求解线性有源二端网络的等效电压源，并能用戴维南定理求解与化简电路；

（4）能较熟练地测试电路中的电压、电流及无源电路的等效电阻；

（5）能规范地按电路图进行电路的安装与测试。

 工作任务

复杂直流电路的连接与测试是电路连接与测试技能的延伸，并且对加强电路基本分析方法与基本定理理解有着重要的帮助，因此通过相关知识的学习，完成以下任务：

（1）独立完成复杂直流电路的连接与测试；

（2）验证戴维南定理、叠加定理。

 相关知识

一、支路电流法及应用

在计算复杂电路（不能用电阻器串并联方法进行化简的电路）的各种方法中，支路电流法是最基本的分析方法。

1. 支路电流法的概念

所谓支路电流法是以支路电流为求解变量，应用基尔霍夫定律分别对节点和回路列出所需要的方程组，解出各未知的支路电流。

2. 支路电流法解题

如何列所需独立的 KCL、KVL 方程？现以图 2-2-1 所示电路为例，来说明支路电流法的应用。

该电路中节点 $n=2$ 个，支路 $b=3$ 条，假设电路中各元件的参数已知，求支路电流 I_1、I_2、I_3。因为有 3 个未知量，故只要列 3 个独立方程就可求解。各电流参考方向如图 2-2-1 所示。

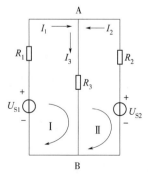

图 2-2-1　支路电流法用图

首先，应用 KCL 对节点 A 和 B 列电流方程：

对节点 A $I_1 + I_2 - I_3 = 0$

对节点 B $I_3 - I_1 - I_2 = 0$

可以看出，这 2 个方程实为同一个方程，为非独立的方程，因而独立方程只有 1 个。一般说来，对具有 n 个节点的电路应用 KCL 只能列出 $(n-1)$ 个独立方程。

其次，在确定了 1 个方程后，另外 2 个方程可应用 KVL 列出。通常应用 KVL 可列出其余 $b-(n-1)$ 个方程。如图 2-2-1 中回路 I、II，选顺时针方向为绕行方向，列方程式，有

$$U_{S1} = I_1 R_1 + I_3 R_3$$
$$-I_2 R_2 - I_3 R_3 = -U_{S2}$$

显然，本电路还有由支路 U_{S1} 和支路 U_{S2} 组成的回路 III，但该回路列出的回路方程可从前 2 个方程求得，故不是独立方程。通常列回路方程时选用独立回路（所选回路中至少有 1 条新支路，一般选网孔作为独立回路），这样应用 KVL 列出的方程，就是独立方程。网孔的数目恰好为 $b-(n-1)$ 个。应用 KCL 和 KVL 一共可列出 $(n-1) + [b-(n-1)] = b$ 个独立方程，所以能解出 b 个支路电流。

综上所述，用支路电流法求解电路的步骤如下：

①标出各支路电流的参考方向；

②根据 KCL，列出任意 $n-1$ 个独立节点的电流方程；

③设定各网孔绕行方向（一般选顺时针方向），根据 KVL 列出 $b-(n-1)$ 个独立回路的电压方程；

④联立求解上述 b 个方程；

⑤验算与分析计算结果。（一般略）

【例 2-2-1】   试用支路电流法列出求解图 2-2-2 所示各支路电流的方程组。

解： 各支路电流参考方向及回路（网孔）电压绕行方向标在图 2-2-2 中，列节点 A、B、C 的电流方程及 3 个网孔的电压方程。

节点 A： $I = I_1 + I_3$

节点 B： $I_1 = I_2 + I_5$

节点 C： $I = I_2 + I_4$

网孔 I： $I_1 R_1 + I_5 R_5 - I_3 R_3 = 0$

网孔 II： $I_2 R_2 - I_5 R_5 - I_4 R_4 = 0$

网孔 III： $I_3 R_3 + I_4 R_4 = U_S$

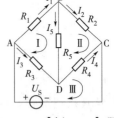

图 2-2-2 【例 2-2-1】题图

联立以上方程即可求出各支路电流。

【例 2-2-2】   图 2-2-3 所示为 2 台发电机并联运行共同向负载 R_L 供电。已知 $E_1 = 130\ \text{V}$，$E_2 = 117\ \text{V}$，$R_1 = 1\ \Omega$，$R_2 = 0.6\ \Omega$，$R_L = 24\ \Omega$，求各支路的电流及发电机两端的电压。

解： ①选各支路电流参考方向如图 2-2-3 所示，回路绕行方向均为顺时针方向。

②列写独立 KCL 方程：

节点 A： $I_1 + I_2 = I$

③列写独立 KVL 方程：

ABCDA 回路： $E_1 - E_2 = R_1 I_1 - R_2 I_2$

AEFBA 回路： $E_2 = R_2 I_2 + R_L I$

其基尔霍夫定律方程组为

$$\begin{cases} I_1 + I_2 = I \\ E_1 - E_2 = R_1 I_1 - R_2 I_2 \\ E_2 = R_2 I_2 + R_L I \end{cases}$$

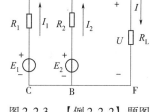

图 2-2-3 【例 2-2-2】题图

将数据代入各式后得

$$\begin{cases} I_1 + I_2 = I \\ 130 - 117 = I_1 - 0.6 I_2 \\ 117 - 0.6 I_2 + 24 I \end{cases}$$

解此联立方程得

$$I_1 = 10 \ \text{A}, \ I_2 = -5 \ \text{A}, \ I = 5 \ \text{A}$$

发电机两端电压 U 为

$$U = R_L I = 24 \times 5 \ \text{V} = 120 \ \text{V}$$

从该例的计算数据可知，I_2 为负值，表示电流的实际方向与参考方向相反。由此可得，第一台发电机产生功率，第二台发电机消耗（或吸收）功率。

二、节点电压法及应用

节点电压法是一种求解特殊电路的有效方法，是节点电位法的特例，下面先简要介绍节点电位法。

1. 节点电位法简介

（1）节点电位和节点电位法。一个具有 n 个节点的电路，只有一个非独立节点，若以这个节点作为电路参考点，则其他 $n - 1$ 个节点的电位便是独立的，电路中所用支路的电压都可以用节点电位来表示，如图 2-2-4 所示，如令 $\varphi_d = 0$，则 $U_{ab} = \varphi_a - \varphi_b$，$U_{bd} = \varphi_b$，$U_{bc} = \varphi_b - \varphi_c$，$U_{cd} = \varphi_c$，所以，一旦求出节点电位，所有支路电压就被确定。

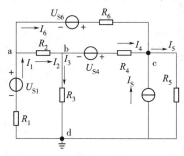

图 2-2-4 节点电位法示用图

以节点电位为待求量，根据 KCL 列出相应独立节点的电流方程来求解电路的方法就称为节点电位法。

（2）节点电位方程的建立。如图 2-2-4 所示电路有 4 个节点，任选其中一个节点作为参考点（此处已选 d 点为参考点，则其他各点的电位为 φ_a、φ_b、φ_c）。各支路电流在图 2-2-4 所示参考方向下与这些节点电位间存在下列关系式：

$$I_1 = \frac{U_{S1} - \varphi_a}{R}$$

$$I_2 = \frac{\varphi_a - \varphi_b}{R_2}$$

$$I_3 = \frac{\varphi_b}{R_3}$$

$$I_4 = \frac{U_{S4} + \varphi_b - \varphi_c}{R_4}$$

$$I_5 = \frac{\varphi_c}{R_5}$$

$$I_6 = \frac{U_{S6} + \varphi_a - \varphi_c}{R_6}$$

对节点 a、b、c 分别列写 KCL 方程

$$I_1 - I_2 - I_6 = 0$$

$$I_2 - I_3 - I_4 = 0$$

$$I_4 + I_S - I_5 + I_6 = 0$$

将 I_1，I_2，…，I_6 代入便可求出各节点电位，从而算出各支路的电流，达到求解电路的目的。

（3）节点电位法解题一般步骤：

①确定参考点和待求的各节点电位，并标出待求解各支路电流参考方向。

②依照含源电路的欧姆定律及部分电路欧姆定律写出用节点电位表示支路电流的方程。

③列出各节点的 KCL 电流方程。

④联立求解，求出以各节点电位为未知量的方程组。

对于复杂电路的节点电位法，往往是直接列由一般步骤整理后得到的有规律可循的节点电位方程组进行电路求解，此处不进行详细介绍。

2. 节点电压法及解题

对于有多个支路，但只有 2 个节点（a、b）的电路，若令 $\varphi_b = 0$，则 $U_{ab} = \varphi_a - \varphi_b = \varphi_a$，各支路的电流都只与节点 a 的电位即节点 ab 间的电压有关，根据节点电位法解题步骤，便可以直接求出这 2 个节点间的电压，此即为节点电压法。

如图 2-2-5 所示，电路只有 2 个节点 a 和 b，各支路电流参考方向如图 2-2-5 所示，各支路电流与节点电压的关系为

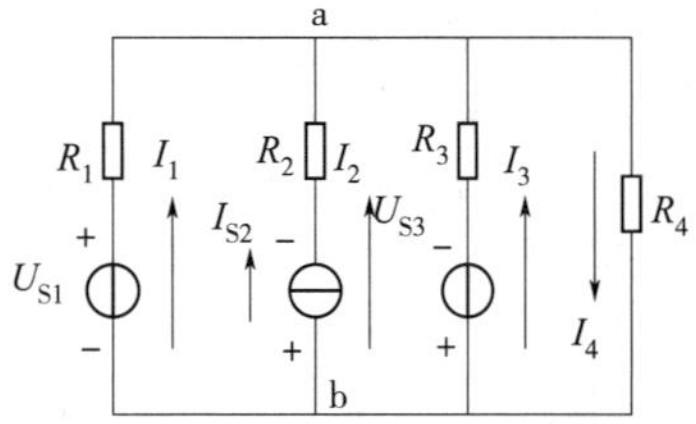

图 2-2-5　节点电压法用图

$$I_1 = \frac{-U_{ab} + U_{S1}}{R_1}, \quad I_3 = \frac{-U_{ab} - U_{S3}}{R_3}, \quad I_4 = \frac{U_{ab}}{R_4} \text{且} I_2 = I_{S2}$$

将上述关系代入节点 a 的 KCL 方程 $I_1 + I_2 + I_3 = I_4$，得到关于节点电压的方程

$$U_{ab} = \frac{\dfrac{U_{S1}}{R_1} - \dfrac{U_{S3}}{R_3} + I_{S2}}{\dfrac{1}{R_1} + \dfrac{1}{R_3} + \dfrac{1}{R_4}}$$

求出 U_{ab} 即可求出各支路电流。

通常节点电压法所求得的电压可写成下面的一般式

$$U_{ab} = \frac{\sum \dfrac{U_S}{R} + \sum I_S}{\sum \dfrac{1}{R}} = \frac{\sum I_{Sa}}{\sum G} \tag{2-2-1}$$

式（2-2-1）又称弥尔曼定理。应用式（2-2-1）时，应注意符号法则：

$\sum I_{Sa}$ 表示连接节点 a 所有有源支路的电源电流代数和，指向节点 a 为正，背离节点 a 为负（指向与背离看电源参考方向，电压源看极性 "$-\rightarrow+$"，电流源看箭头 "$\rightarrow$"，与该支路电流参考方向无关）；$\sum G$ 表示连接节点 ab 的所有支路（有源支路电压源短路，电流源开路，保留内阻）电导之和。

在三相电路求解中，中点电压法实际上就是节点电压法。在使用中，关键是正确使用符号法则列节点电压方程。

下面通过例题，练习节点电压法解题步骤。

【例 2-2-3】 如图 2-2-6 所示，电压源、电阻均为已知，求各支路电流。

解：（1）标定各支路电流参考方向：各支路电流参考方向如图 2-2-6 所示。

（2）根据弥尔曼定理求节点电压

$$U_{ab} = \frac{\dfrac{U_1}{R_1} + \dfrac{U_2}{R_2} - \dfrac{U_3}{R_3}}{\dfrac{1}{R_1} + \dfrac{1}{R_2} + \dfrac{1}{R_3} + \dfrac{1}{R_4}}$$

（3）求支路电流。在图 2-2-6 所示各支路电流参考方向下，得各支路电流为

$$I_1 = \frac{U_1 - U_{ab}}{R_1}, \quad I_2 = \frac{U_2 - U_{ab}}{R_2}, \quad I_3 = \frac{U_3 + U_{ab}}{R_3}, \quad I_4 = \frac{U_{ab}}{R_4}$$

图 2-2-7 是图 2-2-6 的另一种画法，电压源在图中不再画出，而用标出其电位极性及数值的方法来表示。例如，图 2-2-7 中 R_1 的一端标出 $+U_{S1}$，意思是此端钮上接的是数值为 U_{S1} 的电压源的正极，而其负极则接在参考点上，等等，这是电子电路中常见的习惯画法。

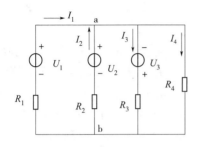

图 2-2-6　【例 2-2-3】图

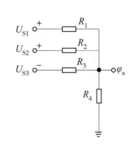

图 2-2-7　【例 2-2-3】图在电子电路中的习惯画法

*三、网孔电流法及其应用

1. 网孔电流与网孔电流法

网孔电流是一种沿着网孔边界流动的假想电流，如图 2-2-8 所示。一个平面电路共有 $b-(n-1)$ 个网孔，因而也有同数目的网孔电流。

各支路电流的参考方向也在图 2-2-8 中标出。可以看出，电路中各支路电流都可以用网孔电流表示。如 $I_1 = I_{\mathrm{I}}$，$I_2 = -I_{\mathrm{II}}$，$I_3 = I_{\mathrm{I}} - I_{\mathrm{II}}$，$\cdots$，$I_6 = -I_{\mathrm{III}}$。对每一个网孔，都可以根据 KVL 列出用网孔电流表示各支路电流的网孔电压方程，所以，一旦求出网孔电流，就可以求出各个支路电流。

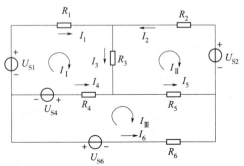

图 2-2-8　网孔电流法示意图

网孔电流法就是以网孔电流作为待求量，根据 KVL 列网孔电压方程而求解电路的方法。

2. 网孔方程的建立

对于具有 m 个网孔的电路，以网孔电流为未知变量对每个网孔列写 KVL 方程，就得到 m 个独立方程，称为网孔方程，解此方程，就可得到网孔电流的数值。在列网孔方程时，通常把网孔电流的方向选为列方程时的绕行方向。

根据图 2-2-8 所示电路，可得到网孔方程：

网孔 I：$R_1 I_{\mathrm{I}} + (I_{\mathrm{I}} - I_{\mathrm{II}}) R_3 - (I_{\mathrm{III}} - I_{\mathrm{I}}) R_4 + U_{S4} - U_{S1} = 0$

网孔 II：$-(I_{\mathrm{I}} - I_{\mathrm{II}}) R_3 + I_{\mathrm{II}} R_2 + U_{S2} - (I_{\mathrm{III}} - I_{\mathrm{II}}) R_5 = 0$

网孔 III：$-U_{S4} + (I_{\mathrm{III}} - I_{\mathrm{I}}) R_4 + (I_{\mathrm{III}} - I_{\mathrm{II}}) R_5 + I_{\mathrm{III}} R_6 - U_{S6} = 0$

联立上述方程，整理后得

$$(R_1 + R_3 + R_4) I_{\mathrm{I}} - R_3 I_{\mathrm{II}} - R_4 I_{\mathrm{III}} = U_{S1} - U_{S4}$$
$$-R_3 I_{\mathrm{I}} + (R_2 + R_3 + R_5) I_{\mathrm{II}} - R_5 I_{\mathrm{III}} = -U_{S2}$$
$$-R_4 I_{\mathrm{I}} - R_5 I_{\mathrm{II}} + (R_4 + R_5 + R_6) I_{\mathrm{III}} = U_{S4} + U_{S6}$$

上式可进一步写成

$$\begin{cases} R_{11} I_{\mathrm{I}} + R_{12} I_{\mathrm{II}} + R_{13} I_{\mathrm{III}} = U_{S\mathrm{I}} \\ R_{21} I_{\mathrm{I}} + R_{22} I_{\mathrm{II}} + R_{23} I_{\mathrm{III}} = U_{S\mathrm{II}} \\ R_{31} I_{\mathrm{I}} + R_{32} I_{\mathrm{II}} + R_{33} I_{\mathrm{III}} = U_{S\mathrm{III}} \end{cases} \qquad (2\text{-}2\text{-}2)$$

式中，具有相同双下标的电阻 R_{11}、R_{22}、R_{33} 分别是各个网孔（独立回路）的电阻和，称为各回路的自电阻，自电阻为" $+$ "。具有不同双下标的电阻 R_{12}、R_{13}、R_{21}、R_{23}、R_{31}、R_{32} 等等，它们分别是两个相关回路之间的公共电阻，称为互电阻。互电阻可为正值，也可为负值，这要取决于相关的两个回路电流通过此互电阻的方向是否一致，一致时取正，不一致时取负。本书中介绍的网孔电流法中，各网孔电流的方向都选择一致（都为顺时针或都为逆时针方向），互电阻为" $-$ "。显然，若两个回路间没有公共电阻时，相应的项就为零。

式（2-2-2）各方程的右边分别是网孔 I、网孔 II、网孔 III 中电压源电压的代数和，沿网孔电流方向，电压源电位升为正，电位降为负。

式（2-2-2）是具 3 个网孔电路的网孔方程式，还可以把它推广到具有更多个网孔的电路中。

3. 运用网孔电流法解题

一般步骤。根据以上讨论，归纳出的网孔电流法解题步骤如下：

（1）以网孔作为独立回路，标出网孔电流的参考方向（一般选择顺时针方向，并以此方向作为回路的绕行方向）及待求支路电流参考方向。

（2）根据自电阻和互电阻的概念以及网孔电压源代数和的概念，列网孔电流方程组。

（3）联立求解方程组，求出各网孔电流。

（4）由网孔电流与支路电流的关系求出待求支路的电流，进而求出其他待求量。

【例 2-2-4】 如图 2-2-9 所示，用网孔电流法求各支路电流。

解： 各网孔电流及各支路电流参考方向选择如图 2-2-9 所示。

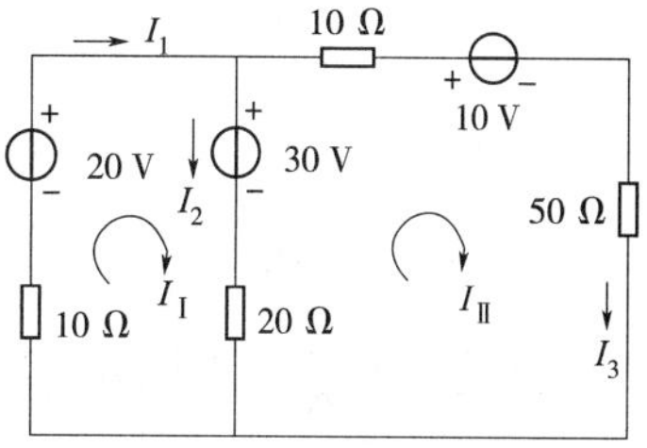

列网孔电流方程组。

$$\begin{cases} (10+20)\ I_{\mathrm{I}} - 20 I_{\mathrm{II}} = 20 - 30 \\ -20\ I_{\mathrm{I}} + (20+10+50)\ I_{\mathrm{II}} = 30 - 10 \end{cases}$$

即

$$\begin{cases} 30\ I_{\mathrm{I}} - 20\ I_{\mathrm{II}} = -10 \\ -20\ I_{\mathrm{I}} + 80\ I_{\mathrm{II}} = 20 \end{cases}$$

图 2-2-9　【例 2-2-4】图

解方程组得

$$I_{\mathrm{I}} = -0.2\ \mathrm{A}$$
$$I_{\mathrm{II}} = 0.2\ \mathrm{A}$$

求出各支路电流

$$I_1 = I_{\mathrm{I}} = -0.2\ \mathrm{A}$$
$$I_2 = I_{\mathrm{I}} - I_{\mathrm{II}} = -0.4\ \mathrm{A}$$
$$I_3 = I_{\mathrm{II}} = 0.2\ \mathrm{A}$$

当电路中含有电流源，使用网孔电流法解题时，可根据电流源所在电路中的位置作不同的处理。如果电流源所在的支路为某一网孔所独有，则此网孔的网孔电流就为已知，那么，网孔电流的变量就少了一个，对应的网孔方程可不必列出；如果电流源所在的支路为两个网孔所共有，则在列写网孔电流方程时就必须涉及电流源的端电压这一未知量，并补充一个反映电流源电流与相关网孔电流之间关系的辅助方程。

【例 2-2-5】 如图 2-2-10（a）所示电路中，已知 $U_{\mathrm{S1}} = 10\ \mathrm{V}$，$U_{\mathrm{S2}} = 2\ \mathrm{V}$，$I_{\mathrm{S}} = 5\ \mathrm{A}$，$R_1 = 1\ \Omega$，$R_2 = R_3 = R_4 = 2\ \Omega$。用网孔电流法求各支路电流。

解： 在图中标出各网孔电流及各支路电流参考方向，同时标出电流源的端电压 U 的参考方向，如图 2-2-10（a）所示。

网孔电流方程组如下：

$$\begin{cases} (R_1 + R_2)\ I_{\mathrm{I}} - R_2\ I_{\mathrm{II}} = -U_{\mathrm{S1}} \\ -R_2\ I_{\mathrm{I}} + (R_2 + R_3)\ I_{\mathrm{II}} + U = 0 \\ R_4 I_{\mathrm{III}} - U = -U_{\mathrm{S2}} \end{cases}$$

辅助方程

$$- I_{\mathrm{II}} + I_{\mathrm{III}} = I_{\mathrm{S}}$$

代入数据得

$$\begin{cases} 3I_{\mathrm{I}} - 2I_{\mathrm{II}} = -10 \\ -2I_{\mathrm{I}} + 4I_{\mathrm{II}} + U = 0 \\ - I_{\mathrm{II}} + I_{\mathrm{III}} = 5 \end{cases}$$

解得
$$I_{\mathrm{I}} = -6\ \mathrm{A}, \quad I_{\mathrm{II}} = -4\ \mathrm{A}, \quad I_{\mathrm{III}} = 1\ \mathrm{A}$$

各支路电流为

$$I_1 = I_{\mathrm{I}} = -6\ \mathrm{A}$$
$$I_2 = I_{\mathrm{I}} - I_{\mathrm{II}} = -2\ \mathrm{A}$$
$$I_3 = I_{\mathrm{II}} = -4\ \mathrm{A}$$
$$I_4 = I_{\mathrm{S}} = 5\ \mathrm{A}$$
$$I_5 = I_{\mathrm{III}} = 1\ \mathrm{A}$$

若电流源 I_{S} 与电压源 U_{S2} 互换位置，如图 2-2-10（b）所示，则网孔电流方程组如下：

$$\begin{cases} (R_1 + R_2)\ I_{\mathrm{I}} - R_2 I_{\mathrm{II}} = -U_{\mathrm{S1}} \\ - R_2 I_{\mathrm{I}} + (R_2 + R_3)\ I_{\mathrm{II}} = -U_{\mathrm{S2}} \\ I_{\mathrm{III}} = -I_{\mathrm{S}} \end{cases}$$

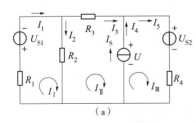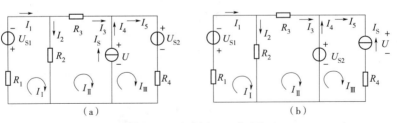

图 2-2-10　【例 2-2-5】图

4. 网孔电流法用于含有受控源的电路中

若电路中含有受控源，在列写电路方程时，暂时先将受控源看作独立源，然后再找出受控源的控制量与电路变量（网孔电流）的关系，作为辅助方程，列出即可。

【例 2-2-6】 用网孔电流法求图 2-2-11 所示电路中的电流 I。

解： 在图 2-2-11 中标出网孔电流的参考方向。先将受控电压源 $2U_1$ 看作独立源，列出两网孔的方程为

$$(4 + 2)\ I_{\mathrm{I}} - 4I_{\mathrm{II}} = 12$$
$$-4I_{\mathrm{I}} + (4 + 1 + 1)\ I_{\mathrm{II}} = 2U_1$$

以控制量 U_1 与网孔电流的关系作为辅助方程列出，有

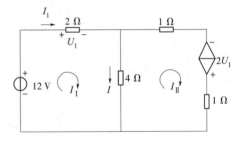

图 2-2-11　【例 2-2-6】图

$$U_1 = 2I_1 = 2I_{\text{I}}$$

整理以上 3 个方程得

$$\begin{cases} 6I_{\text{I}} - 4I_{\text{II}} = 12 \\ -4I_{\text{I}} + 6I_{\text{II}} = 2U_1 \\ U_1 = 2I_{\text{I}} \end{cases}$$

解得 $I_{\text{I}} = 18 \text{ A}$，$I_{\text{II}} = 24 \text{ A}$

支路电流 $I = I_{\text{I}} - I_{\text{II}} = (18 - 24) \text{ A} = -6 \text{ A}$

四、叠加定理及应用

叠加定理是反映线性电路（由线性元件及独立源组成的电路）基本性质的一个重要定理。

1. 叠加定理的内容

当线性电路中有多个电源共同作用时，任一支路的电流（或电压）等于各个电源单独作用时在该支路产生的电流（或电压）的代数和。

2. 应用叠加定理时应注意的问题

（1）适用范围：只适用于线性电路。

（2）叠加量：电路中的电压和电流、功率不能叠加。因为功率是电流和电压的二次函数，它们之间不存在线性关系。

（3）分解电路时电源的处理：分电路中，不作用的电源"零"处理，即电压源短路，电流源开路，保留内阻不变。

（4）叠加的含义：待求某一支路的电压、电流叠加合成时，应注意各个电源对该支路作用时的分量的正方向，当电路分量的正方向与原支路电压、电流的正方向相同时取正；反之取负。

（5）叠加定理用于含有受控源的电路：叠加定理中，所谓电源的单独作用只是对独立电源而言的。所有的受控源都不可能单独存在，当某个独立源单独作用时，只将其他的独立电源视为零值，而所有的受控源则必须全部保留在各自的支路中。

3. 运用叠加定理解题

运用叠加定理解题和分析电路的一般步骤如下：

（1）分解电路：将多个独立源共同作用的电路分解成每个（或几个）独立源作用的分电路，每个分电路中，不作用的电源"零"处理，并将待求的电压、电流的正方向在原、分电路中标出。

（2）单独求解每个分电路：分电路往往是比较简单的电路，有时可由电阻的连接及基本定律直接进行求解。

（3）叠加：原电路中待求的电压、电流等于分电路中对应求出的量的代数和。

【例 2-2-7】 如图 2-2-12 所示，应用叠加定理求通过各支路的电流及 U_{ab}。已知：$U_{S1} = 3 \text{ V}$，$I_S = 1 \text{ A}$，$R_1 = R_2 = 1 \text{ }\Omega$。

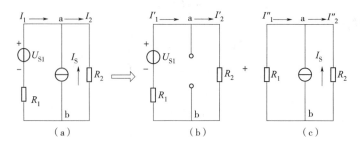

图 2-2-12 【例 2-2-7】图

解：（1）将图 2-2-12（a）分解为图 2-2-12（b）和图 2-2-12（c）2 个分电路，各支路电流参考方向如图 2-2-12 所示。

（2）求分电路作用结果：

图 2-2-12（b）作用结果：$I'_1 = I'_2 = \dfrac{U_{S1}}{R_1 + R_2} = \dfrac{3}{2}$ A $= 1.5$ A

$$U'_{ab} = I'_2 R_2 = 1.5 \times 1 \text{ V} = 1.5 \text{ V}$$

图 2-2-12（c）作用结果：$I''_1 = -\dfrac{R_2}{R_1 + R_2} I_S = -\dfrac{1}{1+1} \times 1$ A $= -0.5$ A

$$I''_2 = \dfrac{R_1}{R_1 + R_2} I_S = \dfrac{1}{1+1} \times 1 \text{ A} = 0.5 \text{ A}$$

$$U''_{ab} = I''_2 R_2 = 0.5 \times 1 \text{ V} = 0.5 \text{ V}$$

（3）叠加：图 2-2-12（a）作用结果：

$$I_1 = I'_1 + I''_1 = (1.5 - 0.5) \text{ A} = 1 \text{ A}$$

$$I_2 = I'_2 + I''_2 = (1.5 + 0.5) \text{ A} = 2 \text{ A}$$

$$U_{ab} = U'_{ab} + U''_{ab} = (1.5 + 0.5) \text{ V} = 2 \text{ V}$$

五、戴维南定理及应用

1. 戴维南定理的内容

根据法国科学家戴维南的研究，任何只包含电阻器和电源的线性有源二端网络对外都可用一个电压源与电阻器串联的等效电路来代替。其电压源 U_S 等于该网络的开路电压 U_{OC}，串联电阻 R_S 等于该网络中所有电源为零时的等效电阻，这个结论称为戴维南定理。戴维南定理的内容可以用图 2-2-13 来表示。

2. 应用戴维南定理时应注意的问题

（1）适用范围：要求化简的有源二端网络是线性的，而有源二端网络以外的电路可以是线性的，也可以是非线性的。

（2）等效电路：任何一个线性有源二端网络对其外部而言都可以用一个等效电压源来表示，如图 2-2-13（b）所示。

（3）等效参数：等效电压源的电源电压 U_S 等于该线性有源二端网络的开路电压，如

图 2-2-13（c）所示。等效电压源内阻 R_S 等于线性有源二端网络中所有独立电源为零（即恒压源短路，恒流源开路，保留内阻不变）时所得的无源二端网络的等效电阻，如图 2-2-13（d）所示。

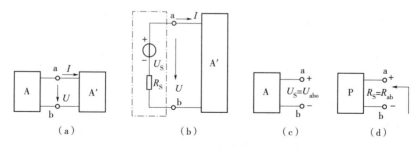

图 2-2-13　戴维南定理示意图

3. 运用戴维南定理解题

戴维南定理对以下情况时特别有用：只需计算电路某一支路的电压和电流；分析某一参数变动的影响。使用戴维南定理时，可按如下步骤进行：

（1）设置线性有源二端网络：一般将待求支路划出作为外电路，其余电路即为待化简和线性有源二端网络；

（2）求等效电压源的 U_S：断开外电路，画出断开外电路后的电路，用求解电路中两点电压的方法，求开路电压，即 $U_S = U_{OC} = U_{abo}$，a、b 是断开电路的两端。

（3）求等效电压源的 R_S：画出断开外电路后的有源二端网络变为无源二端网络的电路，并求该电路的等效电阻，即 $R_S = R_{ab}$。求 R_S 的方法有：

①用电阻器串并联的方法（或经 Y－△等效变换成电阻器串并联形式）化简后计算。

②外施电源法：将有源二端网络内的独立源均视为零值（即恒压源短路、恒流源开路）后，在无源二端网络的端口上施加一个电压源 U，求出端电流 I，则戴维南等效电压源内阻 $R_S = R_{ab} = U/I$（特别是当网络内含有受控源时只能用②与③的方法）

③短路电流法：将线性有源二端网络外电路短路，求短路电流 I_{SC}，则 $R_S = U_{OC}/I_{SC}$。

【例 2-2-8】 戴维南定理应用 1：化简线性有源二端网络。

用戴维南定理化简图 2-2-14（a）所示电路。

解：（1）求开路端电压 U_{OC}。在图 2-2-14（a）所示电路中

$$(3+6)I + 9 - 18 = 0$$
$$I = 1 \text{ A}$$
$$U_{OC} = U_{ab} = (6I + 9) = (6 \times 1 + 9) \text{ V} = 15 \text{ V}$$

或

$$U_{OC} = U_{ab} = -3I + 18 = (-3 \times 1 + 18) \text{ V} = 15 \text{ V}$$

（2）求等效电阻 R_{ab}。将电路中的电压源短路，得无源二端网络，如图 2-2-14（b）所示。可得

$$R_{ab} = \frac{3 \times 6}{3 + 6} \text{ Ω} = 2 \text{ Ω}$$

（3）画出等效电压源模型。画图时，应注意使等效电源电压的极性与原二端网络开路端电压的极性一致，电路如图 2-2-14（c）所示。

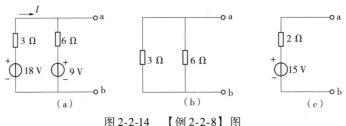

图 2-2-14　【例 2-2-8】图

【例 2-2-9】　　戴维南定理应用 2：计算电路中某一支路的电压或电流。

如图 2-2-15（a）所示，试用戴维南定理求图中的电流 I。

解：（1）把待求 I 所在的支路作为外电路并断开，如图 2-2-15（b）所示。

（2）求 U_S：图 2-2-15（b）所示电路是 2 个节点的电路，可用节点电压法求开路电压，即

$$U_S = U_{abo} = \frac{\frac{30}{5} + 2}{\frac{1}{5} + \frac{1}{5}} \text{ V} = 20 \text{ V}$$

（3）求 R_S：将图 2-2-15（b）所示电路中的独立源视为零值，即电压源短路，电流源开路，可得图 2-2-15（c）所示电路。R_S 为

$$R_S = R_{ab} = \frac{5 \times 5}{5 + 5} \text{ }\Omega = 2.5 \text{ }\Omega$$

（4）求 I：连上待求支路，如图 2-2-15（d）所示。I 为

$$I = \frac{20 - 8}{2.5 + 0.5} \text{ A} = 4 \text{ A}$$

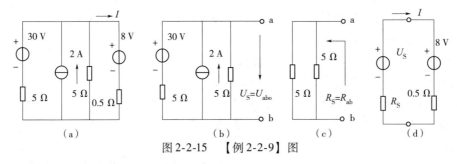

图 2-2-15　【例 2-2-9】图

【例 2-2-10】　　戴维南定理应用 3：分析负载获得的最大功率。

在电子、通信、自动控制系统中，总希望能从电源获得最大功率。给定线性有源二端网络，输出端接不同负载，如图 2-2-16 所示，负载获得的功率也不同，那么负载应满足什么条件才能获得最大功率呢？

解：如图 2-2-16（a）所示，由戴维南定理可得图 2-2-16（b）所示等效电路，由图 2-2-16（b）可得负载获得的功率为

$$P = I^2 R_L = \left(\frac{U_S}{R_S + R_L} \right)^2 R_L$$

容易证明，当 $R_L = R_S$ 时

$$P = P_{max} = \frac{U_S^2}{4R_S} \tag{2-2-3}$$

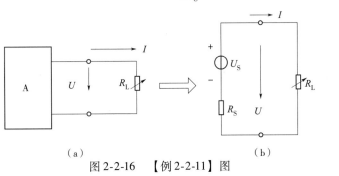

（a）　　　　　　　　　　　　　　　　（b）

图 2-2-16 　【例 2-2-11】图

式（2-2-3）即称为最大功率传输定理。该定理的形式表述：由线性二端网络传递给可变负载 R_L 的功率为最大的条件是负载 R_L 应与戴维南等效电阻相等，即满足 $R_L = R_S$ 时，称为最大功率匹配，此时负载所得的最大功率为

$$P_{max} = \frac{U_S^2}{4R_S}$$

说明：

（1）当 $R_L = R_S$ 时，负载可获得最大功率的结论是在 R_S 固定 R_L 可变的条件下得出的，若 R_S 可变而 R_L 固定时，则 R_S 越小，R_L 获得的功率就越大，当 $R_S = 0$ 时，R_L 可获得最大功率。

（2）如果负载功率是一个由内阻为 R_S 的实际电源提供的，负载 R_L 得到最大功率时，功率传输效率为

$$\eta = \frac{P_{max}}{U_S I} \times 100\% = \frac{\dfrac{U_S^2}{4R_S}}{\dfrac{U_S^2}{2R_S}} \times 100\% = 50\%$$

可见负载获得最大功率时传输效率最低，只有 50%，对于电力系统来说，由于输送的功率很大，必须把减少功率损耗，提高效率作为主要问题来考虑，故电力系统从来不允许在负载匹配的情况下运行。负载匹配运行在自动控制和通信技术的电子电路中应用得很广泛，因为电子电路的主要功能是处理微电信号，本身功率较小，电路传输的能量不大，因此总希望负载获得较强的信号。例如，人们要求扩音机的扬声器发出的音量最大，就应选择扬声器的电阻等于扩音机的内阻。

 任务实施与评价

下面进行叠加定理及戴维南定理的验证。

一、实施步骤

1. 验证叠加定理

（1）以 HE-12 作为实验电路模板，按图 2-2-17 所示连接电路，令 $U_1 = 6$ V，$U_2 = 12$ V。

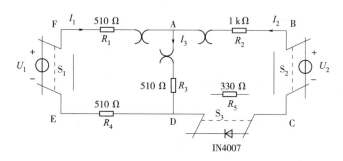

图 2-2-17 叠加定理电路原理图

（2）令 U_1 电源单独作用（将开关 S_1 扳向 U_1 侧，开关 S_2 扳向短路侧）。用直流数字电压表和电流表（接电流插头）测量各支路电流及各电阻元件两端的电压，并将数据记入表 2-2-1 中。

（3）令 U_2 电源单独作用（将开关 S_1 扳向短路侧，开关 S_2 扳向 U_2 侧），用直流数字电压表和电流表测量各支路电流及各电阻元件两端的电压，并将数据记入表 2-2-1 中。

表 2-2-1 电阻电路的叠加定理实验数据

项　　目	U_1/V	U_2/V	I_1/mA	I_2/mA	I_3/mA	U_{AB}/V	U_{CD}/V	U_{AD}/V	U_{DE}/V	U_{FA}/V
U_1 单独作用										
U_2 单独作用										
U_1、U_2 共同作用										

（4）令 U_1 和 U_2 共同作用（开关 S_1 和 S_2 分别扳向 U_1 和 U_2 侧），用直流数字电压表和电流表测量各支路电流及各电阻元件两端的电压，并将数据记入表 2-2-1 中。

（5）将 R_5（330 Ω）换成二极管 IN4007（即将开关 S_3 扳向二极管 IN4007 侧），重复（2）～（4）的测量过程，并将数据记入表 2-2-2 中。

表 2-2-2 二极管电路的叠加定理实验数据

项　　目	U_1/V	U_2/V	I_1/mA	I_2/mA	I_3/mA	U_{AB}/V	U_{CD}/V	U_{AD}/V	U_{DE}/V	U_{FA}/V
U_1 单独作用										
U_2 单独作用										
U_1、U_2 共同作用										

2. 验证戴维南定理

图 2-2-18 中点画线框是被测有源二端网络，电压源 $U_S = 12$ V，恒流源 $I_S = 10$ mA。

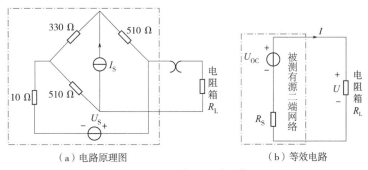

（a）电路原理图 （b）等效电路

图 2-2-18 有源二端网络

（1）测定有源二端网络的等效参数。用开路电压、短路电流法测量戴维宁等效电路的 U_{OC}、R_S。按图 2-2-18（a）接入稳压电源 $U_S = 12$ V 和恒流源 $I_S = 10$ mA，不接入 R_L。测量出开路电压 U_{OC}（注意测量开路电压 U_{OC} 时，不接入电流表）；然后再短接 R_L，测量出短路电流 I_{SC}，根据公式计算出 R_S，将所测数据填入表 2-2-3 中。

表 2-2-3 开路电压、短路电流法的实验数据

项 目	U_{OC}/V	I_{SC}/mA	R_S/Ω
理论值			
实测值			

（2）负载实验。按图 2-2-18（a）接入负载电阻 R_L（即电阻箱，图 2-2-19 所示为实验用的实验模块）。按表 2-2-4 改变电阻箱 R_L 阻值，测量有源二端网络的外特性曲线 $U(I)$，将数据填入表 2-2-4 中。

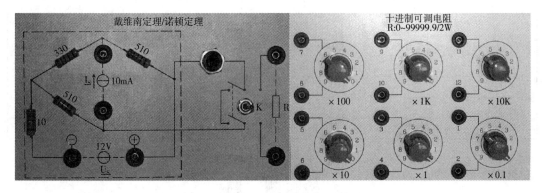

图 2-2-19 戴维南定理实验模块及可调电阻箱

（3）验证戴维南定理：从电阻箱上取得按步骤（1）所得的等效电阻 R_S 之值，然后令其与直流稳压电源［调到步骤（1）时所测得的开路电压 U_{OC} 之值］相串联，如图 2-2-18（b）所示，仿照步骤（2）测其外特性曲线 $U'(I')$，对戴维南定理进行验证。

表 2-2-4 有源二端网络的外特性实验数据

$R_L/k\Omega$	0	1	2	3	4	5	6	7	8	9	∞
U/V											
I/mA											
U'/V											
I'/mA											

二、任务评价

评价内容及评分如表 2-2-5 所示。

表 2-2-5 任 务 评 价

任务名称	网络定理的验证			
	评 价 项 目	标 准 分	评 价 分	主 要 问 题
自我评价	任务要求认知程度	10 分		
	相关知识掌握程度	15 分		
	专业知识应用程度	15 分		
	信息收集处理能力	10 分		
	动手操作能力	20 分		
	数据分析与处理能力	10 分		
	团队合作能力	10 分		
	沟通表达能力	10 分		
	合计评分			
小组评价	专业展示能力	20 分		
	团队合作能力	20 分		
	沟通表达能力	20 分		
	创新能力	20 分		
	应急情况处理能力	20 分		
	合计评分			
教师评价				
总评分				
备注	总评分 = 教师评价 50% + 小组评价 30% + 个人评价 20%			

检 测 题

一、填空题

1. 两个网络等效时对应端钮上的伏安关系_____，等效对_____部分电路有效，对_____部分电路无效。

2. 电阻分压公式只适用于_____电路，其分得的电压与它的阻值成_____，利用串联电阻的_____原理可以扩大电压表的量程。

3. 在并联电路中，等效电阻的倒数等于各电阻倒数_____。并联的电阻越多，等效阻值越_____。利用并联电阻的_____原理可以扩大电流表的量程。

4. 在220 V电源上串联额定值为220 V、60 W和220 V、40 W的2个灯泡，灯泡亮的是_____；若将它们并联，灯泡亮的是_____。

5. 如图2-题-1所示电路，由丫连接变换为△连接时，电阻R_{12} = _____，R_{23} = _____，R_{31} = _____。

6. 如图2-题-2所示电路，R中电流为_____。

7. 实际电源的2种组合模型是_____和_____。它们的等效互换的条件是_____。

8. 如图2-题-3所示电路，其简化后等效电压源的参数为U_S = _____，R_S = _____。

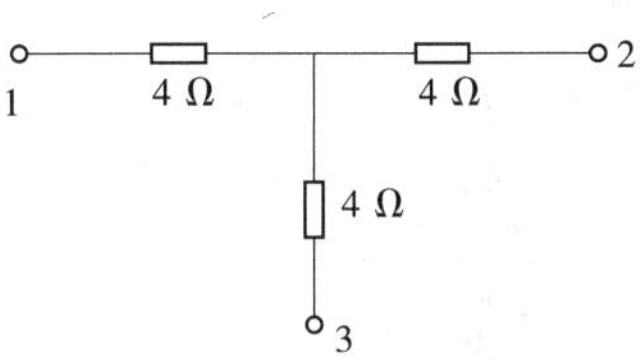

图2-题-1 填空题第5题图 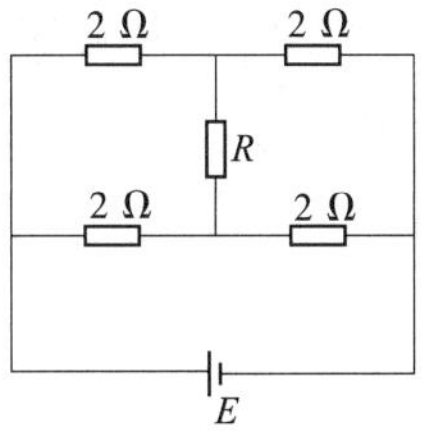　　　图2-题-2 填空题第6题图 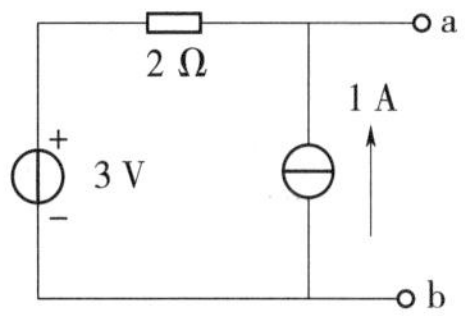　　　图2-题-3 填空题第8题图

9. 所谓支路电流法就是以_____为未知量，依据_____列出方程式，然后解联立方程得到_____的数值。

10. 用支路电流法求解复杂直流电路时，应先列出_____个独立节点电流方程，然后再列出_____个回路电压方程（假设电路有n条支路，m个节点，且$n>m$）。

11. 某电路用支路电流法求解的数值方程组如下：

$$\begin{cases} I_1 + I_2 + I_3 = 0 \\ 5I_1 - 20I_2 - 20 = 0 \\ 10 + 20I_3 - 10I_2 = 0 \end{cases}$$，则该电路的节点数为_____，网孔数为_____。

12. 叠加定理适用于_____电路中_____的分析计算；叠加定理_____适用于功率的计算。

13. 任何一个线性有源二端网络，对_____而言，都可以用一个_____等效代替。其电压源的电压等于_____，其电阻等于_____。

14. 一有源二端网络，测得其开路电压为6 V，短路电流为3 A，则等效电压源的参数为U_S = _____V，R_S = _____Ω。

15. 负载获得最大功率的条件是_____，此时最大功率为_____。负载获得最大功率时称负载与电源相_____。

二、判断题

1. 如图2-题-4所示电路中，当R_2增加时，电流表指示值增加。　　　　　（　　）

2. 如图2-题-5所示电路中，S闭合后，电压U的数值增加。　　　　　　（　　）

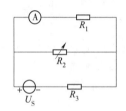

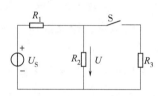

图 2-题-4　判断题第 1 题图　　　　　　图 2-题-5　判断题第 2 题图

3. 如图 2-题-6 所示电路中，共有 2 个星形连接和 2 个三角形连接。　　　　（　　）

4. 如图 2-题-7 所示电路为复杂电路。　　　　　　　　　　　　　　　　　（　　）

5. 一恒流源与电阻器串联，其等效电路就是恒流源本身。　　　　　　　　（　　）

6. 在含有受控源的电路中，当使用电源等效变换法时，仍然可以用和独立源一样的变换条件，但要注意控制量必须保留在电路中不能参与变换。　　　　　　（　　）

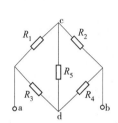

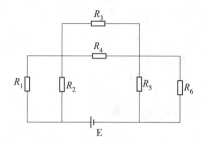

图 2-题-6　判断题第 3 题图　　　　　　图 2-题-7　判断题第 4 题图

7. 一般所说的负载增加、减少，是指负载阻值的增加、减少。　　　　　　（　　）

8. 支路电流法适合于所有能用基尔霍夫定律列方程求解的电路，所以它是电路求解的基本方法。　　　　　　　　　　　　　　　　　　　　　　　　　　　　　（　　）

9. 如图 2-题-8 所示电路，节点电压方程为 $U_{ab} = \dfrac{I_S - \dfrac{U_S}{R_3}}{\dfrac{1}{R_1} + \dfrac{1}{R_2} + \dfrac{1}{R_3}}$。　　　　（　　）

10. 如图 2-题-9 所示电路，其戴维南等效电路参数为 14 V，4 Ω。　　　　（　　）

11. 所谓 U_{S1} 单独作用，U_{S2} 不起作用，含义是使 U_{S2} 等于 0，但仍接在电路中。（　　）

12. 如图 2-题-10 所示电路，负载上取得的最大功率为 18 W。　　　　　（　　）

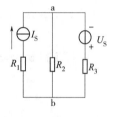

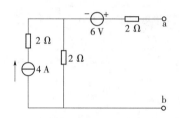

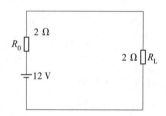

图 2-题-8　判断题第 9 题图　　　图 2-题-9　判断题第 10 题图　　　图 2-题-10　判断题第 12 题图

三、选择题

1. 如图 2-题-11 所示电路，下面的表达式中正确的是（ ）。

　A. $I_1 = R_2I/(R_1+R_2)$　　　B. $I_2 = -R_2I/(R_1+R_2)$　　　C. $I_1 = -R_2I/(R_1+R_2)$

2. 利用电源等效变换法求得图 2-题-12 所示电路的等效电压源的参数 U_S 为（ ），R_S 为（ ）。

　A. $-90V$　5Ω　　　　　　B. $-90V$　$\dfrac{10}{3}\Omega$　　　　　　C. $110V$　5Ω

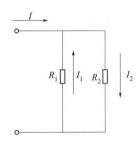

图 2-题-11　选择题第 1 题图　　　　　　图 2-题-12　选择题第 2 题图

3. 三角形连接的 3 个电阻器阻值相等时，等效为星形连接的 3 个电阻器阻值也相等，它们的关系为（ ）。

　A. $R_Y = \dfrac{1}{3}R_\triangle$　　　　　　B. $R_Y = 3R_\triangle$　　　　　　C. $R_Y = R_\triangle$

4. 如图 2-题-13 所示电路，节点电压为（ ）。

　A. 5 V　　　　　　　　B. -10 V　　　　　　　　C. -2.5 V

5. 对一个含电源的二端网络，用内阻为 50 kΩ 的电压表测得它的端口电压为 30 V，用内阻为 100 kΩ 的电压表测得的端口电压为 50 V，则这个网络的戴维南等效电路的参数为（ ）。

　A. 100 V　150 kΩ　　　　B. 80 V　80 kΩ　　　　C. 150 V　200 kΩ

6. 如图 2-题-14 所示电路的开路电压 U_{ab} 为（ ）。

　A. 6 V　　　　　　　　B. 14 V　　　　　　　　C. 2 V

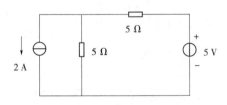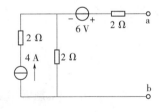

图 2-题-13　选择题第 4 题图　　　　　　图 2-题-14　选择题第 6 题图

7. 有源网络，当负载 $R = 2\ \Omega$ 时，获得 $P_{max} = 12.5$ W，其等电压 U_S 应为（ ）。

　A. $U_S = 5$ V　　　　　　B. $U_S = 10$ V　　　　　　C. $U_S = 15$ V

四、简答题

1. 现有 6 V 的直流电源，请用 1 W，1 kΩ 的电位器调节输出电压，使其大小随滑动触点的移动而连续变化，试画出调试图。

2. 两个数值不同的电压源能否并联后"合成"一个向外供电的电压源？两个数值不同的电流源能否串联后"合成"一个向外电路供电的电流源？为什么？

3. 如何用"分压法"测量电压表的内阻？请画出测量电路图。

4. 如何用"分流法"测量电流表的内阻？请画出测量电路图。

5. 试画出单臂电桥电路，它的平衡条件是什么？

6. 利用叠加定理的实验板，改变 U_2 的极性，电路如图2-题-15所示，用数字直流电压表测量电压 U_{AD}，当 $U_1 = 6$ V，调节 U_2 从 0 V 逐渐增大，U_{AD} 的大小会随之改变，当 U_2 达到某一值时，U_{AD} 的方向会发生改变，请从理论上给予说明。

7. 如何测定某一线性有源二端网络的等效参数？

8. 在叠加定理实验中，如图2-题-15所示，要令 U_1、U_2 分别单独作用，应如何操作？可否直接将不作用的电源（U_1 或 U_2）短接置零？

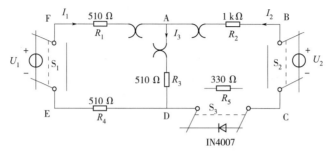

图2-题-15　简答题第6题、第8题图

五、计算题

1. 如图2-题-16所示电路，求 R_{ab}。

2. 将图2-题-17所示电路等效化简为一个电流源模型。

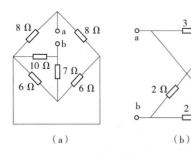

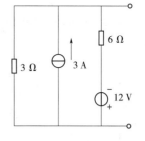

图2-题-16　计算题第1题图　　　　　图2-题-17　计算题第2题图

3. 将图2-题-18所示电路等效化简为一个电压源模型。

4. 如图2-题-19所示电路，其中 $U_{S1} = 15$ V，$U_{S2} = 65$ V，$R_1 = 5$ Ω，$R_2 = R_3 = 10$ Ω。试用支路电流法求 R_1、R_2 和 R_3 这3个电阻器上的电压。

5. 试用支路电流法，求图2-题-20所示电路中的电流 I_3。

6. 利用节点电压法求图2-题-21所示电路各支路电流。

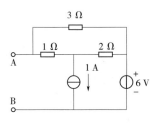

图 2-题-18　计算题第 3 题图

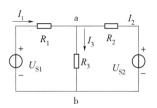

图 2-题-19　计算题第 4 题图

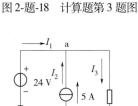

图 2-题-20　计算题第 5 题图

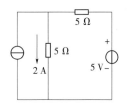

图 2-题-21　计算题第 6 题图

7. 如图 2-题-22 所示，试用叠加定理求通过恒压源的电流（写过程、列式）。

8. 求图 2-题-23 所示有源二端网络的等效电路。

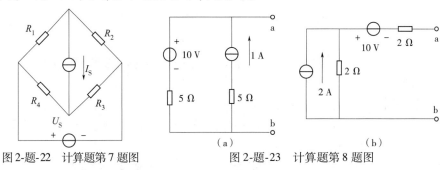

图 2-题-22　计算题第 7 题图　　　　　图 2-题-23　计算题第 8 题图

9. 测得一个有源二端网络的开路电压为 60 V，短路电流为 3 A，如把 $R = 100\ \Omega$ 的电阻器接到网络的引出端点，试问 R 上的电压是多大？

10. 如图 2-题-24 所示电路，R_L 等于多大时能获得最大功率？并计算这时的电流 I_L 及有源二端网络产生的功率。

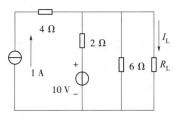

图 2-题-24　计算题第 10 题图

模块三 一阶电路的过渡过程与测试

 学习目标

1. 知识目标

（1）能理解电感器与电容器的物理意义，掌握电感器与电容器的电压与电流的关系，并初步学会分析电容的连接；

（2）了解过渡过程的概念，能正确表达电感器与电容器的换路定律并会计算电路的初始值；

（3）能理解并会计算一阶线性电路的时间常数；

（4）会应用三要素法求解直流电源激励下一阶线性电路的过渡过程；

（5）了解微分电路和积分电路的特点及其工作过程。

2. 技能目标

（1）会正确识别与使用电感器与电容器，熟悉电容器的主要性能指标；

（2）初步学会使用示波器；

（3）了解测试电感与电容的仪器；

（4）了解家用延时开关的国家/行业相关规范与标准。

任务一 电感器、电容器及其检测

 任务目标

（1）能理解电感的物理意义及其储存的磁场能，并能对电感器进行识别与检测；

（2）掌握电感器电压与电流的基本关系；

（3）能理解电容的物理意义及其储存的电场能，并能对电容器进行识别与检测；

（4）掌握电容器电压与电流的基本关系，初步学会分析电容的连接。

 工作任务

在电路连接与检测中，电阻器、电感器与电容器的识别与检测是最基本的技能，通过相关知识的学习，要求完成以下任务：

（1）电感器电容器识别，包括外形特征识别、图形符号与实物对应识别、引脚识别与引脚极性识别、电路板上元器件识别；

（2）电感器、电容器的检测及好坏的判别。

 **相关知识**

一、电感器及其检测

1. 电感器相关实践知识

（1）电感器的结构。电感器一般由骨架、绕组、屏蔽罩、封装材料、磁芯或铁芯等组成。空心电感器（又称脱胎线圈或空心线圈，多用于高频电路中）不用磁芯、骨架和屏蔽罩等，而是先在模具上绕好后再脱去模具，并将线圈各圈之间拉开一定距离。如图 3-1-1 所示为部分绕制成不同形状、不同用途的电感器实物外形图。

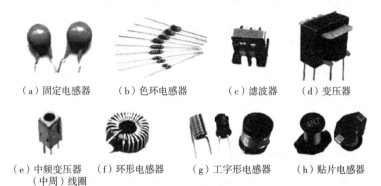

（a）固定电感器　　（b）色环电感器　　（c）滤波器　　（d）变压器

（e）中频变压器　　（f）环形电感器　　（g）工字形电感器　　（h）贴片电感器
　　（中周）线圈

图 3-1-1　部分电感器实物外形图

（2）电感器的分类与命名。电感器可分为两大类：一类是应用自感作用的电感线圈；另一类是应用互感作用的变压器，本任务主要介绍电感线圈。常用的电感线圈可分为以下几类：

①按导磁体性质分类：空心线圈、铁氧体线圈、铁芯线圈、铜芯线圈。

②按工作性质分类：天线线圈、振荡线圈、扼流线圈、陷波线圈、偏转线圈。

③按绕线结构分类：单层线圈、多层线圈、蜂房式线圈。

④按电感形式分类：固定电感线圈、可调电感线圈。

⑤按工作频率分类：高频线圈、低频线圈。

⑥按结构特点分类：磁芯线圈、可调电感线圈、色码电感线圈、无磁芯线圈等。

国产电感线圈的型号命名一般由 4 部分组成，如图 3-1-2 所示，第 1 部分用字母表示电感线圈的主称，L 表示电感线圈，ZL 表示阻流圈；第 2 部分用字母表示电感线圈的特征，如 G 表示高频；第 3 部分用字母表示电感线圈的类型，如 X 表示小型；第 4 部分用字母表示区别代号。

（3）电感参数的识别方法。电感线圈一般简称电感，电感器的主要参数是电感量和额定电流。电感量 L 的基本单位是亨（H），一般情况下，电路中的电感值很小，可用 mH（毫亨）、μH（微亨）表示，其转换关系为

$$1H = 10^3 \, mH = 10^6 \, \mu H$$

电感器的电感量标注方法有直标法、色标法及数码标示法。

①直标法。直标法是指在小型固定电感器的外壳上直接用数字和文字标出电感线圈的电感量、允许误差及最大工作电流等主要参数，如图 3-1-3 所示。

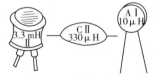

图 3-1-2　电感线圈的型号命名　　　　图 3-1-3　电感线圈的直标法示图

如电感线圈外壳上标有 C、Ⅱ、330 μH，表明电感线圈的电感量为 330 μH、最大工作电流为 300 mA、允许误差为 ±10%。小型固定电感器的工作电流和字母的关系如表 3-1-1 所示。

表 3-1-1　小型固定电感器的工作电流和字母的关系

字　　母	A	B	C	D	E
最大工作电流/mA	50	150	300	700	1 600

也有的电感器采用下列标注方法：

如 LGX-B-560 μH – ±10%，表明是小型高频电感器，最大工作电流为 150 mA，电感量为 560 μH，允许误差为 ±10%。

②色标法。色标法是指在电感器表面涂上不同的色环来代表电感量（与电阻器类似），通常用四色环表示，紧靠电感体一端的色环为第一环，露着电感体本色较多的一端的色环为末环。如棕、黑、金，金表示 1 μH（允许误差5%）的电感器。固定电感器的色环颜色意义如表 3-1-2所示。

表 3-1-2　固定电感器的色环颜色意义（单位为 μH）

颜色	黑	棕	红	橙	黄	绿	蓝	紫	灰	白	金	银
第一、二数字	0	1	2	3	4	5	6	7	8	9	—	—
倍率	10^0	10^1	10^2	10^3	—	—	—	—	—	—	0.1	0.01
允许误差/%	±20	—	—	—	—	—	—	—	—	—	±5	±10

③数码标示法。数码标示法是用 3 位数字来表示电感器电感量的标称值，该方法常见于贴片电感器上。在 3 位数字中，从左至右的第 1 位、第 2 位为有效数字，第 3 位数字表示有效数字后面所加 0 的个数（单位为 μH）。如果电感量中有小数点，则用 R 表示，并占 1 位有效数字。例如：151 表示 150 μH，2R7 表示 2.7 μH，R36 表示 0.36 μH。

（4）电感器的检测。电感器性能好坏的检测在非专业条件下是无法进行的，即对电感量大小的检测、Q 值（即品质因数）多少的检测均需用专门的仪器，对于一般使用者可从

下面 3 个方面进行检测。

①外观检查。从电感器外观查看是否有破裂现象，线圈是否有松动、变位的现象，引脚是否牢靠。并查看电感器的外表上是否有电感量的标称值，还可进一步检查磁芯旋转是否灵活，有无滑扣等。

②通断检测。电感器的好坏可以用万用表进行初步检测，即检测电感器是否有断路与短路等情况。检测时，首先用万用表置于 R×1 挡，将两表笔分别碰接电感器的引脚，当被测的电感器的阻值为 0 Ω 时，说明电感器内部短路，不能使用；如果测得电感器有一定阻值，说明正常（电感器的阻值与电感器所用漆包线的粗细、圈数多少有关，阻值是否正常可与相同型号的正常值进行比较）；当测得的阻值为 ∞ 时，说明电感器或引脚与线圈接点处发生了断路，此时不能使用。

③绝缘检测。将万用表置于 R×10 k 挡，检测电感器的绝缘情况，这项检测主要是针对具有铁芯或金属屏蔽罩的电感器进行的。测量线圈引线与铁芯或金属屏蔽罩之间的电阻，均应为无穷大（万用表指针不动），否则说明该电感器绝缘不良。

2. 电感器的相关理论知识

（1）电感元件。电感线圈是用导线在某种材料制成的芯子上绕制成的螺旋管，若只考虑电感器的磁场效应且认为导线的电阻为零，则此种电感器即可视为理想电感元件，简称电感元件。可见电感元件就是实际电感器的理想电路模型，它是一个理想的二端电路元件。

（2）电感。如图 3-1-4（a）所示，当电流 i 通过线圈时，根据右手螺旋法则，在通电导体内部产生磁场，设线圈匝数为 N，通过每匝线圈的磁通为 Φ（由自身线圈产生的磁通称为自感磁通 Φ_L），则线圈的匝数与穿过线圈的磁通之积为 $N\Phi_L$，称为自感磁链 ψ_L。定义单位电流产生的磁链为自感，又称电感，用 L 表示，即

$$L = \frac{\psi_L}{i} = \frac{N\Phi_L}{i} \tag{3-1-1}$$

L 表征了电感器产生磁链的能力，其大小由电感线圈的匝数 N、直径 D、长度 L，磁介质的磁导率 μ 来决定。

当电感器的磁通和电流之间（即电感器的韦安特性）是线性关系时，如图 3-1-5（a）所示，称该电感器为线性电感器，其图形符号如图 3-1-4（b）所示，线性电感器的电感 L 为一常量，与电压 $u(t)$ 和电流 $i(t)$ 无关。如电感器线圈的芯子为空气或其他非磁性材料，则可构成线性电感器；当电感器的韦安特性是非线性关系时，如图 3-1-5（b）、（c）所示，称该电感器为非线性电感器，其图形符号如图 3-1-4（c）所示，非线性电感器的电感 L 不为常量，与电压 $u(t)$ 和电流 $i(t)$ 有关。如电感器线圈的芯子为各种磁性材料，则可构成非线性电感器。

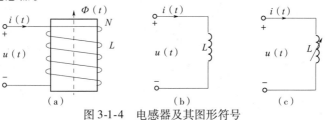

图 3-1-4 电感器及其图形符号

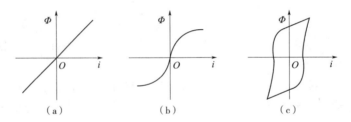

图 3-1-5　线性与非线性电感器的韦安特性

（3）电感器的伏安关系。如图 3-1-4（b）所示，设线性电感器两端的电压为 $u(t)$，其中的电流为 $i(t)$，在 $u(t)$，$i(t)$ 为关联参考方向下，根据电磁感应定律（详见模块五），则电感器的伏安关系为 $u_L = \dfrac{\mathrm{d}\Psi_L}{\mathrm{d}t} = \dfrac{\mathrm{d}(Li_L)}{\mathrm{d}t} = L\dfrac{\mathrm{d}i_L}{\mathrm{d}t}$，即

$$u_L = L\frac{\mathrm{d}i_L}{\mathrm{d}t} \tag{3-1-2}$$

（4）电感器储存的磁场能。当电流通过线圈时就在线圈周围建立磁场，将电能转化为磁场能，储存在电感器内部。可以证明：电感线圈的磁场能量与线圈通过电流的二次方和线圈电感的乘积成正比，即

$$W_L = \frac{1}{2}Li_L^2 \tag{3-1-3}$$

式（3-1-3）表明：当线圈中有电流时，线圈中就要储存磁场能，通过线圈的电流越大，线圈中储存的磁场能越多。在通有相同电流的线圈中，电感越大的线圈，储存的磁场能越多。从能量的角度看，线圈的电感 L 表征了它储存磁场能的能力。

应当指出，式（3-1-3）只适用于计算空心线圈的磁场能，对于铁芯线圈，由于电感 L 不是常数，该公式并不适用。

【例 3-1-1】　如图 3-1-6 所示电路，已知电压 $U_{S1} = 10$ V，$U_{S2} = 5$ V，电阻 $R_1 = 5$ Ω，$R_2 = 10$ Ω，电感 $L = 0.1$ H，求电压 U_1、U_2 及电感器储存的磁场能。

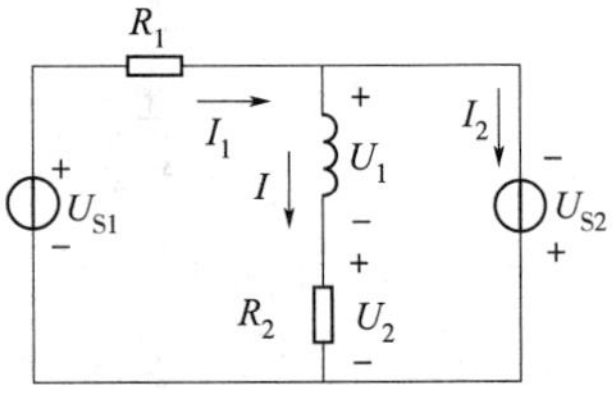

解： 在直流电路中，电感器相当于短路，故 $U_1 = 0$，根据 KVL 得

图 3-1-6　【例 3-1-1】图

$$U_2 = -U_{S2} = -5 \text{ V}$$

通过电感器的电流由欧姆定律得

$$I = \frac{U_2}{R_2} = \frac{-5}{10} \text{ A} = -0.5 \text{ A}$$

电感器储存的磁场能

$$W_L = \frac{1}{2}Li_L^2 = \frac{1}{2} \times 0.1 \times 0.5^2 \text{ J} = 1.25 \times 10^{-2} \text{ J}$$

二、电容器及其检测

1. 电容器相关实践知识

图 3-1-7 所示为部分不同外形、不同作用的电容器实物外形图。

（1）电容器的结构。电容器的种类繁多，结构也有所不同，但电容器的基本结构是一样的。电容器的最简单结构可由两个相互靠近的金属板中间夹一层绝缘介质组成，如图 3-1-8所示。

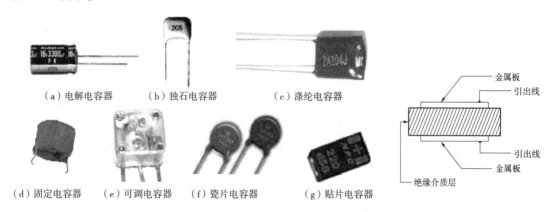

（a）电解电容器　　（b）独石电容器　　　　（c）涤纶电容器

（d）固定电容器　（e）可调电容器　（f）瓷片电容器　　（g）贴片电容器

图 3-1-7　部分电容器实物外形图　　　　　　图 3-1-8　电容器的结构

（2）电容器的分类与命名：

①按结构可分为：固定电容器，可调电容器，微调电容器。

②按介质材料可分为：有机介质电容器（包括薄膜电容器、混合介质电容器、纸介电容器、有机薄膜介质电容器、纸膜复合介质电容器等）、无机介质电容器（包括陶瓷电容器、云母电容器、玻璃膜电容器、玻璃釉电容器等）、电解电容器（包括铝电解电容器、钽电解电容器、铌电解电容器、钛电解电容器及合金电解电容器等）和气体介质电容器（包括空气电容器、真空电容器和充气电容器等）。

③按作用及用途可分为：高频电容器、低频电容器、高压电容器、低压电容器、耦合电容器、旁路电容器、滤波电容器。

④按封装外形可分为：圆柱形电容器、圆片形电容器、管形电容器、叠片形电容器、长方形电容器、珠状电容器、方块状电容器和异形电容器等。

⑤按引出线可分为：轴向引线型电容器、径向引线型电容器、同向引线型电容器和无引线型（贴片式）电容器等多种。

⑥按极性可分为：有极性电容器、无极性可调电容器、无极性固定电容器。最常见到的就是电解电容器。

⑦按耐压等级可分为：低压电容器、中压电容器、高压电容器。通常在强调电压时要用到。

国产电容器的型号命名由 4 部分组成，如图 3-1-9 所示，第 1 部分用字母 C 表示电容器的主称，第 2 部分用字母表示电容器的介质材料，第 3 部分用数字或字母表示电容器的类别，第 4 部分用数字表示序号。

（3）电容参数的识别方法。电容器一般简称电容，电容器的主要参数是电容量和额定电压。电容的基本单位是法［拉］（F），常用单位还有微法（μF）、纳法（nF）和皮法（pF），它们之间的换算关系为

图 3-1-9　电容器的型号命名

$$1F = 10^6 \mu F = 10^9 nF = 10^{12} pF$$

电容器的识别方法与电阻器的识别方法相似，分直标法、文字符号法和色环法等，具体如下：

①直标法。有的电容器的表面上直接标注了其特性参数，如在电解电容器上经常按如下的方法是进行标注：4.7 μ/16 V，表示此电容器的标称容量为 4.7 μF，耐压 16 V。

②文字符号法。许多电容器受体积的限制，其表面经常不标注单位。但都遵循一定的识别规则，即当数字小于 1 时，默认单位为 μF，如某电容器标注 0.47，表示此电容器的标称容量为 0.47 μF。当数字大于或等于 1 时，默认单位为 pF，如某电容器标注 100，表示此电容的标称容量为 100 pF。这时有一种特殊情况，即当数字为 3 位数字，且末位数不为零时，这时前两位数字为有效数字，末位数为 10 的幂次，单位为 pF，类似于色码电阻器表示法。如某电容器标注 103，表示此电容器的标称容量为 10×10^3 pF = 10 000 pF = 0.01 μF。

③p、n、μ、m 法。此时标识在数字中的字母 p、n、μ、m 既是量纲，又表示小数点位置。p 表示 10^{-12}F，n 表示 10^{-9}F，μ 表示 10^{-6}F，m 表示 10^{-3}F。如某电容器标注 4n7，表示此电容器的标称容量为 4.7×10^{-9}F = 4 700 pF。

④色环法。该法同电阻器的色环法，单位为 pF。

电容器容量误差的表示法有 2 种：

①直接表示法：将电容量的绝对误差范围直接标注在电容器上，如 2.2 ± 0.2 pF；

②字母表示法：直接将字母或百分比误差标注在电容器上。字母表示的百分比误差：D 表示 ± 0.5%，F 表示 ± 0.1%，G 表示 ± 2%，J 表示 ± 5%，K 表示 ± 10%，M 表示 ± 20%，N 表示 ± 30%，P 表示 ± 50%。如电容器上标有 334 K 则表示 0.33 μF，误差为 ± 10%；如电容器上标有 103P 表示这个电容器的容量变化范围为 0.01 ~ 0.02 μF，P 不能误认为是单位 pF。

电容器的耐压是一个非常重要的指标，加在电容器两端电压必须小于额定耐压值，有些电容器参数标注在塑封外壳上。例如"1 μF 50 V"代表容量 1 μF，耐压值 50 V。

电容器的耐温特性也是一个非常重要的指标，电容器的使用环境主要是对温度的要求，特别是电解电容器，一般使用温度是 − 40 ~ + 85 ℃

（4）电容器的检测。电容器作为电子电路中常用的电子元件之一，其故障发生率要比电阻器高，而且检测要比电阻器麻烦。在没有专用仪器的情况下，一般可采用万用表欧姆挡检测法来估计电容器的容量，判断电容器的好坏及进行电容器极性的判断。

①电容器好坏的检测。电容器常见故障是开路失效、短路击穿、漏电或电容量发生变化等，检测方法见表 3-1-3。

表 3-1-3 电容器检测方法

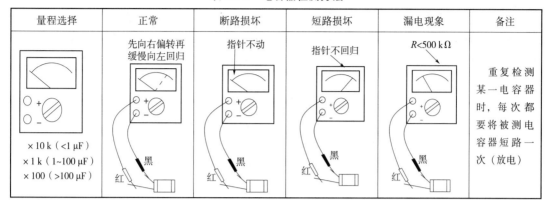

用万用表两表笔分别接触电容器引脚，测试的是电容器的绝缘电阻（表明漏电大小）。一般小容量的电容器，绝缘电阻很大，一般为几百兆欧或几千兆欧。电解电容器的绝缘电阻一般较小。相对而言，绝缘电阻越大越好，漏电越小。电容器好坏的检测主要是完成以下检测：

a. 绝缘电阻（漏电电阻）的检测。用万用表的欧姆挡（视电容器的容量而定）将两表笔分别接触电容器的两个引脚时，指针首先朝顺时针方向（向右）摆动，然后又慢慢地向左回归至∞位置的附近（此过程为电容器的充电过程），当指针静止时，所指的阻值就是该电容器的漏电电阻。在测量中如指针距无穷大较远，表明电容器漏电严重，不能使用。有的电容器在测漏电电阻时，指针退回到无穷大位置时，又顺时针摆动，这表明电容器漏电更严重。一般要求漏电电阻 $R \geqslant 500$ kΩ，铝电解电容器的漏电电阻应超过 200 kΩ，否则不能使用。注意，对于电容量小于 5 000 pF 的电容器，万用表不能测它的漏电电阻。

b. 电容器的断路（又称开路）、击穿（又称短路）检测。检测容量为 6 800 pF ~ 1 μF 的电容器，用 R×10 k 挡，红、黑表笔分别接电容器的两个引脚，在表笔接通的瞬间，应能见到指针有一个很小的摆动过程。如若未看清指针的摆动，可将红、黑表笔互换一次后再测，此时指针的摆动幅度应略大一些，这就是电容器的充电与放电的情形。电容器的容量越大，表头指针跳动越大，指针复原的速度也越慢。根据指针跳动的角度可以估计电容器的容量大小。

若在上述检测过程中指针无摆动，说明电容器已断路；若指针向右摆动一个很大的角度，且指针停在那里不动（即没有回归现象），说明电容器已被击穿（电容器内部介质材料被损坏，两极板之间出现短路现象）或严重漏电（电容器两极板间介质的绝缘性能下降，存在漏电电阻）。

检测容量小于 6 800 pF 的电容器时，由于容量太小，充电时间很短，充电电流很小，万用表检测时无法看到指针的偏转，所以此时只能检测电容器是否存在漏电现象，而不能判断它是否开路，即在检测这类小电容器时，指针应不偏转，若偏转了一个较大角度，说明电容器漏电或击穿。关于这类小电容器是否存在开路故障，用这种方法是无法检测到的。可采用代替检查法，或用具有测量电容功能的数字万用表来测量。

②电解电容器极性的判断。电解电容器的极性可以从外形及测量漏电电阻两方面来判断。

a. 外形直接判断。有极性电解电容器的引脚极性的表示方式如图 3-1-10 所示。采用长短不同的引脚来表示引脚极性，通常长的引脚为正极性引脚，见图 3-1-10（a）；采用不同的端头形状来表示引脚的极性，见图 3-1-10（b）、（c），这种方式往往出现在两个引脚轴向分布的电解电容器中；标出负极性引脚，见图 3-1-10（d），在电解电容器的绝缘套上画出像负号的符号，以表示这一引脚为负极性引脚。

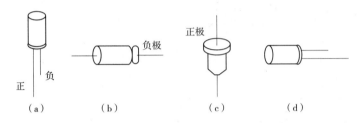

图 3-1-10　电解电容器极性表示

b. 测量漏电电阻判断。当电解电容器极性标注不明确时，可通过测量其漏电电阻来判断其极性：先将电解电容器短路放电，再用万用表（R×1k 挡）测量电解电容器的漏电电阻，并记下这个阻值的大小，然后将红、黑表笔对调再测电容器的漏电电阻，将两次所测得的阻值对比，漏电电阻大的一次，黑表笔所接触的是正极［即两次测量中，指针最后停留的位置靠左（阻值大）的那次，黑表笔接的就是电解电容器的正极］。

2. 电容器相关理论知识

（1）电容元件。实际电容器尽管由于结构不同、填充绝缘介质不同而使得它们在电路中的作用不同，但原理是相同的，当电容器两端接上电源后，电容器就会出现充电过程，即电容器的两块金属极板上将各自聚集等量的异性电荷，极板间建立起电场并储存了电场能；当切断电源时，电容器极板上聚集的电荷仍然存在。如果忽略电容器的其他次要性质（介质损耗和漏电流），即用一个代表储存电荷特性基本性能的理想二端元件作为模型，这就是电容元件。实际电路中使用的电容器大多数的漏电很小，在工作电压低的情况下，可以用一个电容元件作为它的电路模型。

（2）电容。如图 3-1-11（a）所示，当给电容器充电，两极板间产生电压 u，电容器极板上储积的电荷 q，定义电荷与电压的比值为电容器的电容量，又称电容，用 C 表示，即

$$C = \frac{q}{u} \tag{3-1-4}$$

C 表征了电容器容纳电荷的能力，其大小由电容器极板的形状、尺寸、相对位置及介质的种类来决定。例如平板电容器的电容为

$$C = \frac{\varepsilon s}{d}$$

式中，s 表示两极板正对面积，d 表示两极板的距离。形状、尺寸和两极板的相对位置完全相同的电容器，介质不同，电容一般是不同的。ε 则是与介质有关的系数，称为介电常数。

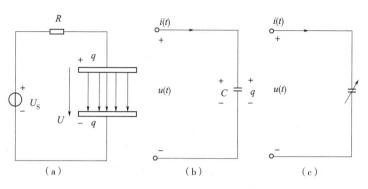

图 3-1-11 电容元件及电路符号

某种介质的介电常数 ε 与真空的介电常数 ε_0 之比称为这种介质的相对介电常数，相对介电常数是一个纯数。形状、尺寸和两极板的相对位置完全相同的电容器，以云母为介质时，云母的 $\varepsilon_r = 7$，电容量是以空气为介质的 7 倍。可见，在尺寸受限制的情况下，要使电容器有较大的电容量，应尽可能选用 ε_r 大的介质来制造电容器。

$$\varepsilon_r = \frac{\varepsilon}{\varepsilon_0}$$

当电容器的电荷和电压之间关系（即电容器的库伏特性）是线性关系时，如图 3-1-12（a）所示，称该电容器为线性电容器，其图形符号如图 3-1-11（b）所示，线性电容器的电容 C 为一常量，与电压 $u(t)$ 和电流 $i(t)$ 无关。当电容器的库伏特性是非线性关系时，如图 3-1-12（b）所示，称该电容器为非线性电容器，其图符号如图 3-1-11（c）所示，非线性电容器的电容 C 不为常量，与电压 $u(t)$ 和电流 $i(t)$ 有关。

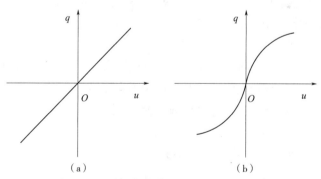

图 3-1-12 线性与非线性电容器的库伏特性

（3）电容器的伏安关系。如图 3-1-12（b）所示，设线性电容器两端的电压为 $u(t)$，其中的电流为 $i(t)$，在 $u(t)$，$i(t)$ 为关联参考方向下，根据电流的定义 $i = \dfrac{dq}{dt}$，将 $q = Cu_C$ 代入，得 $i = \dfrac{d(Cu_C)}{dt}$ 对于线性电容器，C 为常数，故有

$$i = C\frac{du_C}{dt} \tag{3-1-5}$$

（4）电容器储存的电场能。当电容器极板上存有电荷，就会在极板间建立电场，将电能转化为电场能，储存在电容器内部。可以证明：电容器储存的电场能与电容器两端电压的二次方和电容的乘积成正比，即

$$W_C = \frac{1}{2}Cu_C^2 \qquad (3\text{-}1\text{-}6)$$

式（3-1-6）表明：当电容器两端有电压时，电容器中就要储存电场能，电容器两端电压越大，电容器储存的电场能越大。在相同电压的电容器中，电容越大的电容器，储存的电场能越多。从能量的角度看，电容器的电容 C 表征了它储存电场能的能力。

应当指出，式（3-1-6）只适用于计算线性电容器的电场能，对于非线性电容器，由于电容 C 不是常数，该公式并不适用。

【**例 3-1-2**】 如图 3-1-13 所示电路中，直流电流源的电流 $I_S = 2$ A 不变，$R_1 = 1\ \Omega$，$R_2 = 0.8\ \Omega$，$R_3 = 3\ \Omega$，$C = 0.2$ F，电路已经稳定，试求电容器两端的电压和储存的电场能。

解： 在直流稳态电路中，电容器相当于开路，则

$$U_C = U_{R3} = I_S\ R_3 = 2 \times 3\ \text{V} = 6\ \text{V}$$

$$W_C = \frac{1}{2}CU_C^2 = \frac{1}{2} \times 0.2 \times 6^2\ \text{J} = 3.6\ \text{J}$$

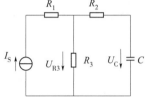

图 3-1-13 【例 3-1-2】图

3. 电容器连接测试

电容器的性能规格中有 2 个主要指标：一是电容量，二是耐压值。耐压值是指安全使用时两极板加的最大电压，如果超过此电压，则电容器中的电介质有被击穿的危险，电介质击穿后就失去了绝缘性质，电容器就会损坏。在实际工作中，常常会遇到电容器的电容量不合要求或电容器的耐压不合要求，这时就需要把几个电容器并联或串联起来使用，得到电容量和耐压值符合要求的等效电容器。

（1）电容器的串联：

①等效电容。设有 n 个电容器，电容分别为 C_1，C_2，…，C_n，串联电路如图 3-1-14（a）所示，把电源接到这个组合体两端的 2 个极板上进行充电，使两端的极板上分别带正、负电荷 $+q$ 和 $-q$，由于静电感应，每个电容器的两极板上亦分别感应出等量异种电荷 $+q$ 与 $-q$。

由 KVL 及电容电压、电荷与电容关系得

$$U = U_1 + U_2 + \cdots + U_n = \frac{q}{C_1} + \frac{q}{C_2} + \cdots + \frac{q}{C_n} = \frac{q}{C}$$

$$\frac{1}{C} = \frac{1}{C_1} + \frac{1}{C_2} + \cdots + \frac{1}{C_n} \qquad (3\text{-}1\text{-}7)$$

即串联电容器组的等值电容的倒数，等于各个电容器电容的倒数之和，等效电路图如图 3-1-14（b）所示。

②每个电容器实际承受的电压与电容关系。由于每个串联电容器两端的电压为 $U_1 = \frac{q}{C_1}$，$U_2 = \frac{q}{C_2}$，…，$U_n = \frac{q}{C_n}$。所以各串联电容器上的电压与各电容器的电容成反比，即

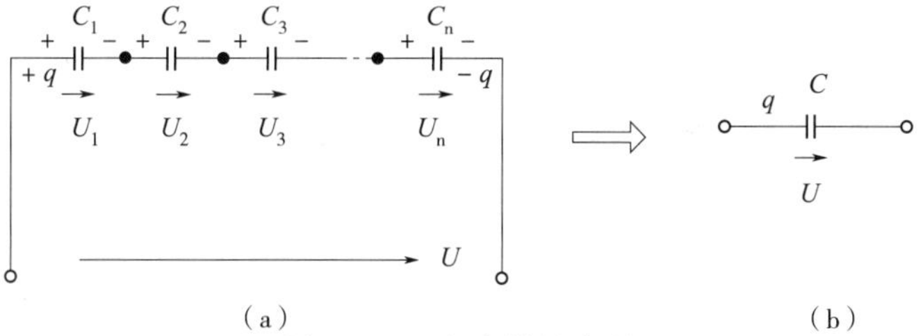

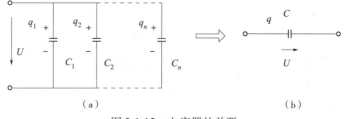

图 3-1-14 电容器的串联

$$U_1 : U_2 : \cdots : U_n = \frac{1}{C_1} : \frac{1}{C_2} : \cdots : \frac{1}{C_n} \qquad (3\text{-}1\text{-}8)$$

可见，电容器串联时，等值电容变小，但耐压值增大。

尤其当 2 个电容器串联时：

$$C = \frac{C_1 C_2}{C_1 + C_2}, \quad U_1 = \frac{C_2}{C_1 + C_2} U, \quad U_2 = \frac{C_1}{C_1 + C_2} U$$

（2）电容器的并联。电容器并联电路如图 3-1-15 所示。

①等效电容。由于 $q = q_1 + q_2 + \cdots + q_n = (C_1 + C_2 + \cdots + C_n) U = CU$

所以有

$$C_1 + C_2 + \cdots + C_n = C \qquad (3\text{-}1\text{-}9)$$

可见，电容器并联时，等值电容变大，而耐压与耐压值最小的电容器相等。

尤其当 2 个电容器并联时：

$$C = C_1 + C_2, \quad q_1 = \frac{C_1}{C_1 + C_2} q, \quad q_2 = \frac{C_2}{C_1 + C_2} q$$

②每个电容器两极板所带的电荷与电容的关系。当电容器并联时，每个电容器极板上所带的电荷为 $q_1 = C_1 U$，$q_2 = C_2 U$，$\cdots$，$q_n = C_n U$，所以有

$$q_1 : q_2 : \cdots : q_n = C_1 : C_2 : \cdots : C_n \qquad (3\text{-}1\text{-}10)$$

即各并联电容器极板上的电荷与各电容器的电容量成正比。

图 3-1-15 电容器的并联

【例 3-1-3】 2 个电容器参数分别为 200 pF/500 V、300 pF/900 V，将它们串联。求：（1）等值电容 C；（2）加上 $U = 1\,000$ V 电压时，是否会被击穿？（3）此电容器组的最大耐压值。

解：（1）等效电容

$$C = \frac{C_1 C_2}{C_1 + C_2} = 120 \text{ pF}$$

（2）2 个电容器上的电压分别为

$$U_1 = \frac{C_2}{C_1 + C_2}U = 600 \text{ V} , \quad U_2 = \frac{C_1}{C_1 + C_2}U = 400 \text{ V}$$

可见，U_1 大于第 1 个电容器的耐压值，先被击穿；之后，所有电压将加于第 2 个电容器，从而也将它击穿。

（3）串联耐压值的求法：

当 2 个以上的电容器进行串联时，由给定电容器参数确定电容器组耐压值可按如下步骤求解：

①求各电容器的额定容量：$q_{1e} = U_{1e}C_1$、$q_{2e} = U_{2e}C_2 \cdots$

本题中，$q_{1e} = 200 \times 10^{-12} \times 500 \text{ C} = 1.0 \times 10^{-7} \text{ C}$，$q_{2e} = 300 \times 10^{-12} \times 900 \text{ C} = 2.7 \times 10^{-7} \text{ C}$。

②确定基准电容：以最小电荷的电容为准，即取 $q_{max} = q_{nemin}$，或 $U_n = U_{ne}$。

本题中，取 $q_{max} = q_{1e}$ 或取 $U_1 = U_{1e}$。

③根据公式求解：$q_{max} = CU_{max}$ 或 $U_{max} = \frac{C_n}{C}U_n$

本题中，由公式 $q_{max} = CU_{max}$ 得

$$q_{max} = CU_{max} = 120 \times 10^{-12}U_{max} = 1.0 \times 10^{-7} \text{ C}$$
$$U_{max} = 833 \text{ V}$$

或

$$U_{max} = \frac{C_n}{C}U_n = \frac{200}{120} \times 500 \text{ V} = 833 \text{ V}$$

 任务实施与评价

下面进行电感器、电容器的识别与检测。

一、实施步骤

1. 电感器、电容器的识别

对实验室元件库提供的电感器、电容器；电路板上、台式机主板分布的电感器与电容器。进行外形特征识别、图形符号与实物对应识别、引脚识别与引脚极性识别。

2. 电感器、电容器的检测

（1）电感器的检测及好坏判别：

①万用表置于 R×1 挡，红、黑表笔接电感器的两个引脚。

②电感器的阻值应该为几欧，阻值偏大或无穷大，则说明电感器损坏。

（2）电容器的检测及好坏的判别：

①测量 10 pF 以下的无极性贴片电容器。可选用 R×10 k 挡，阻值应为无穷大，若测出阻值或为零，说明电容器漏电大或内部击穿。

②大于 1 μF 的电解电容。测量 1～47 μF 用 R×1 k 挡，大于 47 μF 的电解电容用

R×100挡。在测试中，若正向、反向均无充电的现象，即没有正负数字变化，则说明容量消失或内部断路；如果所测阻值很小或为零，说明电容器漏电大或内部击穿，不能再使用。

二、任务评价

评价内容及评分如表3-1-4所示。

表3-1-4 任 务 评 价

任务名称	电感器、电容器的识别与检测			
自我评价	评价项目	标准分	评 价 分	主 要 问 题
	任务要求认知程度	10分		
	相关知识掌握程度	15分		
	专业知识应用程度	15分		
	信息收集处理能力	10分		
	动手操作能力	20分		
	数据分析与处理能力	10分		
	团队合作能力	10分		
	沟通表达能力	10分		
	合计评分			
小组评价	专业展示能力	20分		
	团队合作能力	20分		
	沟通表达能力	20分		
	创新能力	20分		
	应急情况处理能力	20分		
	合计评分			
教师评价				
总评分				
备注	总评分 = 教师评价50% + 小组评价30% + 个人评价20%			

任务二 一阶线性电路的过渡过程与测试

 **任务目标**

（1）了解暂态电路的概念，能正确表达电感器、电容器的换路定律并会计算电路的初始值；

（2）能理解并会计算一阶线性电路的时间常数；

（3）会应用三要素法求解直流电源激励下一阶线性电路的过渡过程；

（4）了解微分电路、积分电路的特点及其工作过程。

 工作任务

生产与实践中经常要进行电容器的充放电，对电容器充放电有关参数的测量及波形的观察，能更直观地理解一阶电路的暂态响应，通过相关知识的学习，完成以下任务：

（1）独立连接 RC 充放电电路；

（2）学习电路时间常数的计算方法；

（3）初步学会用示波器观测波形。

 相关知识

一、过渡过程的基本概念及换路定律

1. 电路中产生过渡过程的条件

如图 3-2-1 所示，通过实验可观察到如下现象：S 闭合前，3 个灯泡都不亮，这是一种稳定状态；当 S 闭合后，A 灯立刻变亮；B 灯先闪亮一下，然后逐渐变暗，直至熄灭；而 C 灯则是逐渐变亮，这是另一种稳定状态。实验表明，电阻器支路的 A 灯，从一种稳态到达另一种稳态不需要过渡过程，而电容器和电感器支路的 B 灯和 C 灯则需要过渡过程。

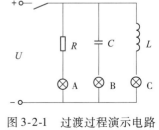

图 3-2-1 过渡过程演示电路

通过以上分析可知，电路发生过渡过程的必要条件：一是换路（外因），即电路的通断、改接、电路参数的突然变化等都称为换路；二是电路中含有储能元件（内因）电容器或电感器。

含有储能元件的电路即使电路有换路，也可能不出现过渡过程，所以换路和含有储能元件只是电路产生过渡过程的必要条件，而非充分条件。

2. 过渡过程的概念及研究过渡过程的实际意义

（1）过渡过程的一般定义。考虑到过渡过程产生的条件，过渡过程的一般定义就可以表述为：在含有储能元件的电路中，当电路出现换路时，电路从一个稳定状态到另一个稳定状态所经历的短暂过程。

（2）研究过渡过程的实际意义：

①利用电路暂态过程产生特定波形的电信号。如锯齿波、三角波、尖脉冲等，主要应用于电子电路。

②控制、预防可能产生的危害。暂态过程开始的瞬间可能产生过电压、过电流使电气

设备或元件损坏。

因此，应认识电路中过渡过程的规律，以便避其所短、扬其所长。

3. 换路定律及应用

（1）内容：

从电容器的电压电流关系 $i = C\dfrac{\mathrm{d}u_C}{\mathrm{d}t}$ 可以看出，电容器的电流值为有限时，其电压的变化是连续的、即不能跃变的。

从电感器的电压电流关系 $u = L\dfrac{\mathrm{d}i}{\mathrm{d}t}$ 可以看出，电感器的电压值为有限时，其电流的变化是连续的、即不能跃变的。

在换路瞬间，电容元件的电流值有限时，其电压不能跃变；电感元件的电压值有限时，其电流不能跃变，这个结论称为换路定律。

对电路理论中的理想电路元件而言，电容元件电压和电感元件电流是可能跃变的，本书中不介绍这样的情况。

实际电路中，如果电容器电压跃变，则跃变时其电流将为无限大、功率也为无限大，所以电容器电压是不可能跃变的；如果电感器电流跃变，则跃变时其电压将为无限大、功率也为无限大，所以电感器电流也是不可能跃变的。

（2）数学表达式。分析过渡过程的规律时，一般都把换路的瞬间取为计时起点，即取 $t = 0$，并把换路前的最后一瞬间记作 $t = 0_-$，换路后最初一瞬间记作 $t = 0_+$，则换路定律具体到 C 与 L 元件时可以表达为

$$u_C(0_+) = u_C(0_-) \tag{3-2-1}$$

$$i_L(0_+) = i_L(0_-) \tag{3-2-2}$$

（3）初始值的确定。所谓初始值就是电路中各元件的电压和电流在换路后一瞬间的数值（$t = 0_+$ 时刻的值）。

电容器电压的初始值 $u_C(0_+)$ 及电感器电流的初始值 $i_L(0_+)$ 可按换路定律确定。其他可以跃变的量的初始值，要根据 $u_C(0_+)$、$i_L(0_+)$ 和应用 KCL、KVL 及欧姆定律来确定。

现将计算初始值的步骤归纳如下：

①由换路前的稳态电路（$t = 0_-$ 的等效电路：若换路前电路为直流稳态，则电容器相当于开路，电感器相当于短路。）求出电容器电压 $u_C(0_-)$ 和电感器电流 $i_L(0_-)$。

②根据换路定律求出换路后不能突变的初始值，即 $u_C(0_+) = u_C(0_-)$、$i_L(0_+) = i_L(0_-)$。

③由换路后时刻电路（$t = 0_+$ 的等效电路），根据欧姆定律、KCL、KVL 求出其他可以突变的电压和电流初始值。

【例 3-2-1】 图 3-2-2（a）所示电路中，$U_S = 10\ \mathrm{V}$，$R_1 = 15\ \Omega$，$R_2 = 5\ \Omega$，开关 S 断开前电路处于稳态。求 S 断开后电路中各电压、电流的初始值。

解： 设开关 S 在 $t = 0$ 瞬间断开，即 $t = 0$ 时发生换路。

换路前电路为直流稳态，电容器相当于开路，如图3-2-2（b）所示。根据图3-2-2（b）有

$$u_C(0_-) = U_2 = \frac{R_2}{R_1 + R_2}U_S = \frac{5}{15+5} \times 10 \text{ V} = 2.5 \text{ V}$$

换路后电路如图3-2-2（c）所示。根据换路定律，换路后的最初瞬间

$$u_C(0_+) = u_C(0_-) = 2.5 \text{ V}$$

R_2 与 C 并联，故 R_2 的电压

$$u_2(0_+) = u_C(0_+) = 2.5 \text{ V}$$

R_2 的电流

$$i_2(0_+) = \frac{u_2}{R_2} = \frac{2.5}{5} \text{ A} = 0.5 \text{ A}$$

由于S已断开，根据KCL得 $i_1(0_+) = 0$，$i_C(0_+) = i_1(0_+) - i_2(0_+) = (0-0.5) \text{ A} = -0.5 \text{ A}$

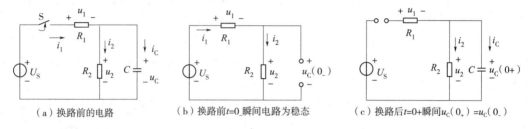

（a）换路前的电路　　　（b）换路前 $t=0_-$ 瞬间电路为稳态　　　（c）换路后 $t=0+$ 瞬间 $u_C(0_+)=u_C(0_-)$

图3-2-2　【例3-2-1】图

【例3-2-2】 如图3-2-3所示 $t<0$ 时电路已达稳态，$t=0$ 时开关由1扳向2，求 $i_L(0_+)$、$u_L(0_+)$、$u_R(0_+)$。

解： $t<0$ 时电路处于稳态（S在1处）

$$i_L(0_-) = \frac{3}{3+6} \times 3 \text{ A} = 1 \text{ A}$$

$t=0_+$ 时刻（S在2处）的等效电路为图3-2-3（b）

$$i_L(0_+) = i_L(0_-) = 1 \text{ A}$$
$$u_R(0_+) = -i_L(0_+)R = (-1) \times 6 \text{ V} = -6 \text{ V}$$

由KVL

$$u_L(0_+) = -2Ri_L(0_+) = -12 \text{ V}$$

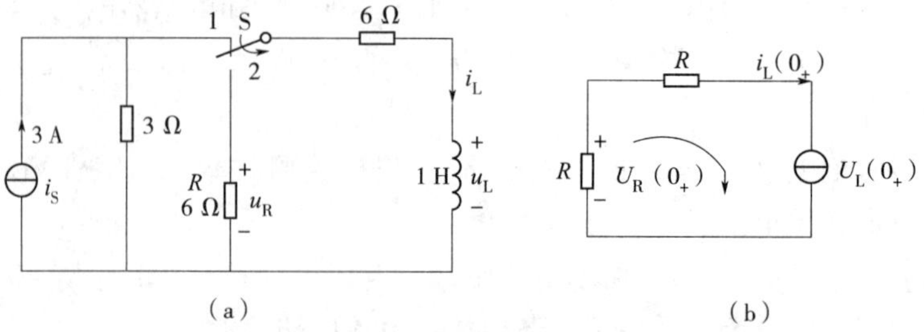

图3-2-3　【例3-2-2】图

二、一阶线性电路过渡过程分析

1. 一阶线性电路暂态响应的几个概念

一阶线性电路：电容器与电感器的电压与电流关系是微分的关系，对于含有一种储能元件的线性电路，列出的 KCL、KVL 方程只需用一阶微分方程来描述，故称为一阶线性电路。

激励与响应：在电路中产生电压和电流的起因称为激励。在暂态电路中起激励作用的有 2 种：一是外加独立源的激励，如外加电源信号发生变化；二是电容器或电感器初始储能的释放，即靠初始状态来激励。由激励产生的电压和电流称为响应。

零状态响应：电容器或电感器等储能元件的初始状态为零，在外界独立源的激励下产生的响应称为零状态响应。

零输入响应：在没有输入激励的情况下，仅由电容器或电感器初始储能的释放，即靠初始状态来激励引起的响应称为零输入响应。

全响应：电路在输入激励和初始状态共同作用下引起的响应称为全响应。

2. 一阶线性电路暂态响应

下面以电容器的充放电过程为例分析影响电路暂态响应的参数及电路暂态响应电压、电流的变化规律。

（1）一阶电路零输入响应。图 3-2-4 所示电路中，换路前，开关 S 置于"1"位，电源对电容器充电。当电路达到稳态时，$u_C(0_-) = U_0 = U_S$，在 $t = 0$ 时，将开关 S 置于"2"位，使电路脱离电源，电容器则通过电阻器放电，直到 $u_C = 0$，过渡过程结束。

由基尔霍夫定律可列出换路后的方程为 $u_R + u_C = 0$，将 $i = C\dfrac{\mathrm{d}u_C}{\mathrm{d}t}$，$u_R = Ri$ 代入得到描述电路性能的微分方程

$$RC\frac{\mathrm{d}u_C}{\mathrm{d}t} + u_C = 0 \tag{3-2-3}$$

解此一阶线性齐次常微分方程，并利用初始条件 $u_C(0_-) = U_0 = U_S$ 可以得出电容器两端的电压和电流随时间变化的规律

$$\begin{cases} u_C = U_0 \mathrm{e}^{-\frac{1}{RC}t} \\[2mm] i = C\dfrac{\mathrm{d}u_C}{\mathrm{d}t} = -\dfrac{U_0}{R}\mathrm{e}^{-\frac{1}{RC}t} \\[2mm] u_R = -u_C = -U_0\mathrm{e}^{-\frac{1}{RC}t} \end{cases} \tag{3-2-4}$$

电容器电压、电流及电阻器的电压随时间变化的曲线如图 3-2-5 所示。

同样，对于图 3-2-6 所示 RL 放电电路的零输入响应，可以得到电压、电流变化规律分别为

$$\begin{cases} i = I_0 \mathrm{e}^{-\frac{R}{L}t} = I_0 \mathrm{e}^{-\frac{t}{\frac{L}{R}}} \\[2mm] u_R = Ri = RI_0\mathrm{e}^{-\frac{R}{L}t} \\[2mm] u_L = -u_R = -RI_0\mathrm{e}^{-\frac{R}{L}t} \end{cases} \tag{3-2-5}$$

u_L、u_R 和 i 随时间变化的曲线如图 3-2-7 所示。

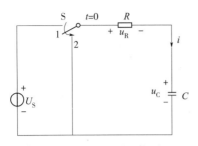

图 3-2-4　RC 充放电电路

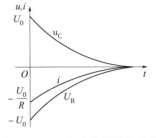

图 3-2-5　RC 电路的零输入响应

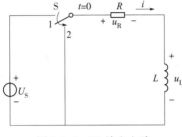

图 3-2-6　RL 放电电路

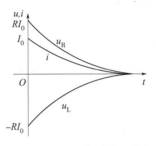

图 3-2-7　RL 电路零输入响应

（2）直流电源激励一阶电路零状态响应。对于图 3-2-4 所示的一阶线性电路，当 $t=0$ 时，开关 S 置于"1"位，直流电源通过 R 向 C 充电。由基尔霍夫定律可列出换路后的方程为 $u_\mathrm{C}+u_\mathrm{R}=U_\mathrm{S}$，将 $i=C\dfrac{\mathrm{d}u_\mathrm{C}}{\mathrm{d}t}$，$u_\mathrm{R}=Ri$ 代入得到描述电路性能的微分方程

$$RC\frac{\mathrm{d}u_\mathrm{C}}{\mathrm{d}t}+u_\mathrm{C}=U_\mathrm{S} \qquad (3\text{-}2\text{-}6)$$

解此一阶线性非齐次常微分方程，并利用初始条件 $u_\mathrm{C}(0_-)=0$ 可以得出电容器两端的电压和电流随时间变化的规律

$$\begin{cases} u_\mathrm{C}=U_\mathrm{S}\left(1-\mathrm{e}^{-\frac{t}{RC}}\right) \\[2mm] i=\dfrac{u_\mathrm{R}}{R}=\dfrac{U_\mathrm{S}}{R}\mathrm{e}^{-\frac{t}{RC}} \\[2mm] u_\mathrm{R}=U_\mathrm{S}-u_\mathrm{C}=U_\mathrm{S}\mathrm{e}^{-\frac{t}{RC}} \end{cases} \qquad (3\text{-}2\text{-}7)$$

u_C、u_R 和 i 随时间变化的曲线如图 3-2-8 所示，说明 RC 充电过程中的响应都是时间的指数函数。

同样，对图 3-2-9 所示 RL 电路的零状态响应，可以得到电压、电流变化规律分别为

$$\begin{cases} i_\mathrm{L}=\dfrac{U_\mathrm{S}}{R}\left(1-\mathrm{e}^{-\frac{t}{\frac{L}{R}}}\right) \\[2mm] u_\mathrm{R}=Ri_\mathrm{L}=U_\mathrm{S}\left(1-\mathrm{e}^{-\frac{t}{\frac{L}{R}}}\right) \\[2mm] u_\mathrm{L}=U_\mathrm{S}-u_\mathrm{R}=U_\mathrm{S}\mathrm{e}^{-\frac{t}{\frac{L}{R}}} \end{cases} \qquad (3\text{-}2\text{-}8)$$

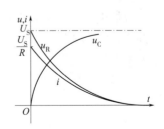

图 3-2-8　RC 电路的零状态响应

u_L、u_R 和 i 随时间变化的曲线如图 3-2-10 所示。

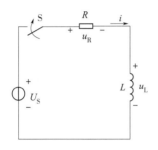

图 3-2-9 RL 与直流电源接通

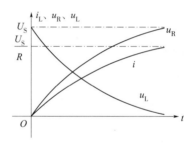

图 3-2-10 RL 电路的零状态响应

（3）电路参数对电路暂态的影响。从 RC（RL）电路的零状态响应、RC（RL）电路的零输入响应可以看出，电路中电压、电流的变化规律都是指数变化，变化曲线不仅与电路中电源的激励、储能元件的初始值有关，还与电路参数 R、L、C 有关。

在式（3-2-4）、式（3-2-5）、式（3-2-7）、式（3-2-8）中分别令

$$\tau = RC \tag{3-2-9}$$

$$\tau = \frac{L}{R} \tag{3-2-10}$$

τ 称为 RC、RL 一阶线性电路暂态响应的时间常数。时间常数是体现一阶电路电惯性特性的参数，它只与电路的结构与参数有关，而与激励无关。τ 越大，电惯性越大，相同初始值情况下，放电时间越长，如图 3-2-11所示。实际电路中，适当选择 R 或 C（R 或 L），就可控制的电路暂态过程的快慢。

引入 τ 后，电压、电流的变化规律指数部分就可用统一形式表示，如式（3-2-7）就可写为

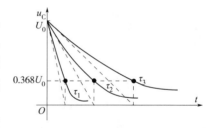

图 3-2-11 时间常数的意义

$$\begin{cases} u_C = U_S \left(1 - e^{-\frac{t}{\tau}}\right) \\ i = \dfrac{u_R}{R} = \dfrac{U_S}{R} e^{-\frac{t}{\tau}} \\ u_R = U_S e^{-\frac{t}{\tau}} \end{cases} \tag{3-2-11}$$

从理论上说，如对于电容器的充电过程，$t \to \infty$ 电容器电压才衰减为零，但从表 3-2-1可以看出，实际上 $t = 5\tau$ 时，电容器电压已衰减至初始值的 0.7%，足以认为电路已经达到新的稳态。通常把 $t = 5\tau$ 作为过渡过程结束的标志

表 3-2-1 电容器放电过程中电容器两端电压随时间而衰减的情况

t	0	τ	2τ	3τ	4τ	5τ	6τ
u_C	U	$0.368\ U$	$0.135\ U$	$0.050\ U$	$0.018\ U$	$0.007\ U$	$0.002\ U$

（4）一阶电路全响应：

①三要素及一阶电路响应表达式。对图 3-2-4 所示的电路，当 $t = 0$ 时合上开关 S（置于"1"位），则描述电路的微分方程为

$$RC\frac{\mathrm{d}u_C}{\mathrm{d}t} + u_C = U_S$$

若初始值不为零，而是 $u_C(0_-) = U_0$，可以得到全响应

$$u_C(t) = \underbrace{U_S(1 - \mathrm{e}^{-\frac{t}{\tau}})}_{\text{零状态响应}} + \underbrace{u_C(0_-)\mathrm{e}^{-\frac{t}{\tau}}}_{\text{零输入响应}} = \underbrace{[u_C(0_-) - U_S]\mathrm{e}^{-\frac{t}{\tau}}}_{\text{暂态分量}} + \underbrace{U_S}_{\substack{\downarrow\\\text{稳态分量}}} \quad t \geqslant 0$$

$$(3\text{-}2\text{-}12)$$

式（3-2-12）表明：

a. 全响应是零状态响应和零输入响应之和，它体现了线性电路的可加性。

b. 全响应也可以看成是暂态分量和稳态分量之和，暂态分量的起始值与初始状态和输入有关，而随时间变化的规律仅仅决定于电路的 R、C 参数。稳态分量则仅与激励有关。当 $t \to \infty$ 时，暂态分量趋于零，过渡过程结束，电路进入稳态。

由式（3-2-12）可知，电容器两端电压的变化规律是由电路电源激励（稳态值）、初始值及时间常数共同决定的，这一规律适用于一阶线性电路中所有元件电压、电流变化，称为一阶电路暂态响应的"三要素"。只要确定初始值、稳态值和时间常数，就能写出其动态过程的解，此即为一阶电路的"三要素法"。

如果我们将电路中的待求量用 $f(t)$ 表示，它的初始值用 $f(0_+)$ 表示，稳态值用 $f(\infty)$ 表示，电路的时间常数用 τ 表示，则待求变量的解可以用式（3-2-13）表示，即

$$f(t) = f(\infty) + [f(0_+) - f(\infty)]\mathrm{e}^{-\frac{t}{\tau}} \quad (3\text{-}2\text{-}13)$$

在这里特别要注意：

a. 三要素法只适用于含有一种储能元件的线性电路过渡过程的分析计算，对于含有两种以上储能元件的电路并不适用。

b. 式（3-2-13）只适用于直流电路的分析计算，如果电路中的电源是正弦交流电源，则必须将式（3-2-13）进行适当修正，修正后的表达式应为

$$f(t) = f_\infty(t) + [f(0_+) - f_\infty(0)]\mathrm{e}^{-\frac{t}{\tau}} \quad (3\text{-}2\text{-}14)$$

式中，$f_\infty(t)$ 是电路换路后稳定状态的稳态分量，它是在换路后的稳态电路中，按照正弦交流电路的计算方法进行计算的，它是时间的函数；$f(0_+)$ 是电压或电流的初始值；$f_\infty(0)$ 是稳态分量 $f_\infty(t)$ 在 $t = 0$ 时的值。

②三要素法解题步骤：

a. 计算初始值 $f(0_+)$：具体方法参考本任务换路及定律应用中关于初始值确定的介绍。

b. 求稳态值：先画出换路后的稳态电路，然后按直流电路（电感器相当于短路，电容器相当于开路）或正弦交流电路的计算方法求出电路中电压、电流的稳态值，即 $f(\infty)$ 或 $f_\infty(t)$。

c. 求时间常数 τ：在 R、C 串联电路中，$\tau = RC$；在 R、L 串联电路中，$\tau = \dfrac{L}{R}$。其中，R 是换路后从储能元件两端看进去的等效有源二端网络的等效内阻。计算 R 时，要注意将储能元件两端断开，同时要将换路后的有源二端网络中的所有电源置零（理想电压源短路，理想电流源开路）。

d. 根据求得的电压和电流的初始值、稳态值以及电路的时间常数，利用式（3-2-13）或式（3-2-14）即可求出电压或电流的变化规律。

【例3-2-3】　图 3-2-12 所示为发电机的励磁电路。L 与 R_2 是励磁绕组的电感器和电阻器。在正常情况下，开关 S 是断开的，当发电机的外部线路发生短路故障，引起它的端电压剧烈下降时，为了不破坏发电机在电力系统中的稳定运行，必须立即提高发电机的端电压。因此，通过自动装置将开关 S 闭合，短接电阻 R_1，使励磁电流增大，从而使发电机电压提高。这种方法称为强行励磁。现已知：$U = 220$ V，$L = 2$ H，$R_1 = 25$ Ω，$R_2 = 40$ Ω。求当 S 闭合后，励磁电流 i 的变化情况。

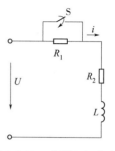

图 3-2-12　【例 3-2-3】图

解：（1）求初始值。在 S 闭合前，励磁电流是恒定的，其值为

$$I_0 = \frac{U}{R_1 + R_2} = \frac{220}{25 + 40} \text{ A} = 3.38 \text{ A}$$

若把 S 闭合的时刻算作 $t = 0$，因励磁绕组中的电流不能突变，则励磁电流的初始值为

$$i(0_+) = i(0_-) = I_0 = 3.38 \text{ A}$$

（2）求稳态值。在 S 闭合后，电路就变成了 R_2、L 与直流电压 U 接通的电路，并在电路中产生了过渡过程，当电路达到稳定状态后，其励磁电流可表示为

$$i(\infty) = \frac{U}{R_2} = \frac{220}{40} \text{ A} = 5.5 \text{ A}$$

（3）求时间常数：

$$\tau = \frac{L}{R_2} = \frac{2}{40} \text{ s} = \frac{1}{20} \text{ s}$$

（4）写出变化规律：所以当 S 闭合后，励磁电流 i 的变化情况为

$$i(t) = i(0_+) e^{-\frac{t}{\tau}} + i(\infty)(1 - e^{-\frac{t}{\tau}}) = 5.5 - 2.12 e^{-\frac{t}{\tau}} \text{ A} = 5.5 - 2.12 e^{-20t} \text{ A}$$

【例3-2-4】　图 3-2-13 所示的电路中，$R_1 = R_2 = R_3 = 2$ Ω，$C = 1.5$ F，$U_S = 6$ V，电路处于稳态，$t = 0$ 时开关 S 由 "1" 合向 "2"。试用三要素法求 $u_{R2}(t)$。

解：（1）求初始值。换路前，开关 S 置于 "1" 位，由图 3-2-13（a）及换路定律可求得

$$u_C(0_+) = u_C(0_-) = 6 \text{ V}$$

由换路后的电路图 3-2-13（b）可求得

$$u_{R2}(0_+) = \frac{R_2}{R_1 + R_2} u_C(0_+) = \frac{2}{2 + 2} \times 6 \text{ V} = 3 \text{ V}$$

（2）求稳态值：

$$U_{R2} = 0$$

（3）求时间常数：

$$\tau = (R_1 + R_2) C = (2 + 2) \times 1.5 \text{ s} = 6 \text{ s}$$

（4）写出变化规律：

$$u_{R2}(t) = u_{R2}(0_+) e^{-\frac{t}{\tau}} = 3 e^{-\frac{t}{6}} \text{ V}$$

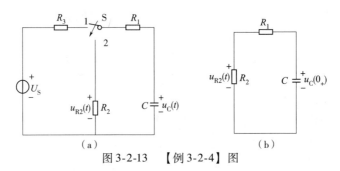

图 3-2-13　【例 3-2-4】图

*三、微分电路，积分电路及其应用

电子技术中常利用 RC 电路来实现多种不同的功能，微分电路和积分电路是电容器充放电现象的一种应用。

1. 微分电路及其应用

如图 3-2-14 所示 RC 电路，如果输入信号电压 u_i 为周期性的矩形脉冲，见图 3-2-15（a），U_{im} 为矩形脉冲的幅值，且电路的时间常数远小于矩形脉冲的周期，即 $\tau \ll T$，也即 $\tau \ll t_W$（一般 $\tau < 0.2t_W$），取 RC 串联电路中的电阻器两端为输出端。由于电容器的充放电进行得很快，因此电容器上的电压 $u_C(t)$ 接近等于输入电压 $u_i(t)$，这时输出电压为

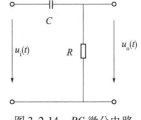

图 3-2-14　RC 微分电路

$$u_o(t) = Ri_C = RC\frac{\mathrm{d}u_C}{\mathrm{d}t} \approx RC\frac{\mathrm{d}u_i(t)}{\mathrm{d}t}$$

上式说明，输出电压 $u_o(t)$ 近似地与输入电压 $u_i(t)$ 成微分关系，所以这种电路称为微分电路。

微分电路输入与输出电压波形图如图 3-2-15 所示。在脉冲电路中，常应用微分电路把矩形脉冲变换成尖脉冲，作为触发信号。

在图 3-2-14 所示电路中，若改变电路的参数，当 $\tau \geq t_W$，电容器充电很慢，输出电压 u_R 和输入电压 $u_i(t)$ 的波形很相近，微分电路转变为耦合电路，其输出波形如图 3-2-16 所示。这种电路在多级交流放大电路中经常作为级间耦合电路。

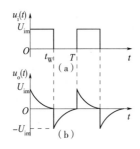

图 3-2-15　微分电路输入与输出信号波形图

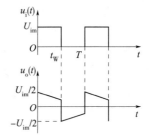

图 3-2-16　RC 耦合电路波形

2. 积分电路及其应用

如果将 RC 电路的电容器两端作为输出端，如图 3-2-17 所示，电路参数满足 $\tau \gg t_\mathrm{W}$ 的条件，由于这种电路电容器充放电进行得很慢，因此电阻器上的电压 $u_\mathrm{R}(t)$ 近似等于输入电压 $u_\mathrm{i}(t)$，其输出电压 $u_\mathrm{o}(t)$ 为

$$u_\mathrm{o}(t) = u_\mathrm{C}(t) = \frac{1}{C}\int i_\mathrm{C}(t)\,\mathrm{d}t = \frac{1}{C}\int \frac{u_\mathrm{R}(t)}{R}\,\mathrm{d}t \approx \frac{1}{RC}\int u_\mathrm{i}(t)\,\mathrm{d}t$$

上式表明，输出电压 $u_\mathrm{o}(t)$ 与输入电压 $u_\mathrm{i}(t)$ 近似地成积分关系，所以这种电路称为积分电路。其输入、输出波形如图 3-2-18 所示。时间常数 τ 越大，充放电越缓慢，所得锯齿波电压的线性就越好。积分电路能够将矩形脉冲输入信号变换成三角波输出信号。

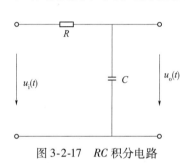

图 3-2-17　RC 积分电路

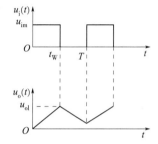

图 3-2-18　积分电路输入与输出信号波形

【例 3-2-5】　试简要分析微分电路的工作原理。

解： 微分电路构成条件有 2 个，即输出信号取自电阻器两端，外加矩形波激励周期与 RC 电路的时间常数关系满足 $\tau \ll T$。

以输入电压一个周期为例进行工作原理分析：

（1）在正脉冲作用期间（$0 \leqslant t < t_1$）。电路等效为电源 U_S 通过电阻器给电容器充电，如图 3-2-19（a）所示。

（2）第一个正脉冲结束后（$t_1 \leqslant t < t_2$）。电路等效为电容器放电，如图 3-2-19（b）所示。

由于 $\tau \ll t_\mathrm{w}$，所以电容器充放电曲线及电阻器端的电压波形如图 3-2-19（c）所示。

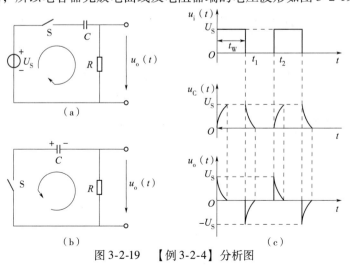

图 3-2-19　【例 3-2-4】分析图

任务实施与评价

下面进行电容器的充放电测试。

一、实施步骤

1. 计算时间常数 τ

按表 3-2-2 所给的 R 和 C 的数据计算时间常数 τ。

表 3-2-2 时间常数 τ 的计算

电阻/kΩ 电容/μF	20	10	5.1
100			
10			
1			

2. 观察充放电电流波形

按图 3-2-20 接线，调节电源电压为 10 V，取时间常数为 1 s，把示波器 X 轴时 "TIME/DIV（扫描速率）" 旋钮置于 0.5 s/cm，Y 轴 "VOLTS/DIV（偏转因数）" 旋钮置于 2 V/cm，输入开关置于 DC，把电阻器两端电压接到 CH1 通道，观察电容器的充放电电流波形。改变电路参数，使时间常数为 0.5 s，0.2 s，重复上述步骤，并将观察到的波形图记录在表 3-2-3 中。

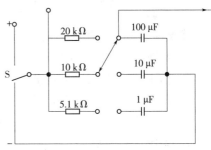

图 3-2-20 电容器充放电电压、电流波形观察电路图

3. 观察电容器两端电压波形

把电容器两端电压接 CH1 通道，在电路时间常数为 0.1 s、0.5 s、0.2 s 时，观察电容器两端电压波形并记录在表 3-2-3 中。

表 3-2-3 电阻器、电容器波形的记录

时间常数 τ/s	1	0.5	0.2
测电阻器两端的电压（电流）波形			
测电容器两端的电压波形			

二、任务评价

评价内容及评分如表 3-2-4 所示。

表 3-2-4 任 务 评 价

任务名称	电容器的充放电测试			
自我评价	评价项目	标准分	评价分	主要问题
	任务要求认知程度	10分		
	相关知识掌握程度	15分		
	专业知识应用程度	15分		
	信息收集处理能力	10分		
	动手操作能力	20分		
	数据分析与处理能力	10分		
	团队合作能力	10分		
	沟通表达能力	10分		
	合计评分			
小组评价	专业展示能力	20分		
	团队合作能力	20分		
	沟通表达能力	20分		
	创新能力	20分		
	应急情况处理能力	20分		
	合计评分			
教师评价				
总评分				
备注	总评分 = 教师评价50% + 小组评价30% + 个人评价20%			

检 测 题

一、填空题

1. 电容器的电容量简称电容，符号为_____，单位为_____。影响电容的因素有_____、_____、_____。

2. 若电容器极板上所带电荷为 q，两极板间电压为 u_0，则电容器的电容为_____。

3. 当电容器端电压 u 与流过的电流 i 为关联参考方向时，u 与 i 间的关系为_____。

4. 如果电容器两端电压不随时间变化，则电流为_____，这时电容器的作用相当于使电路_____。

5. 电容器充电时表现为电容器电压的绝对值_____，电压与电流实际方向_____，极板电荷_____，电容器_____能量。

6. 电容器放电时表现为电容器电压的绝对值_____，电压与电流实际方向_____，极板电荷_____，电容器_____能量。

7. 某一电容元件，外加电压 $U = 20$ V，测得 $q = 4 \times 10^{-8}$ C，则 $C =$ _____；外加电压 $U = 40$ V，则 $q =$ _____，电容器储存的能量 $W_e =$ _____。

8. 已知某一电容 $C = 100$ μF，$u_C = 100 \sin 314t$ V，取 u_C 与 i 为关联方向，则 $i =$ _____。

9. 电容器并联时的基本特点是：各电容器的电压_____，电容器所带总电荷_____，当 3 个电容器 C_1、C_2 与 C_3 并联时，等效电容 $C =$ _____。

10. 并联电容器的等效电容总是_____于其中任一电容器的电容。并联的电容器越多，等效电容量越_____。

11. 电容器串联时的基本特点是：总电压_____，各电容器所带电荷_____，当 3 个电容器 C_1、C_2 与 C_3 串联时，等效电容 $C =$ _____。

12. 串联电容器的等效电容总是_____于其中任一电容器的电容。串联的电容器越多，等效电容量越_____。

13. 由于通过线圈本身的电流变化引起的电磁感应现象称为_____，由此产生的电动势称为_____。

14. 电感元件是反映线圈_____的基本电磁特性的理想元件。它的定义式为_____，单位为_____。当选择电感器中的电压与电流的参考方向相同时，其伏安关系为_____。

15. 影响电感元件参数 L 的因素有____、____、____、____。电感元件是_____，它储存的电场能量 $W_L =$ _____。

16. 电感器两端存在电压的条件是_____，所以电感器在直流稳态电路中相当于_____。

17. 三要素法的三要素是指_____、_____和_____。

18. 在零输入响应的 RC 电路中，已知 $R = 12$ Ω，$C = 5$ μF，则电容器经过_____ s 放电基本结束。

二、判断题

1. 由公式 $C = Q/U$ 可知，当电容器所带电荷 $Q = 0$ 时，电容 $C = 0$。 （ ）

2. 电容器的两极板端电压降低时，电流与电压的实际方向相同。 （ ）

3. 所谓电流"通过"电容器，是指带电粒子通过电容器极板间的介质。 （ ）

4. 电容器中电流为零时，其储存的能量一定为零。 （ ）

5. 电容器两端电压的变化量越大，电流就越大。 （ ）

6. 两个电容器相串联，则两个电容器上电荷相等。 （ ）

7. 两个电容器相串联，电容小的电容器承受的电压就小。 （ ）

8. 电容器并联使用可增大电容量；串联使用一定可以提高工作电压。 （ ）

9. 采用串联的方法可以提高电容器组合承受电压的能力。 （ ）

10. 两个电容器相并联，电容小的电容器所带电荷就小。 （ ）

11. 线圈中有电流就有感应电动势，电流越大，感应电动势就越大。　　　（　　）

12. 空心电感线圈通过的电流越大，自感系数 L 越大。　　　（　　）

13. 电感器通过直流时可视作短路，此时的电感 L 为零。　　　（　　）

14. 电感器两端电压为零，其储能一定为零。　　　（　　）

15. RC 串联电路的时间常数 $\tau = RC$，RL 串联电路的时间常数为 $\tau = \dfrac{L}{R}$。　（　　）

16. 10 A 的直流电流通过电感为 10 mH 的线圈时，线圈存储的能量为 5 J。　（　　）

17. 换路的瞬间，电容器的电流值有限时，其电压不能突变；同理，电感器的电流不能突变。　　　（　　）

18. 三要素法可用来计算任何线性动态电路过渡过程的响应。　　　（　　）

19. 时间常数越大，动态电路过渡过程的时间越长。　　　（　　）

20. 高压电容器从电网切除后需自动并联较大的电阻器使电容器上电压迅速放掉。

（　　）

三、选择题

1. 有 2 个电容器 $C_1 > C_2$，若它们所带电荷相等，则（　　）。

　　A. C_1 两端电压较高　　　B. C_2 两端电压较高　　　C. C_1、C_2 电压相等

2. 如图 3-题-1 所示，则 ab 间的等效电容为（　　）。

　　A. $\dfrac{7}{3}C$　　　　　　　B. $\dfrac{3}{5}C$　　　　　　C. $4C$

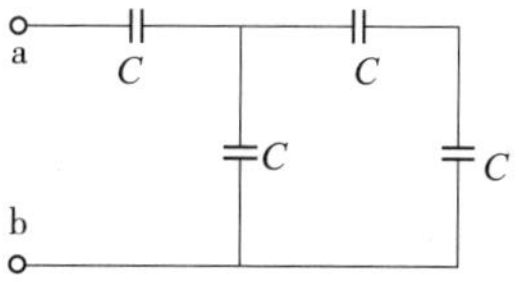

3. 电容元件 $C = 5 \ \mu F$，两极板间电压 $u = 220 \sin 314t$ V，则

电流 i 为（　　）。

图 3-题-1　选择题第 2 题图

　　A. 1.1 sin 314t mA　　　B. 345.4 sin 314t mA　　　C. 345.4 $\sin \left(314t + \dfrac{\pi}{2} \right)$ mA

4. 电感元件通过直流电流时可视作短路，以下说法正确的是（　　）。

　　A. 电感 L 为零　　　　　　　　　　　　B. 电感元件两端电压为 0

　　C. 电感元件存储的磁场能为 0

5. 对某一固定线圈，下面结论中正确的是（　　）。

　　A. 电流越大，自感电压越大　　　　　　　B. 电流变化量越大，自感电压越大

　　C. 电流变化率越大，自感电压越大

6. 有一个电感线圈，其电感量 $L = 0.1$ H，线圈中的电流 $i = 2 \sin 500t$ A，若 u_L 与 i 取关联参考方向，则线圈自感电压 u_L 为（　　）V。

　　A. 1 000 cos 500t　　　B. 500 cos 1 000t　　　C. 2 sin 1 000t

7. 在换路瞬间，下列说法中正确的是（　　）。

　　A. 电感器电流不能跃变　　B. 电感器电压必然跃变

　　C. 电容器电流必然跃变

8. 工程上认为 $R = 25 \ \Omega$、$L = 50$ mH 的串联电路中发生暂态过程时将持续（　　）。

　　A. 30 ~ 50 ms　　　　　　B. 37.5 ~ 62.5 ms　　　C. 6 ~ 10 ms

9. 如图 3-题-2 所示电路，换路前已达稳态，在 $t = 0$ 时断开开关 S，则该电路（　　）。

　　A. 电路有储能元件 L，要产生过渡过程

    B. 电路有储能元件且发生换路，要产生过渡过程

    C. 因为换路时储能元件 L 的电流储能不发生变化，所以该电路不产生过渡过程

10. 如图 3-题-3 所示电路已达稳态，现增大 R 值，则该电路（   ）。

    A. 因为发生换路，要产生过渡过程

    B. 因为电容器的储能值没有变，所以不产生过渡过程

    C. 因为有储能元件且发生换路，要产生过渡过程

11. 如图 3-题-4 所示电路在开关 S 断开之前电路已达稳态，若在 $t=0$ 时将开关 S 断开，则电路中 L 上通过的电流 $i_L(0_+)$ 为（   ）。

    A. 2 A   B. 0 A   C. −2 A

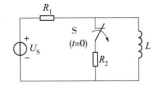 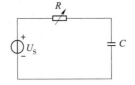 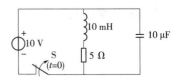

图 3-题-2　选择题第 9 题图　　　图 3-题-3　选择题第 10 题图　　　图 3-题-4　选择题第 11 题图

12. 如图 3-题-4 所示电路，在开关 S 断开时，电容器两端的电压为（   ）。

    A. 10 V   B. 0 V   C. 按指数规律增加

四、简答题

1. 如何用万用表检测电感器？

2. 如何用万用表判断电容器是否漏电？

3. 如何用万用表检测电解电容器？

五、计算题

1. 如图 3-题-5 所示电路，求 I_C，U_C，W_C。

2. 有 3 个电容器串联，$C_1 = 20$ pF，$C_2 = 40$ pF，$C_3 = 60$ pF，外施电压 $U = 220$ V，试求：（1）等效电容 C；（2）极板电荷 Q；（3）各电容器上的电压 U_1，U_2，U_3。

3. 电路如图 3-题-6 所示，试求：（1）开关 S 断开时，a、b 两点间的等效电容；（2）开关 S 闭合时，a、b 两点间的等效电容。

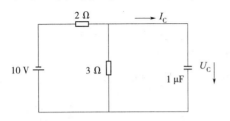 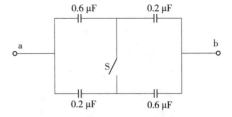

图 3-题-5　计算题第 1 题图　　　　　　图 3-题-6　计算题第 3 题图

4. 两只电容器的电容和耐压分别是 $C_1 = 50$ μF，$U_{M1} = 400$ V；$C_2 = 100$ μF，$U_{M2} = 200$ V。试求：（1）两电容器并联使用时的等效电容是多少？外接电压不能超过多少伏？

5. 如图 3-题-7 所示，已知 $U_S = 20$ V，$R = 19$ Ω，$L = 0.5$ H，$C = 6$ μF。则电路中的电流及电阻器、电感器、电容器两端的电压各为多少？

6. 如图 3-题-8 所示电路中，已知 $U_S = 20$ V，$R_0 = 5$ Ω，$R = 19$ Ω，$L = 0.5$ H，$C = 6$ μF，试求：（1）各支路电流；（2）各电阻器、电感器及电容器的电压；（3）电感器、电容器的储能。

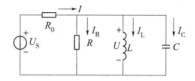

图 3-题-7　计算题第 5 题图　　　　　图 3-题-8　计算题第 6 题图

7. 如图 3-题-9 所示各电路中储能元件储能分别为多少？

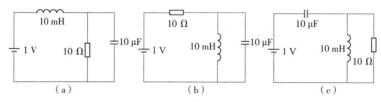

图 3-题-9　计算题第 7 题图

8. 图 3-题-10 所示电路中开关 S 在 $t = 0$ 时动作，试求电路在 $t = 0_+$ 时刻电压、电流的初始值。

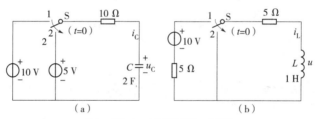

图 3-题-10　计算题第 8 题图

9. 如图 3-题-11 所示电路，在 $t = 0$ 时 S 闭合，$u_C(0_-) = 0$，求 $u_C(t)$。

10. 如图 3-题-12 所示电路，求 $i_L(t)$。

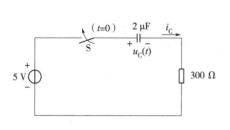
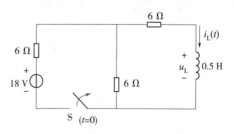

图 3-题-11　计算题第 9 题图　　　　　图 3-题-12　计算题第 10 题图

模块四 单相正弦交流电路的分析与测试

学习目标

1. 知识目标

（1）会表达正弦交流电，并能理解正弦量三要素的意义及交流电有效值和平均值的概念；

（2）能熟练掌握 R、L、C 三种元件电压、电流的关系，并了解交流电路的实际元件；

（3）会用相量法计算荧光灯电路，R、L、C 串联和 RL 与 C 并联电路；

（4）了解用相量分析法分析复杂电路；

（5）会计算正弦交流电路的功率，理解功率因数提高的方法，了解正弦交流电路负载获得最大功率的条件；

（6）了解谐振现象的研究意义，会分析串、并联谐振条件、主要特点，了解谐振的应用。

2. 技能目标

（1）会使用交流电压表（交流毫伏表、万用表交流电压挡）测量交流电压及用交流电流表测量交流电流；

（2）会使用示波器测试低频信号发生器产生的典型信号及正弦交流电路电压波形；

（3）初步学会使用功率表测试单相交流电路的功率；

（4）会设计、安装与测试电感式荧光灯照明电路，并能进行故障排除。

（5）了解照明灯具的国家/行业相关规范与标准。

任务一 正弦交流电的基本概念及表示

 任务目标

（1）能理解正弦量三要素的意义及交流电有效值和平均值的概念；

（2）会用交流电压表（交流毫伏表、万用表交流电压挡）、交流电流表分别测量交流电压与交流电流；

（3）能用解析式、波形图及相量来表示正弦量。

工作任务

典型正弦交流信号的认识与测试是交流电路分析的基础，通过相关知识的学习，完成以下任务：

（1）认识正弦交流电；

（2）用示波器观察与测试典型交流信号；

（3）测量正弦交流电压、电流有效值。

相关知识

一、正弦交流电的表示

1. 描述正弦交流电特征的物理量

大小和方向均随时间变化的电压、电流称为交流电，而把大小和方向都随时间作周期性变化的电压、电流称为周期量。图 4-1-1 所示为典型周期性交流电的波形。

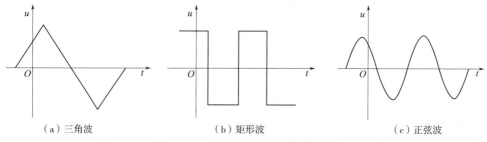

（a）三角波　　　　　　　　（b）矩形波　　　　　　　　（c）正弦波

图 4-1-1　典型周期性交流电的波形

如果交流电的变化规律是时间的正弦函数，则称为正弦交流电，或正弦量，通常把正弦交流电也简称为交流电。若电路中的电压、电流等均为交流电，则称此种电路为正弦电流电路，或称正弦交流电路。

正弦交流电变化规律体现在描述变化的范围、变化的快慢，变化的进程几个特征物理量方面。

（1）周期、频率和角频率。交流电完成一次周期性变化所需的时间称为交流电的周期，用符号 T 表示，单位是 s。周期较小的单位还有 ms、μs。

交流电在单位时间内完成周期性变化的次数称为交流电的频率，用符号 f 表示，单位是 Hz，简称赫。频率较大的单位还有 kHz 和 MHz。根据定义，周期和频率互为倒数，即

$$f = \frac{1}{T} \text{ 或 } T = \frac{1}{f} \tag{4-1-1}$$

频率和周期都是反映交流电变化快慢的物理量，周期越短（频率越高），交流电变化就越快。

交流电变化的快慢，除了用周期和频率表示外，还可以用角频率表示。通常交流电变化一周也可用 2π 来计量，（为了和转子转动变化的几何角区别，交流电变化的角度称为电

103

角度）交流电每秒所变化的角度，称为交流电的角频率，用符号 ω 表示，单位是 rad/s。周期、频率和角频率的关系为

$$\omega = \frac{2\pi}{T} = 2\pi f \tag{4-1-2}$$

我国使用的交流电的频率为 50 Hz，称为工作标准频率，简称工频。国家电网的频率为 50 Hz，频率偏差的允许值为 ±0.2 Hz。少数发达国家，如美国等使用的交流电频率为 60 Hz。

（2）最大值。交流电在每周变化过程中出现的最大瞬时值称为振幅，又称最大值。交流电的最大值不随时间的变化而变化。

（3）初相位。正弦交流电的产生是根据电磁感应原理，当矩形线圈在磁场中旋转，且满足转子与定子间的气隙（电枢表面）的磁场按正弦规律分布时，产生的感应电动即为正弦交流动势。对于不同的计时起点，线圈平面所处的位置（与磁中性面的夹角）不同，则输出的正弦电动势（电压、电流）初始状态不同。定义 $t = 0$ 时刻正弦量对应的角度为初相位，简称初相，它表示了交流电的初始状态，即初始时刻的交流电的大小、方向（正负）和变化趋势，单位是度（°）或者弧度（rad）。显然，初相与计时起点有关。

（4）瞬时值。交流电在某一时刻所对应的值称为瞬时值。瞬时值随时间的变化而变化，不同时刻，瞬时值的大小和方向均不同。交流电的瞬时值取决于它的周期、幅值和初相位。

综上所述，最大值描述了正弦量大小的变化范围；角频率描述了正弦量变化的快慢；初相位描述了交流电的初始状态。这三个物理量决定了交流电的瞬时值，因此，将最大值、角频率和初相位称为交流电的三要素。

2. 正弦交流电的表示

约定交流电的瞬时值用小写字母，如电动势、电压和电流的瞬时值分别用 e、u 和 i 表示。一个交流电的瞬时值，可以用函数表达式表示，称为交流电的解析式，也可用波形图（交流电随时间变化的曲线）表示。下面以交流电流为例来介绍交流电的表示方法。

注意在表示交流电的瞬时值时，也要像在直流电一样，先选择交流电的正方向，这样瞬时值的正负才有意义。

（1）解析式。设通过电阻器的电流 i 是正弦电流，其参考方向如图 4-1-2 所示，则正弦电流的一般表达式为

$$i = I_m \sin\left(\omega t + \psi_i\right) \tag{4-1-3}$$

式中，I_m、ω 及 ψ_i 分别是正弦电流的最大值、角频率及初相，且规定 $180° \geqslant \psi \geqslant -180°$。类似地可以写出正弦电压与正弦电动势的解析式分别为

$$u = U_m \sin\left(\omega t + \psi_u\right)$$
$$e = E_m \sin\left(\omega t + \psi_e\right)$$

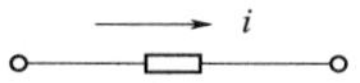

图 4-1-2　正弦电流通过电路元件

（2）波形图。交流电随时间变化的图像称为波形图，波形图横坐标既可用时间 t 表示，也可用弧度 ωt 表示，如图 4-1-3 所示。

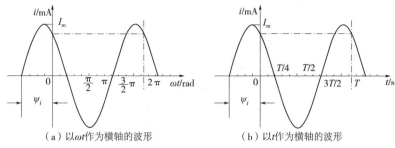

（a）以 ωt 作为横轴的波形　　　　（b）以 t 作为横轴的波形

图 4-1-3　正弦电流波形图

当以时间作为横轴时，可以直观地在波形图中找到正弦量的"三要素"（弧度作为横轴时，角频率无法显示，但可以方便地显示同频率正弦交流电之间的相位关系，因此在正弦交流电路中一般用弧度作为横轴画波形图）。

解析式与波形图如何相互转化？无论是写解析式还是画波形图，都是要围绕着正弦量"三要素"进行。

已知解析式，画波形图时，一般采用"五点法"，即以参考正弦量（初相为零的正弦交流电）的波峰、波谷及三个零点为准，当初相大于 0 时，将这 5 个点左移初相值；反之右移，然后以光滑线条连接这 5 个点，移出的虚线部分在右边（初相大于 0）或左边（初相小于 0）补回，画出 $0 \sim 2\pi$ 一个周期的波形，如图 4-1-4 所示。

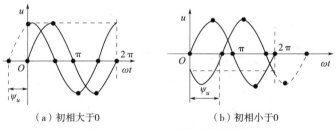

（a）初相大于 0　　　　　（b）初相小于 0

图 4-1-4　"五点法"画波形图

当已知波形图，写出其解析式时，可从波形图中较容易地确定最大值及频率（周期），主要是正确确定初相，初相确定步骤如下：

首先确定初相的正负：当初始值（$t=0$ 时，交流电的大小）大于 0，波形图中初始值在横轴的上方，则初相大于 0；反之，则初相小于 0。初相的大小可由波形图中离原点最近的零值点（正弦波形从负值变为正值时与横轴的交点称为零值点）距原点的弧度确定，当初相大于 0，离原点最近的零值点在波形图的左方；反之，离原点最近的零值点在波形图的右方。图 4-1-3 所示正弦电流的初相为 $\dfrac{2}{3}\pi$，该电流的解析式可写为

$$i = I_{\mathrm{m}}\sin\left(\omega t + \frac{2}{3}\pi\right)。$$

3. 同频率正弦交流电的相位差

正弦交流电的相位决定正弦量的变化进程，因而可用相位的差别定量地衡量两个同频率正弦量变化进程的差别。

两个同频率正弦量相位的差称为相位差，习惯上规定相位差的绝对值不超过180°。以正弦量 $u = U_m \sin(\omega t + \psi_u)$，$i = I_m \sin(\omega t + \psi_i)$ 为例，用 φ_{ui} 表示 u 与 i 的相位差，则 $|\varphi_{ui}| \leqslant 180°$。因此当 $|\varphi_{ui}| \leqslant 180°$ 时

$$\varphi_{ui} = (\omega t + \psi_u) - (\omega t + \psi_i) = \psi_u - \psi_i \tag{4-1-4}$$

如果 $|\psi_u - \psi_i| > 180°$，则应根据正弦函数的周期性，将其中一个的相位加上或减去360°，然后再计算相位差，以保证 $|\varphi_{ui}| \leqslant 180°$。此时

$$\varphi_{ui} = (\omega t + \psi_u) - (\omega t + \psi_i) \pm 360° = \psi_u - \psi_i \pm 360°$$

可见，两个同频率正弦量的相位差仅与它们的初相有关，而与时间无关，因而也与计时起点的选择无关。

同频率正弦量的相位关系有下列几种情况：

当 $\varphi_{ui} = \psi_u - \psi_i > 0$，$u$ 超前于 i；

当 $\varphi_{ui} = \psi_u - \psi_i < 0$，$u$ 滞后于 i；

当 $\varphi_{ui} = \psi_u - \psi_i = 0$，$u$ 与 i 同相。

图 4-1-5 所示为几种典型相位关系示意图。

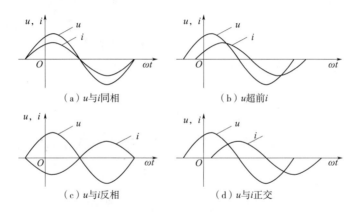

（a）u 与 i 同相　　　　　　（b）u 超前 i

（c）u 与 i 反相　　　　　　（d）u 与 i 正交

图 4-1-5　同频率正弦量同相、超前、反相与正交示意图

4. 正弦交流电的有效值与平均值

在工程中，人们有时往往并不关心交流电是如何变化的，而是关心交流电所产生的效果。这种效果常利用有效值和平均值来表示。

（1）有效值。有效值是根据电流的热效应来定义的。让交流电流和直流电流分别通过具有相同阻值的电阻器，如果在同样的时间内所产生的热量相等，那么就把该直流电流的大小称为交流电流的有效值，用 I 表示。由有效值定义得

$$\int_0^T i^2 R \mathrm{d}t = I^2 RT$$

对于周期性交流电，其有效值可写为

$$I = \sqrt{\left(\int_0^T i^2 \mathrm{d}t\right)\bigg/T} \tag{4-1-5}$$

将正弦电流的一般式代入式（4-1-5），可得正弦量的有效值为

$$I = \frac{I_m}{\sqrt{2}} = 0.707 I_m \tag{4-1-6}$$

即正弦量的有效值等于它的最大值除以 $\sqrt{2}$，类似有

$$U = \frac{U_{\mathrm{m}}}{\sqrt{2}}, \quad E = \frac{E_{\mathrm{m}}}{\sqrt{2}}$$

通常说照明电路的电压是 220 V，就是指有效值。与其对应的交流电压的最大值是 311 V。各种交流电的电气设备上所标的额定电压和额定电流均为有效值。另外，利用交流电流表和交流电压表测量的交流电流和交流电压也都是有效值。

（2）平均值。这里所谓的平均值指的是周期量的绝对值在一个周期内的平均值。以周期电流为例，其平均值

$$I_{\mathrm{av}} = \frac{1}{T} \int_0^T |i| \, \mathrm{d}t \qquad (4\text{-}1\text{-}7)$$

式（4-1-7）即周期量平均值的定义式。根据定义式，计算出正弦交流电的平均值为

$$\begin{cases} E_{\mathrm{av}} = \dfrac{2E_{\mathrm{m}}}{\pi} = 0.637E_{\mathrm{m}} \\[2mm] U_{\mathrm{av}} = \dfrac{2U_{\mathrm{m}}}{\pi} = 0.637U_{\mathrm{m}} \\[2mm] I_{\mathrm{av}} = \dfrac{2I_{\mathrm{m}}}{\pi} = 0.637I_{\mathrm{m}} \end{cases} \qquad (4\text{-}1\text{-}8)$$

测量交流电压、电流的全波整流式仪表，其指针的偏转角与所通过电流的平均值成正比，而标尺的刻度为有效值，即按 $I = \dfrac{I_{\mathrm{m}}}{\sqrt{2}} = \dfrac{1}{\sqrt{2}} \cdot \dfrac{\pi}{2} I_{\mathrm{av}} = 1.11 I_{\mathrm{av}}$ 的倍数关系来刻度的。

【例 4-1-1】 已知工频正弦电压 u_{ab} 的最大值为 311 V，初相为 $-60°$，其有效值为多少？写出其瞬时值表达式；当 $t = 0.0025$ s 时，u_{ab} 的值为多少？

解： 有效值

$$U_{ab} = \frac{1}{\sqrt{2}} U_{abm} = \frac{1}{\sqrt{2}} \times 311 \text{ V} = 220 \text{ V}$$

瞬时值表达式为

$$u_{ab} = 311\sin(314t - 60°) \text{ V}$$

当 $t = 0.0025$ s 时，$u_{ab} = 311 \times \sin\left(100\pi \times 0.0025 - \dfrac{\pi}{3}\right) \text{ V} = 311\sin\left(-\dfrac{\pi}{12}\right) \text{ V} = -80.5 \text{ V}$。

【例 4-1-2】 已知正弦电压和正弦电流的波形如图 4-1-6 所示，频率为 50 Hz，试指出它们的最大值、初相位以及它们之间的相位差，并说明哪个正弦量超前，超前多少度？超前多长时间？

解： u、i 的表达式分别为

$u = 310\sin(314t + 45°)$ V

$i = 2\sin(314t - 90°)$ A

$\omega = 2\pi f = 2 \times 3.14 \times 50 \text{ rad/s} = 314 \text{ rad/s}$

$\varphi = \psi_u - \psi_i = 45° - (-90°) = 135°$

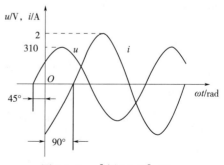

图 4-1-6 【例 4-1-2】图

即 u 比 i 超前 135°，超前时间为

$$\Delta t = \frac{135°}{360°}T = \frac{135°}{360°} \times \frac{1}{50} \ s = 0.007\ 5s$$

二、正弦交流电的相量表示法

1. 复数的相关知识

（1）复数的表示形式：

①代数形式：$A = a + jb$

②三角形式：$A = r\cos\theta + jr\sin\theta$

其中 r 为复数 A 的模（幅值），它恒大于零。

两种形式之间的变换：$a = r\cos\varphi$，$b = r\sin\varphi$，

即 $r = \sqrt{a^2 + b^2}$，$\tan\theta = \dfrac{b}{a}$

③指数形式：$A = re^{j\theta}$（利用欧拉公式 $e^{j\theta} = \cos\theta + j\sin\theta$）

④极坐标形式：$A = r\angle\theta$（引入记号 $\angle\theta = e^{j\theta} = \cos\theta + j\sin\theta$）

复数也可以用复平面上的向量表示，如图 4-1-7 所示。

（2）复数的运算：

①加、减运算：

设 $A = a_1 + ja_2$，$B = b_1 + jb_2$，则

$$C = B \pm A = (b_1 + jb_2) \pm (a_1 + ja_2) = (b_1 \pm a_1) + j(b_2 \pm a_2)$$

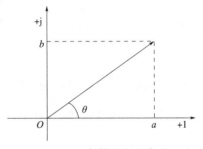

图 4-1-7　复数的向量表示

直接用向量的平行四边形法则或三角形法则可进行复数的加、减运算如图 4-1-8 和图 4-1-9 所示。

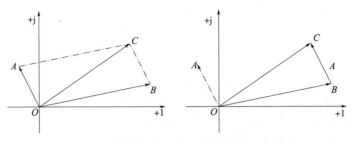

图 4-1-8　复数加法的平行四边形法和三角形法

②乘、除运算：

设 $A = a_1 + ja_2$，$B = b_1 + jb_2$，则

$$C = AB = (a_1b_1 - a_2b_2) + j(a_1b_2 + a_2b_1),$$

$$C = \frac{A}{B} = \frac{(a_1 + ja_2)(b_1 - jb_2)}{(b_1 + jb_2)(b_1 - jb_2)} = \frac{a_1b_1 + a_2b_2}{b_1^2 + b_2^2} + j\frac{a_2b_1 - a_1b_2}{b_1^2 + b_2^2}$$

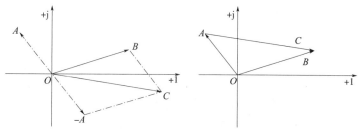

图 4-1-9 复数减法的平行四边形法和三角形法

由此可见，当使用复数的代数形式时，进行复数的乘除法运算比较复杂。

如果设 $A = r_1 \angle \theta_1$，$B = r_2 \angle \theta_2$，则

$$AB = r_1 \angle \theta_1 \times r_2 \angle \theta_2 = r_1 r_2 \angle (\theta_1 + \theta_2)，\frac{A}{B} = r_1 \angle \theta_1 \div r \angle \theta_2 = \frac{r_1}{r_2} \angle (\theta_1 - \theta_2)$$

由此可见，当使用复数的极坐标形式时，进行复数的乘除法运算比较简单，只需将复数的模相乘（除），复数的辐角相加（减）就可以了。对于任意向量 A 与旋转因子（模为 1 的复数）相乘（除），结果即为该向量逆（顺）时针旋转某一角度。如 jA 表示将向量 A 顺时针旋转 $90°$。

（3）共轭复数。设复数 $A = r_1 \angle \theta_1 = a + jb$，则其共轭复数为 $A = r_1 \angle -\theta_1 = a - jb$。

2. 正弦量的相量表示

（1）相量表示正弦量的思想。一个正弦量由三要素来确定，分别是频率、幅值和初相。因为在同一个正弦交流电路中，电动势、电压和电流均为同频率的正弦量，即频率是已知或特定的，可以不必考虑，只需确定正弦量的幅值（或有效值）和初相就可表示正弦量。

一个复数的 4 种表达方式均要用 2 个量来描述，不妨用它的模代表正弦量的幅值或有效值，用辐角代表正弦量的初相，于是得到一个表示正弦量的复数，即表示正弦量的相量。

（2）相量表示正弦量的法则。正弦量的相量可以用最大值相量，也可以用有效值相量，通常采用有效值相量表示正弦量。为了与一般的复数相区别，在表示正弦量的相量字母上端加一点，如电流相量 $\overset{\cdot}{I}$、电压相量 $\overset{\cdot}{U}$。

正弦量与其对应的正弦量之间的关系可以用如下法则表示：

$$正弦量 \begin{cases} 有效值 = 模 \\ 初相 = 辐角 \\ 角频率（电源决定） \end{cases} 相量$$

如 $i = \sqrt{2}I\sin(\omega t + \psi_i)$，其对应的相量为 $\overset{\cdot}{I} = I \angle \psi_i$，若某电压的相量为 $\overset{\cdot}{U} = U \angle \psi_u$，则对应的正弦电压为 $u = \sqrt{2}U\sin(\omega t + \psi_u)$。

（3）相量表示正弦量的意义。如图 4-1-10 所示，假设 $\overset{\cdot}{I} = I \angle \psi_i$ 以角速度 ω（等于正弦量 i 的角频率）绕原点逆时针方向旋转，旋转的轨迹在虚轴上的投影乘以 $\sqrt{2}$ 即为正弦量 i，从这个意义上讲，对应一个相量就能找到与之对应的正弦量，反之亦然。

可以推证，对于同频率的正弦量，用相应的相量表示正弦量进行计算的结果与用正弦量计算的结果一致。如果 $i_1 = \sqrt{2}I_1\sin(\omega t + \psi_1)$，$i_2 = \sqrt{2}I_2\sin(\omega t + \psi_2)$，则 $i_1 + i_2 = i = \sqrt{2}$

$I\sin(\omega t + \psi_i)$，那么相应有 $\dot{I}_1 + \dot{I}_2 = \dot{I} = I \angle \psi_i$。

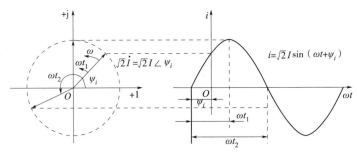

图 4-1-10　旋转相量与正弦量的示意图

3. 相量图

将一些相同频率的正弦量的相量画在同一个复平面上所构成的图形称为相量图。画相量图时，往往省略复平面坐标，以水平方向为基准，并用虚线表示。

（1）画法：每个相量用一条有向线段表示，其长度表示相量的模（正弦量的有效值），有向线段与水平方向的夹角表示该相量的辐角（初相），同一量纲的相量采用相同的比例尺寸。

（2）作用：

①能直观地反映各正弦量的有效值和初相。

②能反映正弦量的相位关系：相量图中任一两相量间的夹角表示该两正弦量相位差，逆时针在前的量为超前。

③将正弦量的运算转化为相量图中相量运算。

（3）注意：

①相量只是表示正弦量，而不等于正弦量。

②只有正弦量才能用相量表示，非正弦量不能用相量表示。

③相量的 2 种表示形式：相量式、相量图。

④同频率的正弦量能画在同一相量图上。

三、相量形式的基尔霍夫定律

基尔霍夫定律一般表达式为 $\sum i = 0$ 及 $\sum u = 0$，式中的 i、u 分别指电流、电压的解析式。正弦交流电路中当电源的频率一定时，电路中各元件的电压、电流也都具有与电源相同的频率，由此出发，可以得出基尔霍夫定律的相量形式。

在正弦交流电路中，流过任一节点的各相量电流的代数和等于零，即

$$\sum \dot{I} = 0 \tag{4-1-9}$$

这就是基尔霍夫电流定律的相量形式。同理可得基尔霍夫电压定律，即回路电压定律的相量形式为

$$\sum \dot{U} = 0 \tag{4-1-10}$$

它表示在正弦交流电路的任一回路中，各电压相量的代数和等于零。

式（4-1-9）与式（4-1-10）的符号法则与直流电路相同。

在正弦交流电路中，使用相量形式的基尔霍夫定律时，除电压、电流相量前的正负号确定与直流电路中讨论的完全相同，还要特别注意，相量表达式中既含有有效值的关系，还含有相位的关系。在一般情况下，各正弦电压、电流的有效值代数和不等于零。

【例 4-1-3】　在图 4-1-11 所示的相量图中，已知 $U = 220$ V，$I_1 = 10$ A，$I_2 = 5\sqrt{2}$ A，它们的角频率是 ω，试写出各正弦量的瞬时值表达式及其相量。

解：
$$u = 220\sqrt{2}\sin\omega t \text{ V}$$
$$i_1 = 10\sqrt{2}\sin(\omega t + 90°) \text{ A}$$
$$i_2 = 10\sin(\omega t - 45°) \text{ A}$$
$$\dot{U} = 220\angle 0° \text{ A}$$
$$\dot{I}_1 = 10\angle 90° \text{ A}$$
$$\dot{I}_2 = 5\sqrt{2}\angle -45° \text{ A}$$

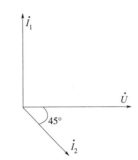

图 4-1-11　图【例 4-1-3】图

【例 4-1-4】　图 4-1-12（a）所示为电路中一个节点，已知 $i_1 = 30\sqrt{2}\sin(\omega t + 30°)$ A，$i_2 = 40\sqrt{2}\sin(\omega t - 60°)$ A，求 i_3

解：此题用相量法，将已知电流瞬时值用相应的相量表示，由正弦量相量表示法则可得
$\dot{I}_1 = 30\angle 30°$A；$\dot{I}_2 = 40\angle -60°$A，列 KCL 方程
$$\dot{I}_1 + \dot{I}_2 - \dot{I}_3 = 0$$

解得
$$\dot{I}_3 = \dot{I}_1 + \dot{I}_2 = (30\angle 30° + 40\angle -60°) \text{ A} = (26 + \text{j}15 + 20 - \text{j}34.6) \text{ AQ}$$
$$= (46 - \text{j}19.6) \text{ A} = 50\angle -23.1° \text{A}$$

图 4-1-12（b）为 3 个电流的相量图。从相量图中可以看到，有效值一般情况下不满足 KCL，即 $I_3 = I_1 + I_2$ 不成立，除非 i_1 和 i_2 同相。

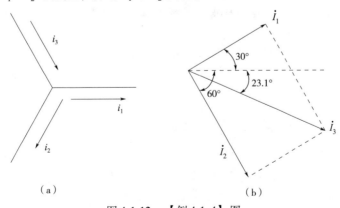

（a）　　　　　　　　　　　　　　（b）

图 4-1-12　【例 4-1-4】图

任务实施与评价

下面进行典型交流信号的认识与测试。

一、实施步骤

1. 利用单踪示波器观察正弦波、方波的信号

将双踪示波器的通道之一（CH1 或 CH2）接到低频函数信号发生器的输出端，从低频函数信号发生器输出频率为 1 kHz，信号大小约 2 V（用实验屏上交流毫伏表测量）的正弦波，调节示波器使得在荧光屏上出现 2 个完整的波形，观察这时正弦波波形。

（1）观察频率不同时的波形。保持函数信号发生器输出的信号幅度不变，改变信号发生器输出的频率（增大到 2 kHz 及减小到 500 Hz），水平扫描速度不变，调节准位调整钮，显示稳定的波形，观察这时波形。

将正弦波换为方波，观察频率不同时波形的变化，将所观察到的波形记录在表 4-1-1 中。

表 4-1-1　典型交流信号波形测试

测试的波形	记录的波形
频率不同时波形	
幅度不同时波形	
计时起点不同时波形	
同频率正弦波相位关系	

（2）观察幅度不同时波形，并测量电压有效值。保持函数信号发生器输出的信号频率不变（1 kHz），改变信号发生器输出的幅度（增大或减小），垂直灵敏度不变，调节准位调整钮，分别显示稳定的正弦波与方波，观察幅度改变时波形的变化，并用交流毫伏表测其电压有效值，将所观察到的波形记录在表 4-1-1 中。

（3）观察计时起点不同时波形。以示波器荧光屏上坐标原点为参考基准，通过调节水平位置调整钮，使波形左移或者右移，观察移动后的波形相对坐标原点波形变化，将所观察到的波形记录在表 4-1-1 中。

2. 利用双踪示波器观察同频率正弦波相位关系

按图 4-1-13 连接电路，其中 $R = 1$ kΩ，$C = 1$ μF，信号发生器输出电压有效值 $U = 3$ V，调节双踪示波器，显示两通道稳定的正弦波，并调节垂直位置调节钮，使两正弦波对称于 X 轴，观察此时两正弦波的初相关系，并用交流电流表测试该电路此时的电流，将所观察到的波形记录在表 4-1-1中。

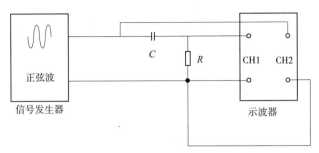

图 4-1-13　观察同频率正弦波相位关系示意图

二、任务评价

评价内容及评分如表 4-1-2 所示。

表 4-1-2　任 务 评 价

任务名称		典型交流信号的认识与测试		
	评 价 项 目	标 准 分	评 价 分	主 要 问 题
自我评价	任务要求认知程度	10 分		
	相关知识掌握程度	15 分		
	专业知识应用程度	15 分		
	信息收集处理能力	10 分		
	动手操作能力	20 分		
	数据分析与处理能力	10 分		
	团队合作能力	10 分		
	沟通表达能力	10 分		
	合计评分			
小组评价	专业展示能力	20 分		
	团队合作能力	20 分		
	沟通表达能力	20 分		
	创新能力	20 分		
	应急情况处理能力	20 分		
	合计评分			
教师评价				
总评分				
备注	总评分 = 教师评价 50% + 小组评价 30% + 个人评价 20%			

任务二　典型单相正弦交流电路的分析与测试

 任务目标

（1）能熟练掌握 R、L、C 三种元件电压、电流的关系，并了解交流电路的实际元件；

（2）会用相量法计算荧光灯电路，R、L、C 串联和 RL 与 C 并联电路；

（3）了解用相量分析法分析复杂电路；

（4）会计算正弦交流电路的功率，理解功率因数提高的方法，了解正弦交流电路负载获得最大功率的条件；

（5）了解谐振现象的研究意义，会分析串并联电路谐振条件、主要特点，了解谐振的应用。

 工作任务

荧光灯（又称日光灯）既是生活中常用的照明负载，也是正弦交流电路分析与测试的典型电路，通过荧光灯电路安装与测试，完成以下任务：

（1）掌握荧光灯线路的接线，了解荧光灯的结构及工作原理。

（2）测试正弦交流电压、电流、电功率。

（3）掌握改善荧光灯电路功率因数的方法。

 相关知识

一、正弦交流电通过纯电阻、电感、电容电路

为了便于对照，加强理解与记忆，下面以表4-2-1的形式讨论正弦交流电通过纯电阻、电感、电容3个单一元件电压与电流关系等相关知识。

表 4-2-1　正弦交流电过单一参数电路

研究的电路　研究的内容	电阻电路	电感电路	电容电路
电路图			
基本关系式（关联方向）	$u = iR$	$u_L = L\dfrac{di_L}{dt}$	$i_C = C\dfrac{du_C}{dt}$

研究的内容 ＼ 研究的电路		电阻电路	电感电路	电容电路
解析式分析电压电流关系	通过元件的正弦电流或电压解析式	可设 $i_R=\sqrt{2}I_R\sin(\omega t+\psi_i)$ 为方便起见，设 $i_R=\sqrt{2}I_R\sin\omega t$	设 $i_L=\sqrt{2}I_L\sin\omega t$	可设 $u_C=\sqrt{2}U_C\sin\omega t$ 为方便起见，设 $u_C=\sqrt{2}U_C\sin(\omega t-90°)$
	代入基本关系式，得电压（电流）解析式	$u_R=\sqrt{2}I_R R\sin\omega t$ $=\sqrt{2}U_R\sin\omega t$	$u_L=\sqrt{2}\omega L I_L\sin(\omega t+90°)$ $=\sqrt{2}U_L\sin(\omega t+90°)$	$i_C=\sqrt{2}\omega C U_C\sin\omega t$ $=\sqrt{2}I_C\sin\omega t$
解析式分析电压电流关系	引入物理量	电阻 R：交流电路中对电流的阻碍作用只与 R 有关，与电源频率无关	感抗：$X_L=\omega L$ （单位：Ω）$X_L\propto\omega$ "通低阻高"	容抗：$X_C=\dfrac{1}{\omega C}$ （单位：Ω）$X_C\propto\dfrac{1}{\omega}$ "隔直通交"
	结论（三要素关系）｜频率关系	同频率	同频率	同频率
	相位关系	同相位	u_L 的相位超前 i_L90°	u_C 的相位滞后 i_C90°
	有效值关系	$U_R=I_R R$	$U_L=X_L I_L$	$U_C=X_C I_C$
波形图				
相量式		因为 $\dot{I}_R=I$，$U_R=RI$ 所以 $\dot{U}_R=R\dot{I}_R$	因为 $\dot{I}_L=I_L$，$\dot{U}_L=X_L I_L$ $\angle 90°=jX_L I_L$ 所以 $\dot{U}_L=jX_L\dot{I}_L$	因为 $\dot{U}_C=U_C\angle-90°=$ $-jU_C$，$I_C=\dfrac{U_C}{X_C}$ 所以 $\dot{U}_C=-jX_C\dot{I}_C$
相量图				

研究的电路 研究内容		电阻电路	电感电路	电容电路
功率	瞬时功率 （$p = ui$，将 u、i 的表达 式代入）	$p_R = U_R I_R = -U_R I_R \cos\omega t$	$p_L = U_L I_L \sin 2\omega t$	$p_C = -U_C I_C \sin 2\omega t$
	有功功率 （单位为 W 平均功率 $P =$ $\dfrac{1}{T}\displaystyle\int_0^T p\mathrm{d}t$）	$P_R = U_R I_R = I_R^2 R = \dfrac{U_R^2}{R}$	0	0
功率	无功功率 （用瞬时功 率的最大值 衡量储能元 件和电源之 间的能量交 换规模，单 位为 var）	0	$Q_L = U_L I_L = I_L^2 X_L = \dfrac{U_L^2}{X_L}$	$Q_C = -U_C I_C = -I_C^2 X_C = -\dfrac{U_C^2}{X_C}$ 负号是电容无功功率的标志，用以区别于电感的无功功率；无功功率的绝对值才说明电容元件吞吐能量的规模

【例 4-2-1】　220 V、50 Hz 的电压电流分别加在电阻器、电感器和电容器负载上，此时它们的电阻值、感抗值、容抗值均为 22 Ω，试分别求出 3 个元件中的电流，写出各电流的瞬时值表达式，并以电压为参考相量画出相量图。若电压的有效值不变，频率由 50 Hz 变到 500 Hz，重新回答以上问题。

解： $\dot{U} = 200\angle 0°$ V。当 $f = 50$ Hz 时，

$$\dot{I}_R = \frac{\dot{U}}{R} = \frac{220\angle 0°}{22}\text{ A} = 10\angle 0°\text{ A}$$

$$\dot{I}_L = \frac{\dot{U}}{\mathrm{j}X_L} = \frac{220\angle 0°}{\mathrm{j}22}\text{ A} = 10\angle -90°\text{ A}$$

$$\dot{I}_C = \frac{\dot{U}}{(-\mathrm{j}X_C)} = \frac{220\angle 0°}{-\mathrm{j}22}\text{ A} = 10\angle 90°\text{ A}$$

所以

$$i_R = 10\sqrt{2}\sin 314t\text{ A}$$
$$i_L = 10\sqrt{2}\sin(314t - 90°)\text{ A}$$
$$i_C = 10\sqrt{2}\sin(314t + 90°)\text{ A}$$

当 $f = 500$ Hz 时，

$$R = 22\ \Omega,\quad X_{\mathrm{L}} = 2\pi fL = 220\ \Omega,\quad X_{\mathrm{C}} = \dfrac{1}{2\pi fC} = 2.2\ \Omega,$$

所以
$$i_{\mathrm{R}} = 10\sqrt{2}\sin 3140t\ \mathrm{A}$$
$$i_{\mathrm{L}} = \sqrt{2}\sin(3140t - 90°)\ \mathrm{A}$$
$$i_{\mathrm{C}} = 100\sqrt{2}\sin(3140t + 90°)\ \mathrm{A}$$

相量图如图 4-2-1 所示。

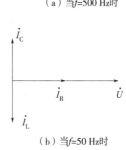

(a) 当 f=500 Hz 时

(b) 当 f=50 Hz 时

图 4-2-1　【例 4-2-1】相量图

【**例 4-2-2**】　正弦交流电路如图 4-2-2 所示，已知，电流表 A_3 的读数为 5 A，且 $X_{\mathrm{L}} = X_{\mathrm{C}} = R$，试问电流表 A_1 和 A_2 的读数各为多少？

解：用相量图求解。下面介绍通过作相量图求解简单电路的步骤：

（1）选择参考相量：参考相量原则上可以任选某一电压或电流（往往选已知的电压或电流），但为解题方便通常会进行如下的选择：

①串联电路选电流；

②并联电路选电压；

③混连电路选并联部分两端的电压。

（2）列相量方程：根据 KVL、KCL 列出所需要的相量方程。

（3）画相量图：根据基本元件及典型电路的电压、电流相位关系，由相量方程按矢量的合成画出由相关相量组成的相量图。

（4）根据相量图中边、角的几何关系得到相关正弦量的有效值、相位的关系，求出待求量。

此例题可令 $\dot{U} = U$，由 KCL 列相量形式方程

$$\dot{I}_1 = \dot{I}_{\mathrm{R}} + \dot{I}_{\mathrm{L}} + \dot{I}_{\mathrm{C}}$$

由于电阻器电压与电流同相，电感器电压超前电流 $\pi/2$，而电容器电压滞后电流 $\pi/2$，则画出相量图如图 4-2-2（b）所示。由相量图得

$$I_2 = \sqrt{I_{\mathrm{R}}^2 + I_{\mathrm{C}}^2} = \sqrt{5^2 + 5^2}\ \mathrm{A} = 5\sqrt{2}\ \mathrm{A}$$
$$I_1 = \sqrt{I_{\mathrm{R}}^2 + I_{\mathrm{C}} - I_{\mathrm{L}}^2} = I_{\mathrm{R}} = 5\ \mathrm{A}$$

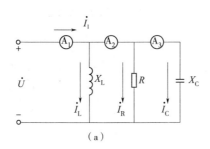
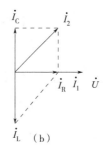

图 4-2-2　【例 4-2-2】图

二、典型简单正弦交流电路分析

1. 简单串联电路分析

下面亦采用表格的形式（见表4-2-2）以 *RL* 串联、*RC* 串联、*RLC* 串联电路为例，由基本元件的相量关系及基尔霍夫定律分析简单正弦交流电路端电压与端电流有效值关系及相位关系，并同时引入复阻抗的概念及相量形式的欧姆定律。

表 4-2-2　简单正弦交流电路分析

研究的内容 ＼ 研究的电路	*RL* 串联电路	*RC* 串联电路	*RLC* 串联电路
电路图			
列 KVL 方程	$\dot{U}=\dot{U}_R+\dot{U}_L$	$\dot{U}=\dot{U}_R+\dot{U}_C$	$\dot{U}=\dot{U}_R+\dot{U}_L+\dot{U}_C$
电压与电流的相量式	$\dot{U}=(R+\mathrm{j}X_L)\dot{I}$ $(\dot{U}_R=R\dot{I}_R$, $\dot{U}_L=\mathrm{j}X_L\dot{I}_L)$	$\dot{U}=(R-\mathrm{j}X_C)\dot{I}$ $(\dot{U}_R=R\dot{I}_R$, $\dot{U}_C=-\mathrm{j}X_C\dot{I}_C)$	$\dot{U}=\left[R+\mathrm{j}(X_L-X_C)\right]\dot{I}$ $(\dot{U}_R=R\dot{I}_R$, $\dot{U}_L=\mathrm{j}X_L\dot{I}_L$, $\dot{U}_C=-\mathrm{j}X_C\dot{I}_C)$
引入物理量：复阻抗 *Z*		一无源二端网络 P，定义其复阻抗为端电压与端电流的相量比，即 $Z=\dfrac{\dot{U}}{\dot{I}}$ 单位为 Ω（复阻抗不表示正弦量，故不在 Z 上面加"●"，以示与相量的区别。	
典型电路复阻抗（单个元件的复阻抗：$Z_R=R$；$Z_L=\mathrm{j}X_L$；$Z_C=-\mathrm{j}X_C$）	$Z_{RL}=R+\mathrm{j}X_L=\sqrt{R^2+X_L^2}\angle\varphi$ $\varphi=\arctan\dfrac{X_L}{R}$	$Z_{RC}=R-\mathrm{j}X_C=\sqrt{R^2+X_C^2}\angle\varphi$ $\varphi=\arctan\dfrac{-X_C}{R}$	$Z=R+\mathrm{j}(X_L-X_C)=\sqrt{R^2+{X_L-X_C}^2}\angle\varphi$ $\varphi=\arctan\dfrac{X_L-X_C}{R}$

研究的电路 研究的内容	RL 串联电路	RC 串联电路	RLC 串联电路
复阻抗的物理意义及相量形式的欧姆定律	（1）复阻抗表示。复阻抗是复数，可用代数式表示，它的实部相当于电阻的 R，虚部用 X 表示，称为电抗；也可用极坐标形式表示，它的模称为阻抗 z，辐角称为阻抗角 φ，即复阻抗 Z 可写为 $$Z = R + \mathrm{j}X = z\angle\varphi$$ z、R、X 构成阻抗三角形。 （2）复阻抗与端电压、端电流的关系： $$Z = \frac{\dot{U}}{\dot{I}} = \frac{U\angle\psi_u}{I\angle\psi_i} = \frac{U}{I}\angle\psi_u - \psi_i = \frac{U}{I}\angle\varphi_{ui}$$ $$z = \sqrt{R^2 + X^2} = \frac{U}{I}$$ $$\varphi = \varphi_{ui} = \arctan\frac{X}{R}$$ ①$U = zI$，端电压与端电流的有效值（或最大值）之间符合欧姆定律形式。 ②端电压与端电流的相位差等于电路的阻抗角。 （3）相量形式欧姆定律：选择复阻抗端电压与端电流相量参考方向为关联方向，则 $\dot{U} = Z\dot{I}$		
相量式得到电路参数与电路中电压、电流关系及总电压与各分电压之间关系	（1）有效值关系 $U = zI = \sqrt{R^2 + X_L^2}\,I = \sqrt{U_R^2 + U_L^2}$。 （2）相位关系 $\varphi_{ui} = \varphi = \arctan\frac{X_L}{R} = \arctan\frac{U_L}{U_R}$	（1）有效值关系 $U = zI = \sqrt{R^2 + X_C^2}\,I = \sqrt{U_R^2 + U_C^2}$。 （2）相位关系 $\varphi_{ui} = \varphi = \arctan\frac{-X_C}{R} = \arctan\frac{-U_C}{U_R}$	（1）有效值关系 $$U = zI = \sqrt{R^2 + (X_L - X_C)^2}$$ $$I = \sqrt{U_R^2 + (U_L - U_C)^2}。$$ （2）相位关系 $\varphi_{ui} = \varphi = \arctan\frac{X_L - X_C}{R} = \arctan\frac{U_L - U_C}{U_R}$
电路性质与电路参数关系及相量图（令 $\dot{I} = I$）	$\varphi = \varphi_{ui} = \arctan\dfrac{X}{R}$ （1）$X > 0$，$\dfrac{\pi}{2} > \varphi > 0$，端电压超前端电流 φ 角，电路呈电感性； （2）$X = 0$，$\varphi = 0$，端电压与端电流同相，电路呈电阻性； （3）$X < 0$，$-\dfrac{\pi}{2} < \varphi < 0$，端电压滞后端电流 $\lvert\varphi\rvert$ 角，电路呈电容性。 相量 $\dot{U}_R$、$\dot{U}_X$、$\dot{U}$ 构成电压三角形，与阻抗三角形构成相似三角形		

研究的内容＼研究的电路	RL 串联电路	RC 串联电路	RLC 串联电路
相量图（令 $\dot{I} = I$）	典型感性电路	典型容性电路	（a）$X_L > X_C$　（b）$X_L < X_C$　（c）$X_L = X_C$
由相量图得出总电压与各分电压关系，相位关系	$U = \sqrt{U_R^2 + U_L^2}$ $\varphi = \arctan \dfrac{U_L}{U_R}$	$U = \sqrt{U_R^2 + U_C^2}$ $\varphi = -\arctan \dfrac{U_C}{U_R}$	$U = \sqrt{U_R^2 + (U_L - U_C)^2}$ $\varphi = \arctan \dfrac{U_L - U_C}{U_R}$
引入复导纳的概念		一无源二端网络 P，定义其复导纳为端电流与端电压的相量比，即 $Y = \dfrac{\dot{I}}{\dot{U}}$。单位为 S（西［门子］）	
复阻抗与复导纳的关系	等效参数关系：由定义可知复导纳与复阻抗都是复数，表示一无源二端网络时，即可用复阻抗 $Z = R + jX$ 表示，也可用复导纳 $Y = G - jB$ 表示，根据等效条件二者满足如下关系就可进行等效变换 $$YZ = 1$$		
	等效电路图关系：无源二端网络用复阻抗表示相当于串联模型，用复导纳时相当于并联模型（一般习惯用串联模型）。 		

通过上面对简单正弦交流电路的分析，可以看到在正弦交流电路中，引入电压、电流相量及复阻抗、复导纳的概念，便得出了与直流电路非常相似的相量形式的欧姆定律和基尔霍夫定律。现将交、直流电路中基本物理量及基本定律的表达形式列于表 4-2-3 中。

由表 4-2-3 所示的基本定律及物理量之间的对应关系，我们可以推断：在分析直流电路时所得到的各种方法、定理、原理都适用于正弦交流电路的分析计算，所不同的只是要把直流电路中 E、U、I、R、G 改成交流电路中相应的相量 $\dot{E}$、$\dot{U}$、$\dot{I}$ 及复阻抗 Z、复导纳 Y。

表 4-2-3 交、直流电路中基本物理量及基本定律的表达形式

电　路	物　理　量					基　本　定　律		
						基尔霍夫 第一定律	基尔霍夫 第二定律	欧姆定律
直流电路	E	U	I	R	G	$\sum U = 0$	$\sum I = 0$	$I = \dfrac{U}{R} = GU$
正弦交流电路	$\dot{E}$	$\dot{U}$	$\dot{I}$	Z	Y	$\sum \dot{U} = 0$	$\sum \dot{I} = 0$	$\dot{I} = \dfrac{\dot{U}}{Z} = Y\dot{U}$

在简单直流电路的计算中，需要特别注意的是电阻的连接；在简单正弦交流电路的计算中，需要特别注意复阻抗的连接。

（1）复阻抗串联。单个元件的复阻抗：$Z_R = R$；$Z_L = jX_L$；$Z_C = -jX_C$。

R、L 串联：
$$Z_{RL} = R + jX_L$$

R、C 串联：
$$Z_{RC} = R - jX_C$$

R、L、C 串联：
$$Z = R + j(X_L - X_C) = R + jX$$

可见，无论 R、L、C 三个元件如何串联，串联电路的复阻抗都等于电路中各元件的复阻抗之和。若任意 n 个复阻抗串联，则电路的等效复阻抗为

$$Z = \frac{\dot{U}}{\dot{I}} = \frac{\dot{U}_1 + \dot{U}_2 + \cdots + \dot{U}_n}{\dot{I}} = \frac{\dot{U}_1}{\dot{I}} + \frac{\dot{U}_2}{\dot{I}} + \cdots + \frac{\dot{U}_n}{\dot{I}} = Z_1 + Z_2 + \cdots + Z_n$$

即串联电路的等效复阻抗等于串联的各复阻抗之和。若串联的各复阻抗分别为

$$Z_1 = R_1 + jX_1；\ Z_2 = R_2 + jX_2；\ Z_n = R_n + X_n$$

则
$$Z = R_1 + jX_1 + R_2 + jX_2 + \cdots + R_n + jX_n$$
$$= (R_1 + R_2 + \cdots + R_n) + j(X_1 + X_2 + \cdots + X_n)$$
$$= R + jX$$

式中，$R = R_1 + R_2 + \cdots + R_n$，$X = X_1 + X_2 + \cdots + X_n$ 分别为等效复阻抗 Z 的实部和虚部，分别称为电路的等效电阻和等效电抗。各串联复阻抗的电压按分压公式计算（$\dot{U}_n$ 与 $\dot{U}$ 参考方向一致），即

$$\dot{U}_n = \frac{Z_n}{Z}\dot{U}$$

（2）复阻抗并联。用正弦交流电路中的相应量代替直流电路，设有 n 个复导纳并联，，则它们的等效复导纳为

$$Y = Y_1 + Y_2 + \cdots + Y_n = G_1 - jB_1 + G_2 - jB_2 + \cdots + G_n - jB_n = G - jB$$

式中，实部 G、虚部 B 分别称为等效复导纳的等效电导和电纳。在电路图中，等效复导纳 Y 可以表示成 G 和 $-jB$ 两部分并联。

一般习惯用复阻抗来表示，如复阻抗并联电路，等效复阻抗按下式计算

$$\frac{1}{Z} = \frac{1}{Z_1} + \frac{1}{Z_2} + \cdots + \frac{1}{Z_n}$$

对于常见的 2 个复阻抗并联电路，其等效复阻抗为

$$Z = \frac{Z_1 Z_2}{Z_1 + Z_2}$$

而 Z_1 和 Z_2 中的电流可按分流公式计算（$\dot{I}_n$ 与 $\dot{I}$ 参考方向一致），即

$$\dot{I}_1 = \frac{Z_2}{Z_1 + Z_2}\dot{I} \qquad \dot{I}_2 = \frac{Z_1}{Z_1 + Z_2}\dot{I}$$

（3）复阻抗混联。复阻抗混联要注意判断哪些复阻抗是串联的，哪些复阻抗是并联的，是否存在丫-△连接。

下面举例说明如何求解简单正弦交流电路。

【例 4-2-3】 图 4-2-3（a）所示 RC 串联电路中，已知 $X_C = 10\sqrt{3}\ \Omega$ 要使输出电压滞后于输入电压 30°，求电阻 R。

解： 以 $\dot{I}$ 为参考相量，由电路可列相量方程 $\dot{U}_i = \dot{U}_o + \dot{U}_R$，由正弦交流电通过电阻、电容电路电压与电流的相位关系作电流、电压相量图，如图 4-2-3（b）所示。

已知输出电压 $\dot{U}_o$ 滞后于输入电压 $\dot{U}_i$ 30°（注意不为阻抗角），由相量图可知，总电压 $\dot{U}_i$ 滞后于电流 $\dot{I}$ 60°，即阻抗角 $\varphi_{ui} = -60°$，所以

$$R = \frac{-X_C}{\tan\varphi} = \frac{X_C}{\tan(-60°)} = \frac{-10\sqrt{3}}{-\sqrt{3}}\ \Omega = 10\ \Omega$$

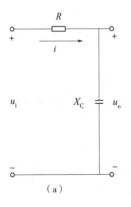
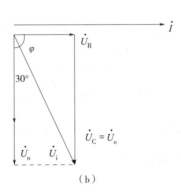

图 4-2-3 　【例 4-2-3】图

【例 4-2-4】 把一个电感线圈接到电压为 20 V 的直流电流上，测得通过线圈的电流为 0.4 A，当把该线圈接到电压有效值为 65 V 的工频交流电源上时，测得通过线圈的电流为 0.5 A。试求该电感线圈的参数 R 和 L。

解： 因为电感线圈接到直流电源上时感抗等于零，所以

$$R = \frac{U}{I} = \frac{20}{0.4}\ \Omega = 500\ \Omega$$

接到工频交流电源上时，电路阻抗为

$$z = \frac{U'}{I'} = \frac{65}{0.5}\ \Omega = 130\ \Omega$$

由

$$z = \sqrt{R^2 + X_L^2}$$

得

$$X_L = \sqrt{z^2 - R^2} = \sqrt{130^2 - 50^2}\ \Omega = 120\ \Omega$$

由

$$X_L = 2\pi f L$$

得

$$L = \frac{X_L}{2\pi f} = \frac{120}{314}\ \text{H} = 0.382\ \text{H}$$

【例 4-2-5】　图 4-2-4（a）所示为 RC 移相电桥电路。相等的 2 个电阻器 R_1、R_2 串联，固定电容器 C 与可调电阻器 R 串联，2 个串联支路都接至输入的正弦交流电压 u_{ab}。以 c、d 间的电压为输出电压，试分析输出电压是怎样随 R 的变化而变化的？

解：本题既可以通过作相量图进行分析计算，也可直接利用复阻抗串、并联和基本定律计算出结果，下面主要讲计算方法，给出相量图。

由 KVL 得

$$\dot{U}_{cd} = \dot{U}_{ca} + \dot{U}_{ad}$$

其中

$$\dot{U}_{ca} = -\dot{I}_1 R_1 = -\frac{\dot{U}_{ab}}{R_1 + R_2} R_1 = -\frac{1}{2}\dot{U}_{ab}, \quad \dot{U}_{ad} = \dot{I}_2 R = \frac{\dot{U}_{ab}}{R - jX_C} R$$

所以

$$\dot{U}_{cd} = -\frac{1}{2}\dot{U}_{ab} + \frac{R}{R - jX_C}\dot{U}_{ab} = \frac{1}{2}\dot{U}_{ab}\frac{R + jX_C}{R - jX_C}$$

$$= \frac{1}{2}\dot{U}_{ab}\frac{\sqrt{R^2 + X_C^2}\angle \arctan\dfrac{X_C}{R}}{\sqrt{R^2 + X_C^2}\angle -\arctan\dfrac{X_C}{R}}$$

$$= \frac{1}{2}\dot{U}_{ab}\angle 2\arctan\frac{X_C}{R}$$

显然输出电压有效值 $U_{cd} = \dfrac{1}{2}U_{ab}$ 不随 R 的变化而变，而输出电压相对输入电压的相位差为 $\varphi = 2\arctan\dfrac{X_C}{R}$ 随 R 的变化在（0，π）范围内改变。

此题相量图如图 4-2-4（b）所示，从相量图中可以很快得到上面的结论。

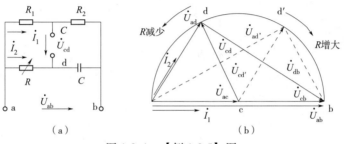

图 4-2-4　【例 4-2-5】图

2. 典型谐振电路分析

谐振电路在电子技术中应用很广。所谓谐振，是指含电容器和电感器的线性无源二端网络对某一频率的正弦激励（达稳态时）所表现的端电压与端电流同相的现象。谐振时网络的阻抗角为零，网络为电阻性，因此，谐振的条件是网络复阻抗的虚部为零（或复导纳的虚部为零）即

$$X = 0 \ 或 \ B = 0 \tag{4-2-1}$$

谐振现象广泛应用于无线电技术和有线通信方面，在某些场合又必须防止发生谐振。下面以 RLC 串联电路及 RL 串联再与 C 并联电路为例，在表 4-2-4 中讨论谐振条件及特点等相关的问题。

表 4-2-4　典型谐振电路分析

研究的问题 ＼ 研究的电路	RLC 串联电路	RL 串联再与 C 并联电路
电路图		
复阻抗（或复导纳）	$Z = R + \mathrm{j}(X_L - X_C)$	$Y_1 = \dfrac{1}{Z_1} = \dfrac{1}{R + \mathrm{j}\omega L}$ $Y_2 = \dfrac{1}{Z_2} = \mathrm{j}\omega C$ $Y = Y_1 + Y_2 = \dfrac{R}{R^2 + (\omega L)^2} +$ $\mathrm{j}\left[\omega C - \dfrac{\omega L}{R^2 + (\omega L)^2}\right]$
谐振条件（令 $X = 0$ 或 $B = 0$）	$\omega L = \dfrac{1}{\omega C}$ 固有频率（调谐）：$f_0 = \dfrac{1}{2\pi \sqrt{LC}}$ 引入：特征阻抗（Ω）$\rho = \omega_0 L = \dfrac{1}{\omega_0 C} = \sqrt{\dfrac{L}{C}}$ 品质因数：$Q = \dfrac{\rho}{R}$	$C = \dfrac{L}{R^2 + (\omega L)^2}$ $\omega_0 = \sqrt{\dfrac{1}{LC} - \dfrac{R^2}{L^2}}$ 一般 $R \ll \omega L$ $\omega_0 = \dfrac{1}{\sqrt{LC}}$

研究的电路 / 研究的问题	RLC 串联电路	RL 串联再与 C 并联电路
谐振特点	（1）阻抗最小。不论调节何种参数使电路达到谐振，都有 $z_0 = \sqrt{R^2 + (X_L - X_C)^2} = R = z_{\min}$。 （2）谐振电流最大：$I_0 = \dfrac{U}{z_0} = \dfrac{U}{R} = I_{\min}$。 （3）电感器与电容器两端的电压为 $$U_{L0} = U_{C0} = I_0 \rho = \dfrac{\rho}{R} U = QU。$$ 一般 $Q = 200 \sim 500$，所以电感电压和电容电压有时比电源电压要大得多，即谐振时 L 和 C 上可能产上过电压。因此，串联谐振又称电压谐振。 （4）谐振曲线： ①频率特性：电路中感抗、容抗、阻抗及阻抗角随频率变化特性。 注意在 $\omega > \omega_0$、$\omega = \omega_0$、$\omega < \omega_0$ 时电路的性质。 ②电流谐振曲线。若谐振电路端电压的有效值为 U，则电路中电流的有效值为 $$I = \dfrac{U}{z} = \dfrac{U}{\sqrt{R^2 + \left(\omega L - \dfrac{1}{\omega C} \right)^2}}$$ 串联谐振电路的频率特性曲线 I 随 ω 的变化曲线如下图所示。 从电流谐振曲线可看出，RLC 串联电路的 U 一定时，ω 越接近 ω_0，电流越大；ω 越偏离 ω_0，电流越小。可以说，ω 越接近 ω_0 的电流越容易通过，ω 越偏离 ω_0 的电流越不容易通过。网络具有的这种选择接近于谐振频	调节电容 C 并联谐振特点： （1）谐振阻抗。当 ω、R、L 一定，通过改变电容调谐时，并不会影响电路总阻抗的大小，它仍为定值。并且可以通过数学证明，该定值为极大值。当 $C = \dfrac{L}{R^2 + (\omega L)^2}$ 时，$z_0 = \dfrac{L}{RC} = z_{\max}$，即改变电容调谐时，电路的最大阻抗只由电路参数决定，而与外加电源频率无关。 （2）谐振时各支路电流。由于改变电容调谐时电路的阻抗最大，因此电路的总电流为最小值，其大小为 $$I_0 = \dfrac{U}{z_0}$$ 改变电源频率或电感调谐时，也可以通过数学证明，当电路达到谐振时，其总阻抗并非最大，总电流也不是最小。 并联谐振时的相量图如下图所示。 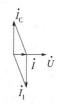 由于 $R \ll \omega L$，谐振时电容支路的电流 $$I_C = I_1 \sin \varphi_{RL} \approx I_1$$ 所以谐振时电容支路与电感支路的电流为 $$I_1 \approx I_C = \dfrac{U}{X_C} = \omega_0 CU = I_0 z_0 \omega_0 C = \dfrac{L}{RC}$$ $$\omega_0 C I_0 = \dfrac{\omega_0 L}{R} I_0 = Q_L I_0$$

研究问题＼研究电路	RLC 串联电路	RL 串联再与 C 并联电路
谐振特点	率附近的电流的性能，在无线电技术中，称为"选择性"。选择性与电路的品质因数 Q 有关，品质因数 Q 越大，电流谐振曲线越尖锐，选择性越好，这是 Q 称为品质因数的一个原因，但并不是越大越好。 ③串联谐振电路的通频带。在电路的电流谐振曲线上，电流不小于谐振电流 I_0 的 $1/\sqrt{2}$ 的频率范围为电路的通频带，并用 BW 表示。 $$BW = f_2 - f_1 \approx \frac{f_0}{Q}$$ 串联谐振电路的通频带 BW 与电路的品质因数成反比。Q 值越高，电路的选择性越好，但是通频带越窄；反之，Q 值越低，通频带越宽，电路的选择性越差。所以，在实际应用中，应根据需要，或有所侧重，或二者兼顾。 串联谐振电路的通频带	式中，$Q_L = \frac{\omega_0 L}{R}$ 定义为线圈的品质因数，一般 $Q_L \gg 1$，谐振时电容器与线圈电流比端口电流大得多。可见，并联谐振时可能出现过电流现象，所以并联谐振又称电流谐振。 信号源内阻较大时，如应用串联谐振电路，电路的品质因数将较小，选择性差。因 $Q' = \frac{\rho}{R'} = \frac{\rho}{R + R_S} < \frac{\rho}{R} = Q$，$R_S$ 为信号源内阻。对高内阻的信号源，需采用并联谐振电路，实际并联谐振电路由线圈和电容器并联而成

【例 4-2-6】 如图 4-2-5（a）所示正弦电路中，当该电路处于谐振状态时，电流表 A_1 和 A_2 的读数分别为 13 A 和 5 A。求电流表 A 的读数。

解： 此题利用谐振的概念，借助相量图进行分析。

（1）选择参考相量：令 $\dot{U}_{ab} = U_{ab}$。

（2）列 KVL、KCL 方程：$\dot{U} = \dot{U}_{R1} + \dot{U}_{ab} = \dot{I}R + \dot{U}_{ab}$，$\dot{I} = \dot{I}_1 + \dot{I}_2$。

（3）画相量图：根据题意，该电路处于谐振状态，则总电压 $\dot{U}$ 与总电流 $\dot{I}$ 同相，由电压相量方程可知相量 $\dot{U}$、$\dot{I}$、$\dot{U}_{ab}$ 同相，$\dot{I}_2$ 超前 $\dot{U}_{ab}90°$，$\dot{I}_1$ 滞后 $\dot{U}_{ab}$，$\dot{I}_1$、$\dot{I}_2$ 合成后为 $\dot{I}$，由于与 $\dot{U}_{ab}$ 同相，所以 $\dot{I}_1$、$\dot{I}_2$ 和 $\dot{I}$ 构成直角三角形，如图 4-2-5（b）所示。

（4）由相量图：$I = \sqrt{I_1^2 - I_2^2} = \sqrt{13^2 - 5^2}$ A = 12 A。

＊3. 复杂正弦交流电路分析

复杂正弦交流电路的分析所用到的方法与直流电路一致，只需按表 4-2-3 对交直流相关量进行替换，方程及符号法则完全不变。可视具体电路用节点电压法、复阻抗的丫-△等效变换、电源的等效变换及戴维南定理等变换电路的方法求解，下面举例说明。

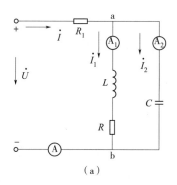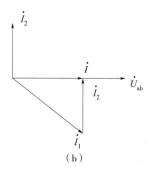

图 4-2-5 【例 4-2-6】图

【例 4-2-7】 试用节点电压法和戴维南定理求图 4-2-6（a）所示电路中的电流 $\dot{I}$。

解：（1）用节点电压法。由节点电压方程

$$\dot{U}_{ab} = \frac{\sum \dot{I}_{Sa}}{\sum \dfrac{1}{Z}}$$

得

$$\dot{U}_{ab} = \frac{\dfrac{100\angle 0°}{5+j5} + \dfrac{100\angle 53.1°}{5-j5}}{\dfrac{1}{5+j5} + \dfrac{1}{-j5} + \dfrac{1}{5-j5}}$$

解得

$$\dot{U}_{ab} = (30 - j10) \text{ V}$$

所以

$$\dot{I} = \frac{\dot{U}_{ab}}{-j5} = \frac{30-j10}{-j5} \text{ A} = 6.32\angle 71.6° \text{A}$$

（2）用戴维南定理：将待求支路断开，求开路电压 $\dot{U}_{abo}$，如图 4-2-6（b）所示，则

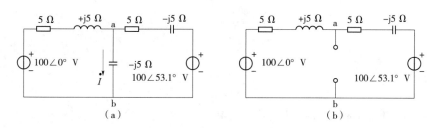

图 4-2-6 【例 4-2-10】图

$$\dot{U}_S = \dot{U}_{abo} = \left[-\frac{100\angle 0° - 100\angle 53.1°}{5+j5+5-j5}(5+j5) + 100\angle 0° \right] \text{ V}$$

$$= \left[(-10+6+j8)(5+j5) + 100 \right] \text{ V} = (40+j20) \text{ V}$$

等效内复阻抗为

$$Z_S = Z_{ab} = \frac{(5+j5)(5-j5)}{5+j5+5-j5} \Omega = 5 \text{ }\Omega$$

所以

$$\dot{I} = \frac{\dot{U}_S}{Z_S - j5} = (2 + j6) \text{ A} = 6.32 \angle 71.6° \text{ A}$$

三、正弦交流电路功率及功率因数的提高

1. 正弦交流电路的功率及功率因数

（1）瞬时功率。图 4-2-7（a）所示为电路中一个二端网络，选择电压与电流参考方向为关联方向，且设电流为参考正弦量，即设 $i = \sqrt{2}I\sin\omega t$。

则电压可表示为

$$u = \sqrt{2}U\sin(\omega t + \varphi)$$

式中，φ 为电压 u 超前于电流 i 的相位差，亦即该网络的阻抗角。

网络在任一瞬间吸收的功率，即瞬时功率为

$$p = ui = 2UI\sin(\omega t + \varphi)\ \sin\omega t$$

化简得

$$p = UI\cos\varphi(1 - \cos2\omega t) + UI\sin\varphi\sin2\omega t \tag{4-2-2}$$

其波形图如图 4-2-7（b）所示。

瞬时功率有时为正值，有时为负值，表示网络有时从外部接受能量，有时向外部发出能量。如果所考虑的二端网络内不含有独立源，这种能量交换的现象就是网络内储能元件所引起的。

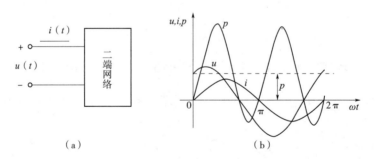

（a）   （b）

图 4-2-7　二端网络及其瞬时功率波形图

（2）有功功率。将瞬时功率的表达式（4-2-2）代入有功功率的定义式

$$P = \frac{1}{T}\int_0^T p\,\mathrm{d}t$$

可得网络吸收的有功功率为

$$P = UI\cos\varphi \tag{4-2-3}$$

若二端网络为线性无源二端网络（以下讨论均为线性无源二端网络），则有功功率为

$$P = UI\cos\varphi = U_R I = P_R$$

即电路的有功功率为电阻器消耗的功率。这是因为电路中只有电阻器是耗能元件，电感器和电容器都是储能元件，只进行能量的"吞吐"而不消耗能量。可以证

明，对于任意无源二端网络，其有功功率等于该网络内所有电阻的有功功率之和，也等于各电源输出的有功功率之和。

（3）无功功率。由于储能元件的存在，网络与外部一般会有能量的交换，能量交换的规模仍可用无功功率来衡量，其定义为

$$Q = UI\sin\varphi \qquad (4\text{-}2\text{-}4)$$

可以证明，对于任意线性无源二端网络，其无功功率等于该网络内所有电感器和电容器的无功功率之和，也等于各电源输出的无功功率之和。当网络为感性时，阻抗角 $\varphi > 0$，无功功率 $Q > 0$；当网络为容性时，阻抗角 $\varphi < 0$，无功功率 $Q < 0$。

$$Q = UI\sin\varphi = \sum \left(Q_L + Q_C \right)$$

式中，$Q_L = U_L I$，$Q_C = -U_C I$。

需要指出的是：

①无功功率的正负只说明网络是感性还是容性，绝对值 $|Q|$ 才体现网络对外交换能量的规模。电感器和电容器无功功率的符号相反，标志它们在能量吞吐方面的互补作用。它们互相补偿，可以限制网络对外交换能量的规模。以 R、L、C 串联电路为例，由于串联电路各元件的电流相同，但电容器和电感器的电压反相，因此，两元件的瞬时功率符号相反。当其中一个元件吸收能量同时，另一个元件恰恰在释放能量，一部分能量只在两元件之间往返转移，电路整体与外部交换能量的规模也就相对缩小了。

②许多电气设备，如电动机、电焊机、变压器、荧光灯镇流器等等，都具有电感线圈，为了建立磁场，发电厂必须向它们提供一定的无功功率，无功功率供给不足，很多电气设备就不能正常工作，甚至遭到损坏。

（4）视在功率。由于网络对外有能量的交换，因此，使网络的有功功率小于电压、电流有效值的乘积，即

$$P = UI\cos\varphi < UI$$

此时乘积 UI 虽不是已经实现的有功功率，却是一个有可能达到的"目标"（有可能实现的最大有功功率），故称电压有效值与电流有效值的积为网络的视在功率，用 S 表示，即

$$S = UI \qquad (4\text{-}2\text{-}5)$$

为区别于有功功率，视在功率不用瓦（W）而用伏·安（V·A）为单位。视在功率表征电源提供的总功率，也用来表示交流电源的容量。发电机、变压器等电源容量就是用视在功率来描述，它等于额定电压与额定电流的乘积。有功功率和无功功率可分别用视在功率表示为

$$P = UI\cos\varphi = S\cos\varphi$$
$$Q = UI\sin\varphi = S\sin\varphi \qquad (4\text{-}2\text{-}6)$$

由式（4-2-5）可以看出，视在功率 S、有功功率 P 与无功功率 Q 构成一个直角三角形，称为功率三角形。由功率三角形可得

$$S = \sqrt{P^2 + Q^2} \qquad (4\text{-}2\text{-}7)$$

实际上，功率三角形也可以由电压三角形各边乘以 I 得到。所以电压三角形、阻抗三角

形、功率三角形均为相似三角形。为了便于记忆，可将 3 个三角形画在一起，如图 4-2-8 所示。

（5）功率因数。为了表征电源功率被利用的程度，把有功功率与视在功率的比值称为网络的功率因数，用 λ 表示，即

$$\lambda = \frac{P}{S} = \cos\varphi \tag{4-2-8}$$

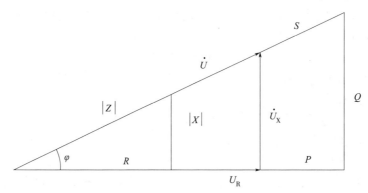

图 4-2-8　复阻抗串联模型的 3 个三角形

即无源二端网络的功率因数 λ 等于该网络阻抗角（或电压超前于电流的相位差角）φ 的余弦值，因此 φ 又称功率因数角。在无源电路中，$|\varphi| \leqslant \dfrac{\pi}{2}$，故 $0 \leqslant \cos\varphi \leqslant 1$，又因 $\cos\varphi$ 只决定于电路的参数和频率，而与电压和电流无关，所以视在功率一定的电源，向电路输出的有功功率，不由电源本身决定，而是决定于全部电路的参数。

【例 4-2-8】　某 RLC 串联电路中，电阻为 40 Ω，线圈的电感为 233 mH，电容器的电容为 80 μF，电路两端的电压 $u = 311\sin314t$ V。

试求：（1）电路的阻抗值；（2）电流的有效值；（3）各元件两端电压的有效值；（4）电路的有功功率、无功功率、视在功率；（5）电路的性质。

解：

（1）
$$X_{\mathrm{L}} = \omega L = 314 \times 233 \times 10^{-3}\ \Omega = 73.2\ \Omega$$

$$X_{\mathrm{C}} = \frac{1}{\omega C} = \frac{1}{314 \times 80 \times 10^{-6}}\ \Omega = 39.8\ \Omega$$

$$|Z| = \sqrt{R^2 + (X_{\mathrm{L}} - X_{\mathrm{C}})^2} = \sqrt{40^2 + (73.2 - 39.8)^2}\ \Omega = 52.1\ \Omega$$

（2）
$$I = \frac{U}{|Z|} = \frac{\dfrac{U_{\mathrm{m}}}{\sqrt{2}}}{|Z|} = \frac{\dfrac{311}{\sqrt{2}}}{52.1}\mathrm{A} = 4.2\ \mathrm{A}$$

（3）
$$U_{\mathrm{R}} = RI = 40 \times 4.2\ \mathrm{V} = 168\ \mathrm{V}$$

$$U_{\mathrm{L}} = X_{\mathrm{L}}I = 73.2 \times 4.2\ \mathrm{V} = 307.4\ \mathrm{V}$$

$$U_{\mathrm{C}} = X_{\mathrm{C}}I = 39.8 \times 4.2\ \mathrm{V} = 167.2\ \mathrm{V}$$

（4）
$$P = I^2R = 4.2^2 \times 40\ \mathrm{W} = 705.6\ \mathrm{W}$$

$$Q = (X_{\mathrm{L}} - X_{\mathrm{C}})I^2 = (73.2 - 39.8) \times 4.2^2\ \mathrm{var} = 589.2\ \mathrm{var}$$

$$S = UI = \frac{311}{\sqrt{2}} \times 4.2 \text{ V} \cdot \text{A} = 923.8 \text{ V} \cdot \text{A}$$

（5）由于 $X_L > X_C$，电路呈电感性质。

2. 功率因数的提高及负载获得最大功率的条件

（1）提高功率因数的意义：

① 充分利用能源。$P = S\cos\varphi$，其中 S 为发电设备可以提供的最大有功功率，但是供电系统中的感性负载（发电机、变压器、镇流器、电动机等）常常会使得 $\cos\varphi$ 减小，从而造成 P 下降，能量不能充分利用。

② 减少电路与发电机绕组的功率损耗。由于 $P = UI\cos\varphi$，所以 $I = \dfrac{P}{U\cos\varphi}$，即在输电功率与输电电压一定的情况下，$\cos\varphi$ 越小，输电电流越大。而当输电电路电阻为 r 时，输电损耗 $\Delta p = I^2 r$，因此提高 $\cos\varphi$，可以二次方地降低输电损耗。这对于节能及保护用电设备有重大的意义。

（2）提高感性负载电路的功率因数：

① 提高功率因数的条件。在电力系统中，大多数负载是感性负载，应在不改变感性负载的有功功率及工作状态的前提下，提高负载所在电路的功率因数。

② 方法。在感性负载两端并联一定大小的电容器。

③ 实质。减少电源供给感性负载用于能量互换的部分，使得更多的电源能量消耗在负载上，转化为其他形式的能量（机械能、光能、热能等）。

④ 相量分析。图 4-2-9（a）所示为一感性负载的电路模型，由 R 与 L 串联组成。

设感性负载的功率因数 $\lambda_1 = \cos\varphi_1$，未并联 C 时，$\dot{I}_1 = \dot{I}$；并联 C 后，功率因数 $\lambda_2 = \cos\varphi_2$，这时 $\dot{I} = \dot{I}_1 + \dot{I}_C$，如图 4-2-9（b）所示。由相量图可以看到，感性负载的电压、电流、有功功率均未变化，但是电路总电流有变化。

$$I_C = I_1\sin\varphi_1 - I\sin\varphi_2 = \frac{P}{U\cos\varphi_1}\sin\varphi_1 - \frac{P}{U\cos\varphi_2}\sin\varphi_2 = \frac{P}{U}(\tan\varphi_1 - \tan\varphi_2)$$

而

$$I_C = \frac{U}{X_C} = \omega C U$$

所以

$$C = \frac{I_C}{\omega U} = \frac{P}{\omega U^2}(\tan\varphi_1 - \tan\varphi_2) \tag{4-2-9}$$

式（4-2-9）就是将 $\lambda_1 = \cos\varphi_1$ 提高到 $\lambda_2 = \cos\varphi_2$ 时所应当并联的电容值的计算公式。

在工程实际中，往往不需要直接求电容器的电容量，而是从无功功率出发，求并联电容器能补偿的无功功率，因此可将式（4-2-9）进一步推导，可得

$$Q_C = \frac{U^2}{X_C} = \omega C U^2 = P(\tan\varphi_1 - \tan\varphi_2) \tag{4-2-10}$$

制造厂常对所生产的电容器标明其额定电压和额定无功功率 Q_C，因此可利用式（4-2-10）计算的结果来直接选择电容器。

从上面的分析可知，并联电容器以后，提高的是网络整体的功率因数，并不是指提高感性负载的功率因数。

（3）正弦交流电路的最大功率。在交流电路中，设负载复阻抗 $Z = z\angle\varphi = R + jX$，由给定电源供电，电源模型为正弦电压源 $\dot{U}_S$ 与内复阻抗 $Z_S = z_S\angle\varphi_S = R_S + jX_S$ 串联，如图4-2-10所示。下面分析2种情况下负载获得最大功率的条件。

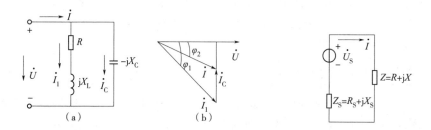

图4-2-9　功率因数提高电路图及相电图　　　图4-2-10　交流负载及等效电源模型

①负载电阻 R 和电抗 X 分别可调。图4-2-10所示电路中，负载吸收的功率为

$$P = I^2 R = \frac{U_S^2 R}{(R + R_S)^2 + (X + X_S)^2} \tag{4-2-11}$$

先固定负载电阻 R 为某一值，调节负载电抗 X，则当 $X = -X_S$ 时，式（4-2-11）中的分母最小，功率 P 取得这一 R 值下的相对最大值为

$$P = \frac{U_S^2 R}{(R + R_S)^2} = \frac{U_S^2 R}{(R - R_S)^2 + 4RR_S} = \frac{U_S^2}{\dfrac{(R - R_S)^2}{R} + 4R_S}$$

然后，保持 $X = -X_S$ 不变，再调节负载电阻 R，显然当 $R = R_S$ 时，负载功率达到最大值

$$P_{\max} = \frac{U_S^2}{4R_S} \tag{4-2-12}$$

可见，当负载电阻 R 和电抗 X 分别可调时，负载从给定电源获得最大功率的条件是

$$\begin{cases} R = R_S \\ X = -X_S \end{cases} \text{或 } Z = Z_S^* \tag{4-2-13}$$

即负载复阻抗 Z 与电源内（复）阻抗 Z_S 为共轭复数，这种情况常被称为共轭匹配。此时电源的供电效率

$$\eta = \frac{I^2 R}{I_S^2 (R + R_S)} \times 100\% = \frac{R_S}{2R_S} \times 100\% = 50\%$$

即电源提供的能量只有一半为负载所用，另一半损耗在电源内阻 R_S 上。在小功率情况下，如电子或通信系统中，效率问题并不突出；但在电力系统中如此低的供电效率不仅是能源的浪费，而且，电源内阻上过大的损耗还危及电源设备的安全，因而是绝不可取的。

②负载复阻抗的模可调，而阻抗角不可调。将 $\begin{cases} R = z\cos\varphi \\ X = z\sin\varphi \end{cases}$ 和 $\begin{cases} R_S = z_S\cos\varphi_S \\ X_S = z_S\sin\varphi_S \end{cases}$ 代入式（4-2-11）

得到 P 随 z 变化的函数关系，经过对 z 求导计算，可得负载获得最大功率的条件为

$$z = z_S$$

此时负载获得的功率为

$$P_{max} = \frac{U_S^2 \cos\varphi}{2z\left[1 + \cos\left(\varphi - \varphi_S\right)\right]} \tag{4-2-14}$$

纯电阻负载的阻抗角 $\varphi = 0$，即属这种情况。

【例 4-2-9】　标有"220 V　40 W"的荧光灯接于 20 V 的工频交流电源上。现要使其功率因数由 0.5 提高到 0.9，试问应并联多大的电容器？

解： 由 $\cos\varphi_1 = 0.5$，得 $\tan\varphi_1 = 1.732$，由 $\cos\varphi_2 = 0.9$，得 $\tan\varphi_2 = 0.484$。

代入公式 $C = \dfrac{P}{\omega U^2}\left(\tan\varphi_1 - \tan\varphi_2\right) = \dfrac{40}{314 \times 220^2}\left(1.732 - 0.484\right)$ F $= 3.28\ \mu\text{F}$。

【例 4-2-10】　已知某正弦信号源的内阻 $R_S = 60\ \Omega$，其负载 $R_L = 600\ \Omega$，为了使负载获得最大功率，可以在信号源与负载间插入一 LC 网络，如图 4-2-11 所示。已知信号源的频率 $\omega = 5 \times 10^7\text{rad/s}$，试求 L 和 C 的值。

解： 为使 R_L 获得最大功率，必须满足式（4-2-13），即

$$Z = \frac{R_L \dfrac{1}{j\omega C}}{R_L + \dfrac{1}{j\omega C}} + j\omega L = Z_S^* = R_S$$

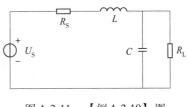

图 4-2-11　【例 4-2-10】图

代入已知数据，可得 $L = 3.6\ \mu\text{H}$，$C = 100\ \text{pF}$（图中 U_S 要用相量）。

 任务实施与评价

下面进行荧光灯电路的安装与测试。

一、实施步骤

1. 荧光灯电路接线与测量

按图 4-2-12 所示，正确用图 4-2-13 所示的实验面板及仪表，安装荧光灯电路。负载为 220 V、30 W 的白炽灯，L 为镇流器，A 为荧光灯管。

经指导教师检查后接通实验台电源，调节自耦调压器的输出，使其输出电压缓慢增大，直到荧光灯刚启辉点亮为止，记下 3 块表的指示值。然后将电压调至 220 V，测量功率 P，电流 I，电压 U，U_L，U_A 等值，并记录在表 4-2-5 中，验证电压、电流相量关系。

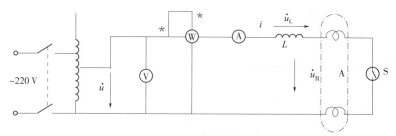

图 4-2-12 荧光灯电路的接线与测试图

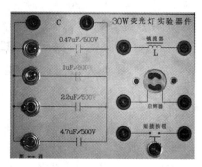

图 4-2-13 荧光灯电路实验面板、电源及仪表

表 4-2-5 荧光灯电路测试与计算数据

测 量 数 值						计算值	
项目	P/W	$\cos\varphi$	I/A	U/V	U_L/V	U_A/V	R/Ω	$\cos\varphi$
启辉值								
正常工作值								

2. 荧光灯电路功率因数的改善

按图 4-2-14 组成实验电路。

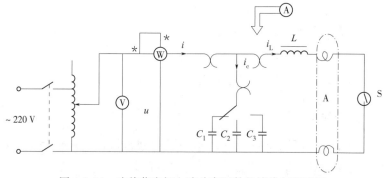

图 4-2-14 改善荧光灯电路功率因数的接线与测试图

经指导教师检查后，接通实验台电源，将自耦调压器的输出调至 220 V，记录功率表、电压表读数。通过 1 块电流表和 3 个电流插座分别测得 3 条支路的电流，改变电容值，进行 3 次重复测量，并将数据记录在表 4-2-6 中。

表 4-2-6 改善荧光灯电路功率因数的测试与计算数据

电容值/μF	测 量 数 值					计算值	
	P/W	$\cos\varphi$	U/V	I/A	I_L/A	I_C/A	I/A	$\cos\varphi$
0								
1								
2.2								
4.7								

二、任务评价

评价内容及评分如表 4-2-7 所示。

表 4-2-7 任 务 评 价

任务名称	荧光灯电路的安装与测试			
	评 价 项 目	标 准 分	评 价 分	主 要 问 题
自我评价	任务要求认知程度	10 分		
	相关知识掌握程度	15 分		
	专业知识应用程度	15 分		
	信息收集处理能力	10 分		
	动手操作能力	20 分		
	数据分析与处理能力	10 分		
	团队合作能力	10 分		
	沟通表达能力	10 分		
	合计评分			
小组评价	专业展示能力	20 分		
	团队合作能力	20 分		
	沟通表达能力	20 分		
	创新能力	20 分		
	应急情况处理能力	20 分		
	合计评分			
教师评价				
总评分				
备注	总评分 = 教师评价 50% + 小组评价 30% + 个人评价 20%			

 **知识拓展**

周期性非正弦交流电路简介

在一般情况下，电工技术中通常要求用正弦交流电，但在生产实践、科学实验和人们的日常生活中，又常需要有多种波形的非正弦电压或电流。如从语言、音乐、图像转换过来的电信号，自动控制以及电子计算机中大量使用的脉冲信号等都是非正弦交流量。

一、周期性非正弦交流量的产生

电路中产生非正弦交流量的原因主要有下列 3 种：

1. 采用非正弦交流电源

由于发电机结构和制造方面的原因，使得发电机绕组中感应出的电动势不是理想的正弦交流量，在这种电动势的作用下，电路中就产生了非正弦电流和非正弦电压。

如方波发生器，锯齿波发生器等脉冲信号源，输出的电压就是周期性非正弦电压。

2. 电路中有几个不同频率的电动势共同作用

电路中 2 个以上不同频率的电源电动势共同作用时，即使这些电源的电动势都是正弦量，电路中的总电动势也不再是正弦量，因而电路中的电压和电流也将不再是正弦量。

图 4-2-15（a）所示为在同一线性电路中 2 个频率不同的电动势的作用，其中电动势 e_1 与 e_3 分别为 $e_1 = E_{1m}\sin\omega t$，$e_3 = E_{3m}\sin3\omega t$，因此总电动势

$$e = e_1 + e_3 = E_{1m}\sin\omega t + E_{3m}\sin3\omega t$$

图 4-2-15（b）所示为这 2 个电动势的波形及合成电动势的波形。合成后所得到的电动势是周期性非正弦电动势。

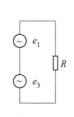 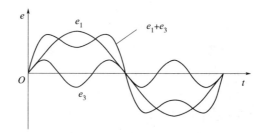

（a）不同频率作用电路　　　　（b）不同频率正弦量的合成波形

图 4-2-15　不同频率正弦量的合成

3. 电路中含有非线性元件

当电路中含有非线性元件时，即使原来所施加的电压是正弦的，电路中的电流仍然是非正弦的。比如晶体二极管是非线性元件，用它可以组成整流电路，如图 4-2-16（b）所示。当正弦交流电压［见图 4-2-16（a）］施加于整流电路两端时，经过二极管，在负载上得到的是非正弦的电压，如图 4-2-16（c）所示。

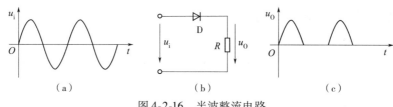

图 4-2-16 半波整流电路

二、周期性非正弦交流量的表示法

由图 4-2-15 可知，当有 2 个不同频率的正弦电动势叠加之后，得到的是一个非正弦的周期性变化的电动势。这个总电动势的频率和 e_1 的频率相同；反过来，也可以把图 4-2-15（b）中的周期性非正弦电动势分解成为 e_1 与 e_3 两个不同频率的正弦电动势。把与原来周期性非正弦电动势频率相同的 e_1 称为一次谐波，又称基波；而频率高于基波的正弦电动势称为高次谐波，图 4-2-15 中 e_3 的频率是 e 的 3 倍，称为非正弦电动势 e 的三次谐波。它们的关系写成瞬时值，则有

$$e = e_1 + e_3 = E_{1m}\sin\omega t + E_{3m}\sin 3\omega t$$

如果有更多的不同频率的正弦电动势相叠加，则得到的还是一个非正弦的周期变化电动势。同样，也可以把这个非正弦周期变化的电动势分解成一系列不同频率的正弦电动势之和。甚至还可能包含有频率为零的直流分量。因此，非正弦周期变化的电动势的一般表达式可以写成

$$e = E_0 + e_1 + e_2 + e_3 + e_4 + \cdots \tag{4-2-15}$$

式中：E_0 为直流分量（零次谐波）；e_1 为基波（一次谐波）；e_2、e_3、e_4 分别为二次谐波、三次谐波、四次谐波。

在一般情况下，基波和各次谐波的表达式为

$$e_1 = E_{1m}\sin\left(\omega t + \psi_1\right); \quad e_2 = E_{2m}\sin\left(2\omega t + \psi_2\right); \quad e_3 = E_{3m}\sin\left(3\omega t + \psi_3\right);$$

$$e_4 = E_{4m}\sin\left(4\omega t + \psi_4\right); \quad \cdots$$

式中的 E_{1m}、E_{2m}、E_{3m}、$E_{4m}\cdots$ 分别为各次谐波的最大值，而 ψ_1、ψ_2、ψ_3、$\psi_4\cdots$ 则分别为各次谐波的初相位。因此式（4-2-15）又可以写成

$$e = E_0 + E_{1m}\sin\left(\omega t + \psi_1\right) + E_{2m}\sin\left(2\omega t + \psi_2\right) + E_{3m}\sin\left(3\omega t + \psi_3\right) + E_{4m}\sin\left(4\omega t + \psi_4\right) + \cdots$$

非正弦电压和非正弦电流也可以展开成

$$u = U_0 + u_1 + u_2 + u_3 + \cdots$$

$$i = I_0 + i_1 + i_2 + i_3 + \cdots$$

式中，除 U_0 和 I_0 分别表示电压和电流的直流分量外，其余各项分别为电压和电流的不同频率正弦谐波分量。当然，在实际遇到的波形中，并非一定包含所有的分量，如方波和锯齿波谐波分量表达式分别为

$$u = \frac{4A}{\pi}\left(\sin\omega t + \frac{1}{3}\sin 3\omega t + \frac{1}{5}\sin 5\omega t + \cdots\right)$$

$$u = \frac{A}{2} - \frac{A}{\pi}\left(\sin 2\omega t + \frac{1}{2}\sin 4\omega t + \frac{1}{3}\sin 6\omega t + \cdots\right)$$

三、周期性非正弦交流量的有效值、平均值、功率、特性系数

1. 有效值

在单相交流电路中，已经定义过交流量有效值的概念。例如，周期性交流量 i 的有效值为

$$I = \sqrt{\frac{1}{T} \int_0^T i^2 \, \mathrm{d}t}$$

这个关系式对于周期性非正弦交流电动势、电压、电流同样适用。如设非正弦电流

$$i = I_0 + \sqrt{2}I_1 \sin (\omega t + \psi_{1i}) + \sqrt{2}I_2 \sin (2\omega t + \psi_{2i}) + \cdots$$

代入有效值的定义式可得非正弦交流电流的有效值为

$$I = \sqrt{I_0^2 + I_1^2 + I_2^2 + \cdots} \tag{4-2-16}$$

同理，周期性非正弦交流电动势、电压的有效值可按式（4-2-17）、式（4-2-18）计算

$$E = \sqrt{E_0^2 + E_1^2 + E_2^2 + \cdots} \tag{4-2-17}$$

$$U = \sqrt{U_0^2 + U_1^2 + U_2^2 + \cdots} \tag{4-2-18}$$

可见，周期性非正弦交流量的有效值等于它的各次谐波有效值二次方和的平方根。

计算周期性非正弦交流量的有效值时，必须注意以下几点：

（1）周期性非正弦交流量的有效值只与各次谐波的有效值有关，而与各次谐波的初相无关。

（2）周期性非正弦交流量的有效值不等于它的各次谐波有效值之和。

（3）周期性非正弦交流量的最大值和有效值之间一般不符合 $\sqrt{2}$ 的关系。

2. 平均值

工程上除了用到有效值的概念外，有时还用到平均值的概念。周期性非正弦交流量的平均值是指周期性非正弦交流量的瞬时值在一个周期内的平均值

$$I_{av} = \frac{1}{T} \int_0^T i \, \mathrm{d}t \tag{4-2-19}$$

因为直流分量 I_0 的平均值等于其本身，其余各次谐波均为正弦量，它们在一个周期内的平均值都为零，所以，周期性非正弦交流电流的平均值就等于它的直流分量，即 $I_{av} = I_0$。显然，直流分量为零的周期性非正弦交流量的平均值为零。工程技术上为了便于说明问题，常把非正弦量的绝对值在一个周期内的平均值，称为周期性非正弦交流量绝对值的平均值，即

$$I_{avj} = \frac{1}{T} \int_0^T |i| \, \mathrm{d}t \tag{4-2-20}$$

只有当非正弦量在整个周期内不改变符号时，才有 $I_{av} = I_{avj}$。

注意：一般来说，对于同一非正弦量，当用不同类型仪表进行测量时，得出的结果是不相同的。例如，用磁电式仪表（直流仪表）测量时，所得结果是被测量的直流分量，这是因为磁电式仪表的偏转角正比于 $\frac{1}{T} \int_0^T i \, \mathrm{d}t$。用电磁式或电动式仪表测量时，测得结果是

被测量的有效值，这是因为这2种仪表的偏转角正比于 $\sqrt{\dfrac{1}{T}\displaystyle\int_0^T i^2 \mathrm{d}t}$。用全波整流磁电式仪表测量时，所得结果是被测量的绝对平均值，因为这种仪表的偏转角正比于被测量的绝对平均值。在实验室中若用万用表的交流挡测量时，所得结果为有效值；用万用表的直流挡测量时，所得结果为平均值。由此可见，在测量非正弦量时，应注意选择合适的仪表，并注意各种类型仪表的读数所表示的含义。

3. 非正弦交流电路中的功率

非正弦电流通过负载时，负载要消耗功率，此功率又称平均功率。

非正弦交流电路的功率与非正弦电压和电流的各次谐波有关。理论计算和实验都已证明：只有同频率的电压和电流谐波分量（包括直流电压和直流电流）才有平均功率。不同频率的电压和电流，不产生平均功率。设电路中的电流、电压分别为

$$i = I_0 + \sqrt{2}I_1\sin(\omega t + \psi_{1i}) + \sqrt{2}I_2\sin(2\omega t + \psi_{2i}) + \cdots$$
$$u = U_0 + \sqrt{2}U_1\sin(\omega t + \psi_{1u}) + \sqrt{2}U_2\sin(2\omega t + \psi_{2u}) + \cdots$$

那么，电路中消耗的功率为

$$P = U_0I_0 + U_1I_1\cos\varphi_1 + U_2I_2\cos\varphi_2 + \cdots = P_0 + \sum_{k=1}^{\infty} U_kI_k\cos\varphi_k = P_0 + \sum_{k=1}^{\infty} P_k \quad (4\text{-}2\text{-}21)$$

式中，φ_1、$\varphi_2\cdots$为各次谐波电压与电流的相位差，$P_0 = U_0I_0$、$P_k = U_kI_k\cos\varphi_k$ 分别为基波和 k 次谐波单独作用于电路时的平均功率。式（4-2-21）表明，非正弦交流电路的平均功率等于基波和各次谐波单独作用于电路的平均功率之和。应当注意，不可因此而误以为叠加定理适用于功率的计算，因为同频率的多个激励作用于线性电路时，平均功率并不等于各激励单独作用的平均功率之和。

4. 表示波形特性的系数

对于周期性交流量，常用波形因数、波顶因数及畸变因数来表示它们的特性。

（1）波形因数。周期性交流量的有效值与绝对平均值之比称为波形因数。如果用 K_{bx}（b 表示"波"、x 表示"形"）表示电流的波形因数，则

$$K_{bx} = \frac{I}{I_{avj}} \quad (4\text{-}2\text{-}22)$$

波形越尖，波形因数越大；波形越平，波形因数越小。正弦波的波形因数 $K_{bx} = 1.11$，而矩形波的波形因数 $K_{bx} = 1$。

（2）波顶因数。周期性交流量的最大值与有效值之比称为波顶因数。如果用 K_{bd}（d 表示"顶"）表示电流的波顶因数，则

$$K_{bd} = \frac{I_m}{I} \quad (4\text{-}2\text{-}23)$$

K_{bd} 值随波形变尖而增大。正弦波的波顶因数 $K_{bd} = 1.414$，方波的波顶因数 $K_{bd} = 1$。

（3）畸变因数。周期性交流量基波的有效值与该交流量总有效值的比值称为畸变因数。如果用 K_{jb}（j 表示"畸"，b 表示"变"）表示电流的畸变因数，则

$$K_{jb} = \frac{I_1}{I} \quad (4\text{-}2\text{-}24)$$

正弦波的畸变因数 $K_{jb} = 1$。

【例4-2-11】 已知非正弦交流电路的端电压 $u = 220\sqrt{2}\sin 314t$ V，电流 $i = [0.85\sin (314t - 85°) + 0.25\sin (942t - 105°)]$ A。试求：

（1）电压、电流的有效值；

（2）电路所消耗的功率。

解：（1）电压有效值为

$$U = \sqrt{U_1^2} = 220 \text{ V}$$

电流有效值为

$$I = \sqrt{I_1^2 + I_3^2} = \sqrt{\left(\frac{0.85}{\sqrt{2}}\right)^2 + \left(\frac{0.25}{\sqrt{2}}\right)^2} \text{ A} = 0.626 \text{ A}$$

（2）电路所消耗的功率为

$$P = P_1 = U_1 I_1 \cos\varphi_1 = 220 \times \frac{0.85}{\sqrt{2}} \times \cos 85° \text{ W} = 11.5 \text{ W}$$

四、非正弦交流电路的分析计算——谐波分析法

有了非正弦量可展开为直流分量和一系列的谐波之和的知识，下面就可以对非正弦周期量作用于线性电路所激励的响应进行分析计算。对于这类电路的计算，将应用谐波分析和线性电路的基本原理——叠加原理，这种方法称为谐波分析法。分析计算的一般步骤如下：

（1）把非正弦周期量（电动势、电压、电流）分解成直流分量和各次谐波分量之和。计算时根据具体情况决定提取的项数，一般只取前几项即可。

（2）分别将直流分量和各次谐波分量作用于电路，对电路分别求解。

当直流分量作用于电路时，计算方法与直流电路相同，即电感器相当于短路，电容器相当于开路；当各次正弦谐波分量激励电路时，计算方法与正弦交流电路求解方法相同。但是这里要特别指出的是分析不同频率的谐波激励电路时，电路的电感器和电容器所呈现的电抗不同。比如电感器的电感量是 L，对于频率为 ω 的基波所呈现的感抗是 ωL，但是对于频率为 2ω 的二次谐波，所呈现的感抗就是 $2\omega L$，对于频率为 $k\omega$ 的 k 次谐波所呈现的感抗是 $k\omega L$。同样，对于电容器，对 k 次谐波所呈现的容抗为 $\frac{1}{k\omega C}$。对电阻器一般不考虑集肤效应，可认为与频率无关，对各次谐波来说其阻值都是一样的。为了避免混淆，在分析计算过程中可分别画出对应于直流分量、基波分量及高次谐波分量的电路模型。

（3）把直流分量及各次正弦谐波分量单独作用于电路的结果进行叠加，得到原来非正弦量激励电路的总的响应。在这里也必须注意，如果各次谐波分量是用相量表示，在叠加时必须化为相应的瞬时值表达式才能相加，而不能按相量相加。这是因为不同频率的相量不能在一个相量图上求相量和的缘故。

【例4-2-12】 在图4-2-17（a）所示电路中，已知 $R = 10$ Ω，$L = 0.1$ H，u 为全波整流后的电压，其波形如图4-2-17（b）所示，电压表达式可写为 $u = \frac{4 \times 100}{\pi}\left(\frac{1}{2} - \frac{1}{3}\cos 2\omega t\right)$

$-\dfrac{1}{15}\cos 4\omega t\cdots\Big)$ V。试求：

（1）电路中的电流 i；

（2）电压 U_R 和 U_L；

（3）电路中的总功率。

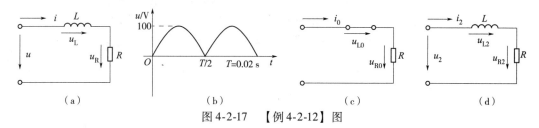

图 4-2-17 【例 4-2-12】图

解：（1）由于电压表达式级数收敛较快，所以只取到二次谐波即可，即取

$$u=\dfrac{200}{\pi}-\dfrac{400}{3\pi}\cos 2\omega t \text{ V}$$

（2）电压 u 的直流分量和二次谐波单独作用的电路模型分别如图 4-2-17（c）和图 4-2-17（d）所示。

在图 4-2-17（c）所示电路中，电感器相当于短路，故各电压、电流的直流分量分别为

$$U_{L0}=0,\ U_{R0}=U_0=\dfrac{200}{\pi} \text{ V}=63.7 \text{ V},\ I_0=\dfrac{U_{R0}}{R}=\dfrac{63.7}{10} \text{ A}=6.37 \text{ A}$$

图 4-2-17（d）所示电路为单相正弦交流电路，可用相量法进行计算。

电路的复阻抗为

$$Z_2=R+jX_L=R+j2\omega L=（10+j2\times314\times0.1）\ \Omega$$
$$=（10+j62.8）\ \Omega=63.59\angle80.95°\ \Omega$$

各电压、电流相量分别为

$$\dot{U}_2=\dfrac{400}{3\pi\sqrt{2}} \text{ V}=30.03 \text{ V}$$

$$\dot{I}_2=\dfrac{\dot{U}_2}{Z_2}=\dfrac{30.03}{63.59}\angle-80.95°\ \text{A}=0.47\angle-80.95°\ \text{A}$$

$$\dot{U}_{R2}=R\dot{I}_2=（10\times0.47\angle-80.95°）\ \text{V}=4.7\angle-80.95°\ \text{V}$$

$$\dot{U}_{L2}=jX_L\dot{I}_2=（62.8\times0.47\angle90°-80.95°）\ \text{V}=29.65\angle9.05°\ \text{V}$$

（3）各电压、电流的瞬时值分别为

$$i_2=\sqrt{2}I_2\cos（2\omega t-80.95°）\ \text{A}=0.47\sqrt{2}\cos（2\omega t-80.95°）\ \text{A}$$

$$u_{R2}=4.7\sqrt{2}\cos（2\omega t-80.95°）\ \text{V}$$

$$u_{L2}=29.65\sqrt{2}\cos（2\omega t+9.05°）\ \text{V}$$

（4）将各量的瞬时值叠加

$$i=I_0-i_2=6.37-0.47\sqrt{2}\cos（2\omega t-80.95°）\ \text{A}$$

$$u_\mathrm{R} = U_\mathrm{R0} - u_\mathrm{R2} = 63.7 - 4.7\sqrt{2}\cos\left(2\omega t - 80.95°\right)\ \mathrm{V}$$

$$u_\mathrm{L} = U_\mathrm{L0} - u_\mathrm{L2} = -29.65\sqrt{2}\cos\left(2\omega t + 9.05°\right)\ \mathrm{V} = 29.65\sqrt{2}\cos\left(2\omega t - 170.95°\right)\ \mathrm{V}$$

（5）电路中的功率为

$$P = P_0 + P_2 = U_0 I_0 + U_2 I_2 \cos\varphi_2 = \left(63.7 \times 6.37 + 30.03 \times 0.47\cos 80.95°\right)\ \mathrm{W} = 408\ \mathrm{W}$$

比较 u 和 i 可知，u 所含的高次谐波成分比电流 i 所含的高次谐波成分大，表明电流 i 的波形要比 u 的波形平坦得多。这时，因为电感器对直流或低频交流起导通作用，而对高频或交流起抑制作用。在电子技术中，常利用电感器和电容器对高、低频谐波成分的不同作用，制成各种滤波器。

五、等效正弦波

为了简化非正弦交流电路的分析计算，对其高次谐波最大值比基波最大值小得多的电路（如铁芯线圈），常在满足准确度要求的前提下，近似地把电路中的周期性非正弦量用正弦量代替，从而把非正弦交流电路简化为正弦交流电路来处理。

用来代替周期性非正弦量的正弦量，称为周期性非正弦量的等效正弦量或等效正弦波。等效正弦波应满足下列 3 个条件：

（1）等效正弦量的频率与非正弦量基波频率相同；

（2）等效正弦量的有效值等于非正弦量的有效值；

（3）用等效正弦量代替非正弦量后，电路的有功功率不变。

如果电路的有功功率为 P，等效正弦电压、电流的有效值分别为 U、I，则等效正弦电压和电流之间的相位差由 $\cos\varphi = \dfrac{P}{UI}$ 来决定，并且超前滞后的相位关系与被代替的非正弦量中基波电压、基波电流的超前滞后关系相同。

检 测 题

一、填空题

1. 灯泡上标出的电压 220 V，是交流电的_____值。该灯泡接在交流电源上额定工作时，承受电压的最大值为_____。

2. 正弦交流电可用_____、_____及_____来表示，它们都能完整地描述出正弦交流电随时间变化的规律。

3. 正弦交流电的三要素为_____、_____和_____。

4. 已知一正弦交流电流 $i = 30\sin\left(314t + 30°\right)$ A。则它最大值 I_m 为_____，有效值 I 为_____，初相角为_____。

5. 已知某交流电的最大值 $U_\mathrm{m} = 311$ V，频率 $f = 50$ Hz，初相角 $\varphi_u = \pi/6$，则有效值 U = _____，角频率 ω = _____，解析式 u = _____。

6. 图 4-题-1 所示为交流电的波形。若 $\varphi = 60°$，$U_\mathrm{m} = 5$ V，$f = 50$ Hz，则当 $t = 0$ 时，u = _____；$t = 5$ ms 时，u = _____。

7. 如图 4-题-2 所示，u 的初相角为_____，i 的初相角为_____，则 u 比 i 超前_____。

8. 如图 4-题-3 所示，已知 $I_{1m} = 10$ A，$I_{2m} = 16$ A，$I_{3m} = 12$ A，周期均为 0.02 s，则 3 个电流的解析式分别为 $i_1 = $ _____，$i_2 = $ _____，$i_3 = $ _____。

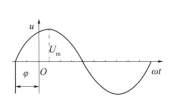

图 4-题-1 填空题第 6 题图

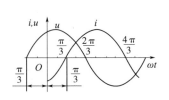

图 4-题-2 填空题第 7 题图

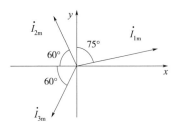

图 4-题-3 填空题第 8 题图

9. 如图 4-题-4 所示，已知 $I_{1m} = I_{2m} = I_{3m} = I_m$，$i_1$ 初相角为零，则 $i_1 = $ _____，$i_2 = $ _____，$i_3 = $ _____。

10. 如图 4-题-5 所示，电压表读数为 220 V，$R = 2.4$ kΩ（电流表内阻忽略），则电流表的读数为 _____，该交流电压的最大值为 _____。

11. 图 4-题-6 为单一参数交流电路的电压、电流波形图，从波形图可看出该电路元件是 _____ 性质的，有功功率是 _____。

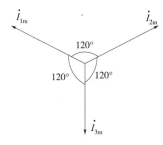

图 4-题-4 填空题第 9 题图

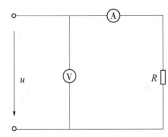

图 4-题-5 填空题第 10 题图

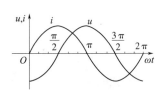

图 4-题-6 填空题第 11 题图

12. 给某一电路施加 $u = 100\sqrt{2}\sin(100\pi t + \pi/6)$ V 的电压，得到的电流 $i = 5\sqrt{2}\sin(100\pi t + 120°)$ A。该电路的性质为 _____，有功功率为 _____，无功功率为 _____。

13. 如图 4-题-7 所示，已知 $R = X_L = X_C = 10$ Ω，$U = 220$ V。则电压表 V_1 读数为 _____，电压表 V_2 读数为 _____，电压表 V_3 读数为 _____。

14. 在 RLC 串联电路中，已知 $R = 3$ Ω，$X_L = 5$ Ω，$X_C = 8$ Ω，则电路的性质为 _____ 性，总电压比总电流 _____。

15. 如图 4-题-8 所示，交流电源端电压有效值等于直流电源端电压，并且所接的灯泡规格也完全相同，则图 _____ 中的灯泡最亮，图 _____ 中的灯泡最暗。

16. R、L、C 串联电路的谐振条件是 _____，其谐振频率 $f_0 = $ _____。串联谐振时，_____ 达到最大值。

17. 在 R、L、C 串联电路中，f_0 为谐振频率。当 $f = f_0$ 时，电路呈现 _____ 性；当 $f > f_0$ 时，电路呈现 _____ 性。

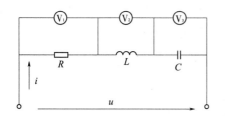

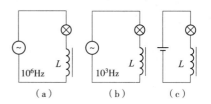

图 4-题-7　填空题第 13 题图　　　　　　图 4-题-8　填空题第 15 题图

18. 如图 4-题-9 所示，已知 $R = X_L = X_C = 10\ \Omega$，$U = 220\ \text{V}$。则电流表 A 的读数为 _____，电压表 V_1 的读数为 _____，电压表 V_2 的读数为 _____。

19. 如图 4-题-10 所示，已知电流表 A_1 读数为 3 A，电流表 A_2 读数为 4 A。设 $|Z_1|$ 为纯电感元件，则 $|Z_2|$ 应为 _____ 元件，方可使电流表 A 读数最小，其读数为 _____。

20. 如图 4-题-11 所示，$U = 12\ \text{V}$，$f = 50\ \text{Hz}$，$R = 3\ \Omega$，$X_L = 4\ \Omega$。要求当开关 S 接通或断开时电流表中的读数不变，必须使 $X_C = $ _____，电流表的读数为 _____。

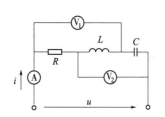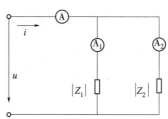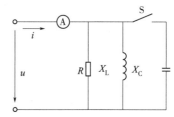

图 4-题-9　填空题第 18 题图　　　图 4-题-10　填空题第 19 题图　　　图 4-题-11　填空题第 20 题图

二、判断题

1. 交流电的最大值和有效值随时间作周期性变化。　　　　　　　　　　　　（　　）

2. 用交流电表测出的交流电的数值都是平均值。　　　　　　　　　　　　　（　　）

3. 有两个频率和初相角都不同的正弦交流电压 u_1 和 u_2，若它们的有效值相同，则最大值也相同。　　　　　　　　　　　　　　　　　　　　　　　　　　　　　　　　（　　）

4. 一个电炉分别通以 10 A 直流电流和最大值为 $10\sqrt{2}$ A 的工频交流电流，在相同时间内，该电炉的发热量相同。　　　　　　　　　　　　　　　　　　　　　　　　（　　）

5. 已知 $i_1 = 15\sin(100\pi t + 45°)$ A，$i_2 = 15\sin(200\pi t - 30°)$ A，则 i_1 比 i_2 超前 75°。

（　　）

6. 某元件的电压和电流分别为 $u = 10\sin(1\ 000t + 45°)$ V，$i = 0.1\sin(1\ 000t - 45°)$ A，则该元件是纯电感性元件。　　　　　　　　　　　　　　　　　　　　　　　　（　　）

7. 有一个交流电磁铁线圈（内阻可忽略），$U_N = 220$ V，$I_N = 6$ A，有人误将此线圈接在 220 V 的直流电源上，发现线圈发热严重，不久烧毁。分析其原因是直流电源频率为零，电流趋于无穷大。　　　　　　　　　　　　　　　　　　　　　　　　　（　　）

8. 已知某元件中的电流 $i = 5\sin(1\ 000t + 120°)$ A，电压 $u = 20\sin(1\ 000t + 30°)$ V，则该元件为电容元件。　　　　　　　　　　　　　　　　　　　　　　　　　　（　　）

9. 在 R、L、C 串联电路中，因为总电压的有效值与电流有效值之比等于总阻抗，即 $U/I = Z$。则总阻抗 $Z = R + X_L + X_C$。　　　　　　　　　　　（　　）

10. 如图 4-题-12 所示，电感器及电阻器两端电压的有效值均为 30 V，则电压表的读数应为 42.43 V。　　　　　　　　　　　　　　　　　　　（　　）

11. 在 R、L、C 串联电路中，总电压和总电流之间的相位差只决定于电路中阻抗与电阻的比值，而与电压与电流的大小无关。　　　　　　　　　　（　　）

12. 实际测得 40 W 荧光灯管两端的电压为 108 V，镇流器两端的电压为 165 V，两个电压直接相加后其值大于电源电压 220 V，这说明测量数据是错误的。　（　　）

13. 如图 4-题-13 所示，已知电压表 V_1、V_2 的读数均为 10 V，则电压表 V 的读数为 $10\sqrt{2}$ V。　　　　　　　　　　　　　　　　　　　　　　　　（　　）

14. 如图 4-题-14 所示，已知电压表 V_1、V_2、V_4 的读数分别为 100 V、100 V、40 V，则电压表 V_3 的读数应为 40 V。　　　　　　　　　　　　　（　　）

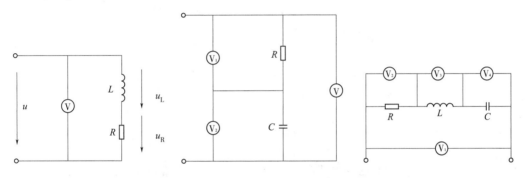

图 4-题-12　判断题第 10 题图　　　图 4-题-13　判断题第 13 题图　　　图 4-题-14　判断题第 14 题图

15. 在交流电路中，电压与电流相位差为零，该电路必定是电阻性电路。　（　　）

16. 已知，某感性负载的有功功率 P，无功功率 Q，负载两端电压 U，流过的电流 I，则该负载的电阻 $R = P/I^2$。　　　　　　　　　　　　　　　（　　）

17. 某 R、L、C 串联谐振电路，若增大电感 L（或电容 C）电路呈现感性；反之，若减小电感 L（或电容 C），则电路呈现容性。　　　　　　　（　　）

18. 在荧光灯电路两端并联一个电容器，可以提高功率因数，但灯管亮度变暗。（　　）

19. 如图 4-题-15 所示，电流表 A_1、A_2 和 A_3 的读数均为 5 A，则电流表 A 的读数也为 5 A。　　　　　　　　　　　　　　　　　　　　　　　　（　　）

20. 如图 4-题-16 所示，当 C 增大时，I 随之增大，则原电路的性质为感性。　（　　）

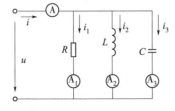

图 4-题-15　判断题第 19 题图

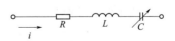

图 4-题-16　判断题第 20 题图

三、选择题

1. 我国工农业生产及日常生活中使用的工频交流电的周期和频率分别为 （   ）。

   A. 0.02 s、50 Hz   B. 0.2 s、50 Hz   C. 0.02 s、60 Hz

2. 如图 4-题-17 所示，正弦交流电流的周期和频率分别为 （   ）。

   A. 10 ms、100 Hz   B. 20 ms、50 Hz   C. 40 ms、25 H

3. 已知交流电流解析式 $i_1 = 60\sin（314t + 30°）$ A，$i_2 = 60\sin（314t + 70°）$ A，$i_3 = 60\sin（314t - 120°）$ A。则下列叙述中正确是 （   ）。

   A. i_1 比 i_2 超前 40°   B. i_1 与 i_2 同相   C. i_3 比 i_1 滞后 150°

4. 两个正弦交流电流 i_1、i_2 的最大值都是 4 A，相加后电流的最大值也是 4 A，它们之间的相位差为 （   ）。

   A. 30°   B. 60°   C. 120°

5. 两个交流电压的矢量如图 4-题-18 所示。则 u_1 与 u_2 的相位关系为 （   ）。

   A. u_1 比 u_2 超前 60°   B. u_1 比 u_2 超前 105°   C. u_1 比 u_2 超前 225°

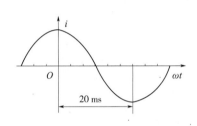   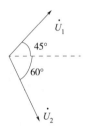

图 4-题-17   选择题第 2 题图   图 4-题-18   选择题第 5 题图

6. 将 $U = 220$ V 的交流电压接在 $R = 22$ Ω 的电阻器两端，则电阻器上 （   ）。

   A. 电压的有效值为 220 V，流过的电流有效值为 10 A

   B. 电压的最大值为 220 V，流过的电流最大值为 10 A

   C. 电压的最大值为 220 V，流过的电流有效值为 10 A

7. 纯电阻电路中，正确表达式是 （   ）。

   A. $i = \dfrac{U_R}{R}$ B. $I = \dfrac{U_R}{R}$ C. $p = I^2 R$

8. 纯电感电路中，正确表达式是 （   ）。

   A. $X_L = \dfrac{u_L}{i}$ B. $U_L = L\dfrac{\mathrm{d}i}{\mathrm{d}t}$ C. $\dot{I} = -\mathrm{j}\dfrac{\dot{U}_L}{\omega L}$

9. 纯电容电路中，正确表达式是 （   ）。

   A. $X_C = \dfrac{u_C}{i}$ B. $i = C\dfrac{\mathrm{d}u_C}{\mathrm{d}t}$ C. $-\mathrm{j}X_C = \dfrac{U_C}{I_C}$

10. 在纯电感电路中，若已知电流的初相角为 $-30°$，则电压的初相角应为 （   ）。

    A. 90°   B. 120°   C. 60°

11. 如图 4-题-19 所示，两纯电感线圈串联，则下列叙述正确的是 （   ）。

    A. 总电感为 15 H

B. 流过的交流电频率越高，总感抗越小

C. 总感抗为 15 Ω

12. 如图 4-题-20 所示，电容器串联电路中，则下列叙述正确的是（　　）。

　　A. 总容抗小于 10 Ω　　　　B. 总电容大于 10 F　　　　C. 总容抗 $X_C = 15$ Ω

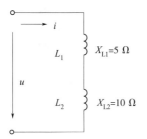
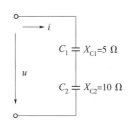

图 4-题-19　选择题第 11 题图　　　　　　　图 4-题-20　选择题第 12 题图

13. 在 R、C 串联交流电路中，电路的总电压为 U，则总阻抗 $|Z|$ 为（　　）。

　　A. $|Z| = R + X_C$　　　　B. $|Z| = \sqrt{R_1^2 + X_C^2}$　　　　C. $|Z| = u/I$

14. 在 R、L、C 串联交流电路中，总电压与总电流的相位差为 φ，则下列表达式中正确的是（　　）。

　　A. $\varphi = \arctan\left[(X_L + X_C)/R\right]$

　　B. $\varphi = \arctan\left[(\omega L - \omega C)/R\right]$

　　C. $\varphi = \arctan\left[(X_L - X_C)/R\right]$（$\varphi$ 为功率因数角）

15. 在 R、L、C 串联电路中，已知 $R = 3$ Ω，$X_L = 5$ Ω，$X_C = 8$ Ω，则电路的性质为（　　）。

　　A. 感性　　　　　　　　B. 容性　　　　　　　　C. 阻性

16. 如图 4-题-21 所示，感性电路为（　　）。

　　A.（a）　　　　　　　　B.（b）　　　　　　　　C.（c）

17. 如图 4-题-22 所示，当 S 闭合后，电路中的电流为（　　）。

　　A. 0 A　　　　　　　　B. 5/6 A　　　　　　　　C. 2 A

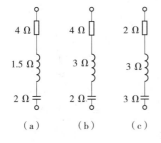
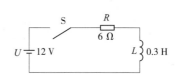

图 4-题-21　选择题第 16 题图　　　　　　　图 4-题-22　选择题第 17 题图

18. 单相交流电路中，负载并联时，必须具备的条件是（　　）。

A. 并联负载的性质相同

B. 并联负载的功率因数相同

C. 并联负载的额定电压与电路的端电压相同，且额定频率与电路中电源的频率相同

19. 交流电路中，提高功率因数的目的是（　　）。

A. 节约用电，增加用电器的输出功率

B. 提高用电器的效率

C. 提高电源的利用率，减小电路电压损耗和功率损耗

20. 对于电感性负载，提高功率因数最有效、最合理的方法是（　　）。

A. 给感性负载串联电阻器

B. 给感性负载并联电容器

C. 给感性负载并联电感器

四、简答题

1. 在日常生活中，当荧光灯上缺少了辉光启动器时，人们常用一根导线将辉光启动器的两端短接一下，然后迅速断开，使荧光灯点亮；或用一只辉光启动器去点亮多只同类型的荧光灯，这是为什么？

2. 如图 4-题-23 所示为荧光灯工作原理接线图，试分析荧光灯管不亮可能的原因。

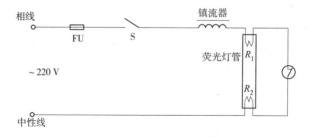

图 4-题-23　简答题第 2 题图

3. 测量线圈（RL 串联电路）参数可用三表法与二表法，原理电路如图 4-题-24 所示，试说明测量方法。

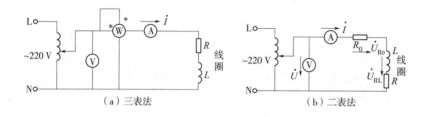

图 4-题-24　简答题第 3 题图

五、计算题

1. 将下列正弦量用有效值相量表示，并画出相量图。

（1） $u = 311\sin(\omega t + 45°)$ V

（2） $i = 10\sqrt{2}\sin(\omega t - 30°)$ A

（3） $u = 380\sqrt{2}\sin\omega t$ V

（4） $i = 10\sin(\omega t - 120°)$ A

2. 一个 $R = 10$ Ω 的电阻器接在 $u = 220\sqrt{2}\sin(314t + 30°)$ V 的电源上。

（1） 试写出电流的瞬时值表达式；

（2） 画出电压、电流的相量图；

（3） 求电阻器消耗的功率。

3. 一个电阻可忽略的线圈 $L = 0.35$ H，接到 $u = 220\sqrt{2}\sin(100\pi t + 60°)$ V 的交流电源上。试求：

（1） 线圈的感抗；

（2） 电流的有效值；

（3） 电流的瞬时值；

（4） 电路的有功功率和无功功率。

4. 电容元件的电容 $C = 100$ μF，接工频 $f = 50$ Hz 的交流电源，已知电源电压 $\dot{U} = 220\angle -30°$ V。试求：

（1） 求电容元件的容抗 X_C 和通过电容的电流 i_C，画出电压、电流的相量图；

（2） 计算电容元件的无功功率 Q_C 和 $i_C = 0$ 时电容元件的储能 W_C。

5. 如图 4-题-25 所示电路中，$U_1 = 40$ V，$U_2 = 30$ V，$i = 10\sin 314t$ A，则 U 为多少？并写出其瞬时值表达式。

6. 为了降低风扇的转速，可在电源与风扇之间串入电感器，以降低风扇电动机的端电压。若电源电压为 220 V，频率为 50 Hz，电动机的电阻为 190 Ω，感抗为 260 Ω。现要求电动机的端电压降至 180 V，试求串联的电感应为多大？

7. 串联谐振电路如图 4-题-26 所示，已知电压表 V_1、V_2 的读数分别为 150 V 和 120 V，试求电压表 V 的读数为多少？

8. 并联谐振电路如图 4-题-27 所示，已知电流表 A_1、A_2 的读数分别为 13 A 和 12 A，试求电流表 A 的读数为多少？

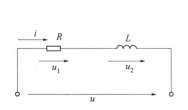 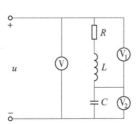 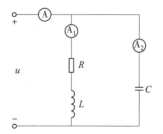

图 4-题-25　计算题第 5 题图　　图 4-题-26　计算题第 7 题图　　图 4-题-27　计算题第 8 题图

9. 某收音机的输入回路可简化为一个 R、L、C 串联电路，已知 $R = 16\ \Omega$，$L = 0.3\ \text{mH}$，$C = 204\ \text{pF}$，试求此回路的谐振频率。如果某电台在此频率下的信号电压为 $2\ \mu\text{V}$，试求该信号在回路中产生的电流有多大？

10. 今有一个 40 W 的荧光灯，使用时灯管与镇流器（可近似把镇流器看作纯电感）串联在电压为 220 V，频率为 50 Hz 的电源上。已知灯管工作时属于纯电阻负载，灯管两端的电压等于 110 V，试求镇流器上的感抗和电感。这时电路的功率因数等于多少？若将功率因数提高到 0.8，问应并联多大的电容器？

11. 为了测定空心线圈的参数，在线圈两端加 110 V、50 Hz 的电源，测得 $I = 0.5\ \text{A}$，$P = 40\ \text{W}$，试求线圈电阻与电感。

12. 如果某水电厂以 $U = 2.2 \times 10^6\ \text{V}$ 的高压向某地输送 $P = 2.4 \times 10^6\ \text{kW}$ 的电力，若输电线的总电阻为 10 Ω，试计算当功率因数由 0.6 提高到 0.9 时，输电线在一年中电能损失会减少多少？

模块 五 互感电路的分析与测试

学习目标

1. 知识目标

（1）会用4个有关物理量（磁感应强度、磁通、磁导率和磁场强度）描述磁场性质；

（2）会应用电磁感应定律分析互感线圈的电压与电流关系，并掌握同名端的判断方法；

（3）会应用磁路的欧姆定律及磁路的基尔霍夫定律进行磁路的定性分析，能理解铁磁材料的磁化特性；

（4）了解交流铁芯线圈的电与磁的关系，掌握交流铁芯线圈端电压、电流与线圈磁通的关系及铁芯的损耗；

（5）掌握变压器的基本结构、理解变压器的铭牌数据、熟悉变压器的工作原理，掌握电压、电流、阻抗的变换公式及应用。

2. 技能目标

（1）会判断多绕组变压器的同名端，并能确定正确的连接方法；

（2）了解小型电源变压器日常维护方法和常见故障的检修方法；

（3）了解电源变压器的国家/行业相关规范与标准。

任务一　互感及互感电压的测试

任务目标

（1）会用4个有关物理量（磁感应强度、磁通、磁导率和磁场强度）描述磁场性质；

（2）理解电与磁的关系；

（3）理解互感及互感系数的概念；

（4）会应用电磁感应定律分析互感线圈的电压与电流关系。

工作任务

对互感现象的认识及互感电压的理解是互感电路分析的基础，通过电磁感应定律及相关知识的学习，完成以下任务：

（1）观察互感现象，理解互感；

（2）测试互感系数，理解互感电压。

 **相关知识**

一、磁场的主要物理量

1. 磁场及磁感线

磁体和载流导体周围存在一种称为磁场的特殊物质。

磁场不仅有大小，还有方向，物理学规定，在磁场中的任一点，小磁针北极受力的方向，亦即小磁针静止时北极所指的方向，就是该点的磁场方向。

在研究磁场时，就像研究电场引入电感线一样，常引用磁感线来形象地描绘磁场的特性。磁感线上各点切线的方向表示该点的磁场方向，而磁感线的疏密程度则表示该点磁场的强弱，即磁感线密集处磁场强，稀疏处磁场弱。图 5-1-1 为典型磁铁磁感线分布图。

磁感线有如下几个特点：

（1）磁感线为闭合曲线，无起点和终点。在磁体的外部磁感线由 N 极发出，回到 S 极。在磁体的内部磁感线则由 S 极指向 N 极。磁感线可以通过实验观察到，但实际上磁场中并不真正存在，只是为了形象地描绘磁场而人为地画出来的曲线。

（2）在稳定的磁场中，某一点只有唯一确定的磁场方向，所以两条磁感线不能相交。

2. 磁场的主要物理量

（1）磁感应强度：

①定义：磁感应强度是根据磁场的力的性质描述磁场中某点的磁场强弱和方向的物理量，它是矢量，用大写字母 B 表示。

在磁场中的某一点有一长度为 Δl、电流为 I，并与磁场方向垂直的通电导体，如图 5-1-2所示，若导体所受磁场力为 ΔF，则该点磁感应强度的大小为

$$B = \frac{\Delta F}{I \cdot \Delta L} \tag{5-1-1}$$

实际中，磁感应强度的大小可以用特斯拉计进行测量。磁感应强度的方向与该点磁场的方向一致。

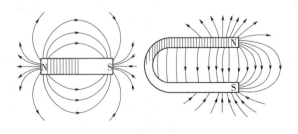

图 5-1-1　条形磁铁及马蹄形磁铁磁感线分布图　　图 5-1-2　磁场中的通电导体

②单位：磁感应强度的国际单位为特［斯拉］，符号为 T，工程上还用高［斯］（Gs）作为磁感应强度的单位，它和特（T）的关系为

$$1Gs = 10^{-4}T$$

③磁感应强度的形象表示：磁感线的疏密程度和磁感应强度 B 的大小都可用以描述磁场中某点的磁场强弱，磁感线的疏密程度与磁感应强度 B 的大小成正比，磁感线某点的切线方向便是该点磁感应强度的方向。

如果在磁场中的某一区域内，各点的磁感应强度大小相等，方向相同，则这个区域内的磁场称为匀强磁场，如图 5-1-3 所示。

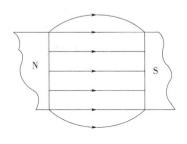

④影响磁感应强度的因素：磁场空间某点的磁感应强度只和产生该磁场的场源、离场源的距离（即场点）以及所处的磁介质有关，而与该点是否有通电导体无关。

（2）磁通：

①定义：磁通是反映磁场中某个面上磁场情况的物理量，用 Φ 表示。

图 5-1-3　匀强磁场

图 5-1-4（a）所示的匀强磁场中，磁感应强度与垂直于它的面积的乘积，称为穿过该面积的磁通，即

$$\Phi = BS \qquad (5\text{-}1\text{-}2)$$

由式（5-1-2）可得

$$B = \frac{\Phi}{S} \qquad (5\text{-}1\text{-}3)$$

所以，某点的磁感应强度又称该点的磁通密度。

用磁感线的疏密程度来描述磁场的强弱时，穿过某一面积的磁通 Φ 就是穿过该面积的磁感线的根数。当面积一定时，通过该面积的磁通越大，磁场就越强。这一点在工程上有极重要的意义。如变压器、电磁铁等铁芯材料的选用，希望其通电线圈产生的全部磁感线尽可能多地通过铁芯的截面，以提高效率。

如果 S 和匀强磁场不垂直，其法线 n 的方向与磁感应强度 B 的方向的夹角为 θ，如图 5-1-4（b）所示，则穿过曲面 S 的磁通

$$\Phi = B_n \cdot S = BS\cos\theta$$

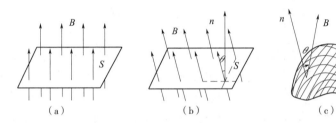

（a）　　　　　　　　　　（b）　　　　　　　　　　（c）

图 5-1-4　磁通的几种情况

式中，B_n 为 B 在平面 S 的法线方向的分量。显然，$\theta < 90°$，则 Φ 为负值。

在非均匀磁场中，穿过曲面 S 的磁通

$$\Phi = \int_S B_n \cdot ds = \int_S B\cos\theta ds$$

式中，θ 为面积元 ds 上的磁感应强度 B 的方向与该面积元的法线 n 的方向的夹角，如图 5-1-4（c）所示。

②单位：磁通的国际单位是韦［伯］，符号为 Wb。

③磁通的连续性原理：由于磁感线是连续、封闭的曲线，对磁场中的任意一个封闭面来说，穿入封闭面的磁感线的根数等于从该封闭面穿出的磁感线的根数，即穿出（或穿入）封闭面的磁通的代数和等于零，这就是磁通连续性原理。这一原理可表示为

$$\oint_S B_n \cdot ds = 0 \qquad (5\text{-}1\text{-}4)$$

（3）磁导率：

①磁导率的物理意义及单位：如果用一个插有铁棒的通电线圈去吸引铁屑，然后把通电线圈中的铁棒换成铜棒再去吸引铁屑，便会发现在两种情况下吸力大小不同，前者比后者大得多。这表明不同的磁介质对磁场的影响不同，影响的程度与磁介质的导磁性能有关。

磁导率又称导磁系数，是用以衡量磁介质导磁性能的物理量，用 μ 表示。磁导率的国际单位是亨［利］/米（H/m）。

不同的磁介质有不同的磁导率。磁导率大的磁介质导磁性能好，磁导率小的磁介质导磁性能差。实验测定真空的磁导率

$$\mu_0 = 4\pi \times 10^{-7}\text{H/m}$$

某种介质的磁导率 μ 与真空磁导率 μ_0 的比值，称为这种介质的相对磁导率，用 μ_r 表示，即

$$\mu_r = \frac{\mu}{\mu_0} \qquad (5\text{-}1\text{-}5)$$

显然，相对磁导率是一个纯数。例如：铸铁的 μ_r 在于 200 ~ 400 之间，空气的 μ_r 约等于 1。这表明铸铁的导磁性能优于真空 200 ~ 400 倍；而空气的导磁性能与真空相当。

②物质的分类：根据相对磁导率的大小可以把物质分成非铁磁物质和铁磁物质。非铁磁物质的相对磁导率近似为 1，如空气、铝、铬、铂、铜等；铁磁物质的相对磁导率远远大于 1，如铸铁、硅钢、锰锌铁氧体等，它们的相对磁导率可达几百甚至几千以上，但不是常数。铁磁物质被广泛应用于电工技术及计算机技术等方面。

（4）磁场强度：

①磁场强度的物理意义：磁现象电本质表明磁场是由电流产生的。实验证明，磁场的强弱不仅与电流有关，而且与磁介质的磁导率有关，为了使计算简便，引入磁场强度这个物理量。

磁场中某点的磁感应强度 B 与磁介质磁导率 μ 的比值，称为该点的磁场强度，用 H 表示，即

$$H = \frac{B}{\mu} \qquad (5\text{-}1\text{-}6)$$

磁场强度的国际单位为是安［培］/米（A/m）。

磁场强度是矢量，在均匀磁介质中，它的方向和磁感应强度的方向一致。

②影响磁场强度的因素：磁场强度只与场源、场点有关，而与磁介质无关。这给工程计算带来了很大方便。

二、互感及互感电压

在中学物理学习中，初步认识了电与磁的关系，为方便后续学习，以经典实验方式列入表 5-1-1 及表 5-1-2。

表 5-1-1 电流磁效应及磁对电流作用实验

实 验 项 目		实 验 电 路	实 验 现 象	实 验 结 论
电流的磁效应	通电直导体产生磁场		将平行于小磁针的导线通电后，小磁针会偏转。当改变电流方向后，小磁针的偏转方向也会改变	通电导体（线圈）周围会产生磁场，磁场方向与电流方向可用右手螺旋定则判断。
	通电螺线管产生的磁场		将小磁针放在螺线管的两端，通电后，观察小磁针的 N 极指向；再改变电流的方向，观察到小磁针的 N 极反方向指向，从而说明通电螺线管的极性与电流的方向有关	
	通电导体在磁场中所受的作用力		闭合开关后，在磁场内的导线会运动，改变电流方向或磁场方向，导体的运动方向也会发生改变	磁场会对通电导体产生作用，磁场方向与电流方向符合左手定则

表 5-1-2　电磁感应的经典实验

实 验 项 目		实 验 电 路	实 验 现 象	实 验 结 论
直导体中感应电动势		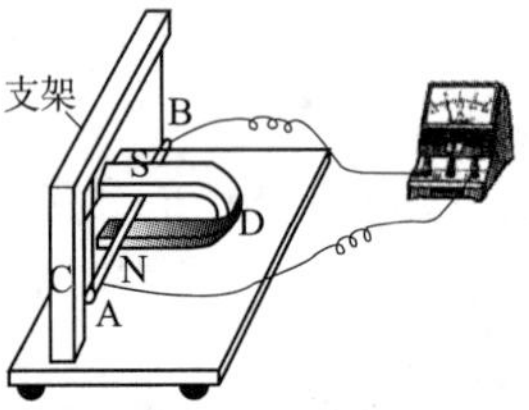 支架　B　S　D　C　N　A	将直导体沿 AB 方向运动，即是沿磁感线方向运动（将直导体在磁场中沿上下方向运动），检流计指针不偏转。 当直导体沿 CD 方向运动时，检流计指针向左（或右）偏转	条件：闭合回路的一部分导体在磁场中做切割磁感线运动时，导体中就会产生电流。 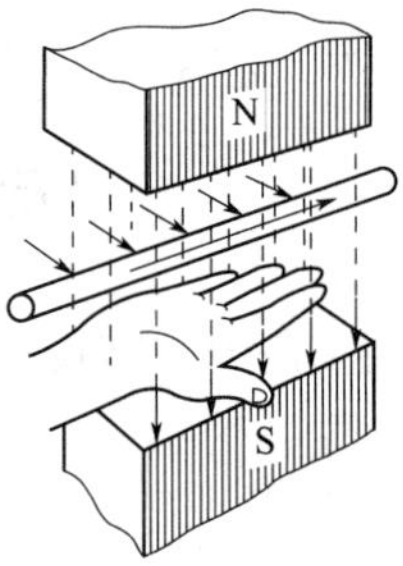 感应电动势方向：右手定则判断
闭合线圈中感应电动势		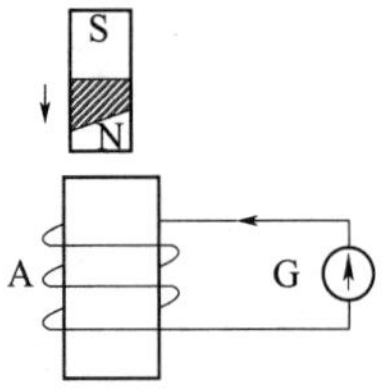 S　N　A　G	条形磁铁插入或取出时，检流计的指针偏转。 磁铁与线圈相对静止时，检流计指针不偏转	条件：通过闭合回路的磁通量发生变化。 感应电动势方向：楞次定律判断，即感应电流的磁场总要阻碍引起感应电流磁通量的变化
两种电磁感应现象	自感现象	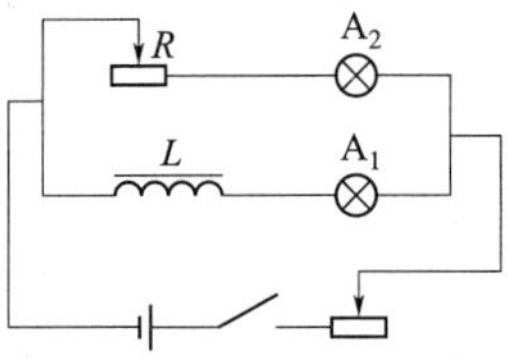 R　A₂　L　A₁	在闭合开关 S 瞬间，灯 A_2 立刻正常发光，A_1 却比 A_2 迟一段时间才正常发光	自感现象：通过线圈自身电流的变化而产生自感电动势的现象
	互感现象	S　A　U_S　B　G　R	线圈 A 与电路相连，并套在线圈 B 中，当开关通断（或滑动变阻器滑动端时）检流计指针偏转	互感现象：由于一个线圈的电流的变化在另外一个线圈引起感应电动势的现象

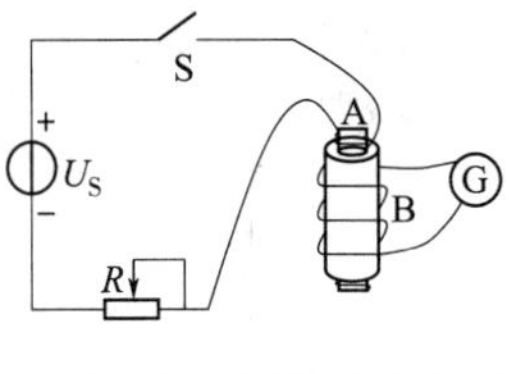

1. 电磁感应定律

法拉第经过 10 年的艰辛探索，在 1831 年，从一系列实验中发现了电磁感应现象，并总结出法拉第电磁感应定律：当穿过某一导体回路所围面积的磁通量发生变化时，回路中即产生感应电动势及感应电流，感应电动势的大小与磁通对时间的变化率成正比。1834 年，楞次进一步发现了感应电流方向判断的规律，即楞次定律。综合法拉第电磁感应定律与楞次定律便得到了完整反映电磁感应规律的电磁感应定律。

电磁感应定律指出：当选择磁通 Φ 的参考方向与感应电动势 e 的参考方向符合右手螺旋定则时，如图 5-1-5（a）所示，则对一匝线圈来说，其感应电动势

$$e = -\frac{\mathrm{d}\Phi}{\mathrm{d}t} \tag{5-1-7}$$

若线圈的匝数为 N，且穿过各匝的磁通均为 Φ，如图 5-1-5（b）所示，则

$$e = -N\frac{\mathrm{d}\Phi}{\mathrm{d}t} = -\frac{\mathrm{d}\psi}{\mathrm{d}t} \tag{5-1-8}$$

式中，$\psi = N\Phi$ 称为与线圈交链的磁链，其单位与磁通相同。

感应电动势将使线圈的两端出现电压，称为感应电压。若选择电压 u 的参考方向与 e 相同，则当外电路开路时，式（5-1-7）、式（5-1-8）分别可写为 $u = -e = \frac{\mathrm{d}\Phi}{\mathrm{d}t}$ 及 $u = -e = \frac{\mathrm{d}\psi}{\mathrm{d}t}$ 即

$$u = \frac{\mathrm{d}\Phi}{\mathrm{d}t} \tag{5-1-9}$$

$$u = \frac{\mathrm{d}\psi}{\mathrm{d}t} = N\frac{\mathrm{d}\Phi}{\mathrm{d}t} \tag{5-1-10}$$

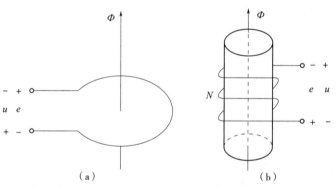

图 5-1-5　磁通、感应电动势、感应电压三者参考方向图示

2. 自感与互感

自感现象与互感现象作为电磁感应现象的特例，产生的自感电压与互感电压遵循电磁感应定律。关于电感线圈的相关知识在模块三中已有介绍，此处就互感及互感电压作相应的讨论。

（1）互感系数。图 5-1-6 所示为一对磁耦合线圈，当线圈 1 中有电流 i_1 时，它产生的磁通 Φ_{11} 必有一部分 Φ_{12} 通过线圈 2，Φ_{12} 与线圈 2 的匝数 N_2 的乘积，称为线圈 1 对线圈 2 的互感磁链，用 Ψ_{12} 表示，即

$$\Psi_{12} = \Phi_{12}N_2$$

定义互感磁链 Ψ_{12} 与产生它的电流 i_1 的比值称为线圈 1 对线圈 2 的互感系数，简称互感，用 M_{12} 表示，即

$$M_{12} = \frac{\Psi_{12}}{i_1} \tag{5-1-11}$$

同样，当线圈 2 有电流 i_2 通过时，也会产生与线圈 1 相交链的互感磁链 Ψ_{21}，即 $\Psi_{21} = N_1\Phi_{21}$，且有

$$M_{21} = \frac{\Psi_{21}}{i_2} \tag{5-1-12}$$

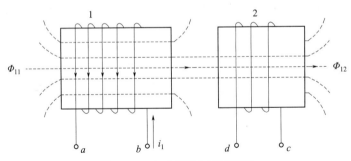

图 5-1-6　自感磁通与互感磁通

M_{21} 就是线圈 2 对线圈 1 的互感系数。通过实践和理论推算可以证明，当线圈周围没有铁磁物质或铁磁物质未饱和时，M_{12}、M_{21} 为常数，并且有 $M_{12} = M_{21} = M$。以后就不加以区别，均用 M 来表示互感。

互感的大小反映了一个线圈在另一个线圈中产生磁链的能力，互感的单位与自感的单位相同，也为亨［利］（H）。磁耦合线圈的互感系数不仅与线圈的形状、尺寸及媒质有关，还与线圈的相对位置有关。如两个线圈的互感磁通最小值为零，则互感的最小值亦为零，一般有 $M \leqslant \sqrt{L_1 L_2}$。通常将 M 与 $\sqrt{L_1 L_2}$ 的比值称为磁耦合线圈的耦合系数，即

$$K = \frac{M}{\sqrt{L_1 L_2}} \tag{5-1-13}$$

K 的数值范围是 $0 \leqslant K \leqslant 1$。$K$ 值越大，同样的两个线圈的互感 M 越大，K 的大小反映了两个线圈磁耦合的程度。如紧密绕在一起的两个线圈，或铁芯耦合线圈，K 值近似等于 1，两个线圈的轴线垂直，一个线圈的磁通几乎不与另一个线圈交链，M 值近似为零。

在工程上有时要尽量减小互感，以避免线圈之间信号的相互干扰，因此，除利用屏蔽方法外，还可采用合理布置这些线圈的相互位置，尽量减小其磁耦合程度，以达到减小互感的目的。

（2）互感电压。如图 5-1-7 所示，磁耦合线圈的互感电动势、互感电压的正方向根据给定的电流正方向及右手螺旋定则标在图中，由电磁感应定律得

$$u_{M1} = -e_{M1} = \frac{\mathrm{d}\Psi_{21}}{\mathrm{d}t} = \frac{\mathrm{d}(Mi_2)}{\mathrm{d}t} = M\frac{\mathrm{d}i_2}{\mathrm{d}t} \tag{5-1-14}$$

$$u_{M2} = -e_{M2} = \frac{\mathrm{d}\Psi_{12}}{\mathrm{d}t} = \frac{\mathrm{d}(Mi_1)}{\mathrm{d}t} = M\frac{\mathrm{d}i_1}{\mathrm{d}t} \tag{5-1-15}$$

式（5-1-14）、式（5-1-15）与自感电压、自感电动势的表达式非常相似。显然，如果通过线圈的电流 i_1 和 i_2 是同频率和正弦量，则在上述正方向下，互感电压与电流的相量关系为

$$\dot{U}_{M_1} = \mathrm{j}\omega M \dot{I}_2 = \mathrm{j}X_M \dot{I}_2 \tag{5-1-16}$$

$$\dot{U}_{M_2} = \mathrm{j}\omega M \dot{I}_1 = \mathrm{j}X_M \dot{I}_1 \tag{5-1-17}$$

式中，$X_M = \omega M$ 称为互感电抗，单位为欧〔姆〕。在分析计算有互感的电路时，常用到上面互感电压的表达式。

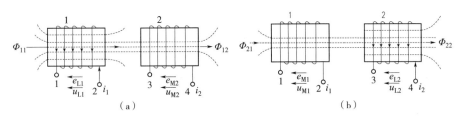

图 5-1-7　互感磁通、互感电压与电流参考方向示意图

【例5-1-1】　如图 5-1-8 所示电路，两电流表是否都有偏转？为什么？

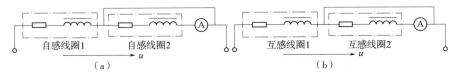

图 5-1-8　【例 5-1-1】图

解：图 5-1-8（a）所示电路的电流表不会有电流通过，没有偏转。假设自感线圈 2 中有电流流过，由于 $U_2 = \sqrt{R^2 + X_L^2} I_2$，线圈 2 被短路，$U_2 = 0$，所以 $I_2 = 0$；

图 5-1-8（b）所示电路的电流表有电流通过，会发生偏转。因为两线圈有互感，当线圈 1 有交变电流流过时，必会在线圈 2 中产生互感电压，则线圈 2 所在支路为含源支路，对含源支路，要使其两端电压为 0（电路中线圈 2 短路），则该支路电流一定不为 0。

【例5-1-2】　如何测定互感系数？

解：测试原理如图 5-1-9 所示，在互感线圈 N_1 侧施加低压交流电压 U_1，N_2 侧开路，测出 I_1 及开路电压 U_2，根据互感电动势 $E_{2M} \approx U_{20} = \omega M I_1$，得到 $M = \dfrac{U_{20}}{\omega I_1}$。

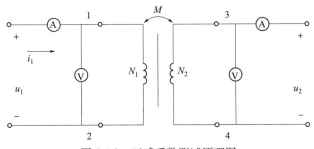

图 5-1-9　互感系数测试原理图

 任务实施与评价

下面进行互感系数测试及互感现象观察。

一、实施步骤

1. 选择实验设备

实验设备如表 5-1-3 所示。

表 5-1-3　实 验 设 备

序号	名　　称	型号与规格	数　量	备　注
1	交流电压表	0～450 V	1块	实验台的屏上
2	交流电流表	0～5 A	1块	实验台的屏上
3	互感线圈（配用粗、细铁棒或铝棒）	N_1 为大线圈 N_2 为小线圈	1对	HE－18
4	自耦调压器	0～220 V 可调	1个	实验台的屏上
5	电阻器	30 Ω/8 W 510 Ω/2 W	各1个	HE－19
6	发光二极管	红或绿	1个	HE－11
7	变压器	36 V/220 V	1个	实验台的屏上

2. 测试互感系数

（1）连接电路。一对空心线圈，N_1 为大线圈，N_2 为小线圈，将 N_2 放入 N_1 中，并在两线圈中插入铁棒。由于加在 N_1 上的电压仅 2 V 左右，直接用屏内自耦调压器很难调节，因此采用图 5-1-10 所示的电路来扩展调压器的调节范围。图中 W、N 为主屏上的自耦调压器的输出端，B 为升压铁芯变压器，此处作降压用，A 为 2.5 A 以上量程的电流表，N_2 侧开路。

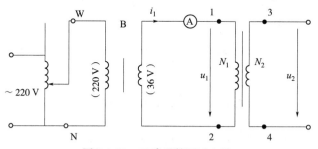

图 5-1-10　互感系数测试电路

接通电源前，应首先检查自耦调压器是否调至零位，确认后方可接通交流电源，令自耦调压器输出一个很低的电压（约 12 V），使流过电流表的电流小于 1.4 A。

（2）测 U_1，I_1，U_2，按公式 $M = \dfrac{U_2}{\omega I_1}$ 计算出 M。

3. 观察互感现象

在图 5-1-10 所示电路的 N_2 侧，接入发光二极管与 510 Ω 电阻器串联的支路。

（1）将铁棒慢慢地从两线圈中抽出和插入，观察 LED 亮度的变化及各仪表读数的变化，记录现象。

（2）将两线圈改为并排放置，并改变其间距，以及分别或同时插入铁棒，观察 LED 亮度的变化及仪表读数。

（3）改用铝棒替代铁棒，重复（1）、（2）的步骤，观察 LED 的亮度变化，记录现象。

二、任务评价

评价内容及评分如表 5-1-4 所示。

表 5-1-4　任　务　评　价

任务名称	互感系数测试及互感现象观察			
	评价项目	标准分	评价分	主要问题
自我评价	任务要求认知程度	10 分		
	相关知识掌握程度	15 分		
	专业知识应用程度	15 分		
	信息收集处理能力	10 分		
	动手操作能力	20 分		
	数据分析与处理能力	10 分		
	团队合作能力	10 分		
	沟通表达能力	10 分		
	合计评分			
小组评价	专业展示能力	20 分		
	团队合作能力	20 分		
	沟通表达能力	20 分		
	创新能力	20 分		
	应急情况处理能力	20 分		
	合计评分			
教师评价				
总评分				
备注	总评分 = 教师评价 50% + 小组评价 30% + 个人评价 20%			

任务二　含有互感线圈电路的分析与测试

 **任务目标**

（1）能理解同名端的概念，并会判断同名端；

（2）能利用互感的概念、电路的基本定律分析与计算含有互感线圈的电路；

（3）掌握互感线圈串联的应用；

（4）了解空心变压器与理想变压器的工作原理。

 工作任务

同名端概念的理解与测定，融合了互感电压方向的判定、互感线圈串联应用。本任务学习的重点知识，也是实际工作中基本技能（如变压器同名端的判断）。因此本工作任务就是完成互感线圈同名端的测试。

 相关知识

一、互感电压参考方向的确定

1. 同名端的概念

在图 5-1-7 所示电路中，只有互感线圈绕向已知时，才能使用右手螺旋定则标定互感电压的参考方向，从而才能利用式（5-1-14）、式（5-1-15）求出互感电压与对应的电流之间的关系。但在实际中，对于已经绕制好的变压器绕组等电气设备，从外观上无法知道线圈的绕向，并且在分析电路时，常常为了作图方便，也并不画出线圈的绕向，这就给互感电动势、互感电压的正方向的确定带来了困难。为此，引入同名端的概念，来反映磁耦合线圈绕向间的关系。如图 5-1-7（a）所示，在图示正方向下有

$$u_{L1} = -e_{L1} = L_1 \frac{\mathrm{d}i_1}{\mathrm{d}t}$$

$$u_{M2} = -e_{M2} = M \frac{\mathrm{d}i_1}{\mathrm{d}t}$$

由上两式显而易见，无论实际电流 i_1 如何变化（无论是从哪个端子流入，不管是增大还是减小），只要线圈的绕向和相对位置不变，两线圈的自感电动势（自感电压）与互感电动势（互感电压）始终同为正或同为负，即若 $e_{L1} > 0$（$u_{L1} > 0$），1 端为 "＋"，2 端为 "－"，则 $e_{M2} > 0$（$u_{M2} > 0$），3 端为 "＋"，4 端为 "－"；或 $e_{L1} < 0$（$u_{L1} < 0$），1 端为 "－" 2 端为 "＋"，则 $e_{M2} < 0$（$u_{M2} < 0$），3 端为 "－"，4 端为 "＋"。也就是说 4 个端子中，线圈 1 的端子 1 与线圈 2 的端子 3 极性始终相同（另两个端子的极性也相同）。因此，把这种在同一变化电流（产生变化磁通）的作用下，感应电动势（自感电动互感电动势）极性相同的端子称为同名端，感应电动势极性相反的端子称为异名端。一般用 "＊" 表示同名端，也可用 "●" 或 "△" 表示同名端。可见，同名端的引入，可以反映一对磁耦合线圈的相对绕向。在标出同名端后，每个线圈的具体绕法和它们的相对位置就不需要在图上表示出来，可以用图 5-2-1 表示。

2. 同名端的判断

（1）已知线圈的绕向时，可根据同名端的性质判断。同名端一般有如下性质：当 2 个

线圈的电流分别同时从同名端流入（或流出）时，每个线圈的自感磁通和互感磁通互相加强（即在每个线圈中的两个磁通方向是相同的）。根据这一性质，便可以标记绕向已知的一对磁耦合线圈同名端，方法如下：

①在其中一个线圈（如 N_1）的一端标上"＊"记号，并让电流 i_1 从该端流入（或流出）线圈。

②判断在另一个线圈 N_2 中的自感磁通和互感磁通：由右手螺旋定则判断线圈 N_2 中互感磁通的方向，由同名端的性质可知，当电流由线圈 N_2 的同名端流入（或流出），在该线圈中产生的自感磁通的方向即为 i_1 在线圈 N_2 中互感磁通的方向。

③判断同名端：根据自感磁通的方向由右手螺旋定则判断电流 i_2 的方向，则 i_2 的流入（或流出）端便是同名端，标上"＊"记号，如图5-2-2所示。

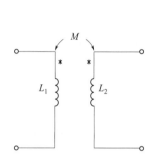

图 5-2-1　互感线圈的图形符号

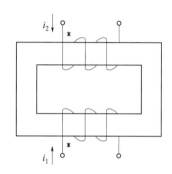

图 5-2-2　已知线圈绕向同名端的判断

（2）未知线圈的绕向时，由实验法测定。先介绍根据同名端的定义由实验法测定一对磁耦合线圈的同名端，又称直流电源法。

实验电路如图5-2-3所示，线圈1经开关与直流电源（如干电池）相对连接，线圈2接上检流计。当闭合开关时，电流由无到有，并判断线圈1电流的实际流向与参考方向一致，从而判断出由 i_1 产生自感电动势（电压）的极性，A端为"＋"，B端为"－"；i_2 产生的极性由检流计的偏转方向决定（即由互感电动势产生的电流的方向决定），若检流计正偏，说明电流由C端流经检流计到D端，即C端为"＋"、D端为"－"，所以A、C端为同名端，D与A互为异名端；同理，如果检流计指针反偏，则A和D互为同名端。

3. 利用同名端确定互感电动势、互感电压的参考方向及实际方向

一对磁耦合线圈一旦同名端确定后，只需任意选择电流参考方向，便可根据电流对同名端一致的原则方便地确定互感电动势、互感电压的参考方向，进而由实际电流的变化情况确定各自的实际方向。

电流对同名端一致的原则：当选择电流参考方向由同名端→异名端（或异名端→同名端），则由该电流产生互感电动势、互感电压的参考方向便选择由同名端→异名端（或异名端→同名端）。

如图5-2-4（a）所示，若选择 i_1 的参考方向为同名端→异名端，则 e_{M2}（u_{M2}）的参考方向为同名端→异名端，在图示参考方向下，由 i_1 产生的自感电动势（电压）、互感电动

势（电压）分别为

$$u_{L1} = -e_{L1} = L_1 \frac{\mathrm{d}i_1}{\mathrm{d}t}$$

$$u_{M2} = -e_{M2} = M \frac{\mathrm{d}i_1}{\mathrm{d}t}$$

在正弦电流作用下，有相量式

$$\dot{U}_{L1} = -\dot{E}_{L1} = jX_{L1}\dot{I}_1$$

$$\dot{U}_{M2} = -\dot{E}_{M2} = jX_M\dot{I}_1$$

同理，若线圈 2 中通以电流 i_2，且选择 i_2 的参考方向如图 5-2-4（b）所示，试标出自感电动势、自感电压及互感电动势、互感电压的参考方向，并写出它们与电流 i_2 的关系。

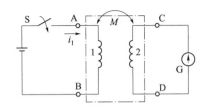
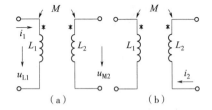

图 5-2-3　直流法测量同名端的实验原理图　　图 5-2-4　由同名端确定互感电压正方向

二、含有互感的正弦交流电路分析

1. 互感线圈的串联分析

两个磁耦合线圈串联时，可以有 2 种连接方式：一种如图 5-2-5（a）所示，图中 2 个线圈的异名端连接在一起，电流同时由同名端流入（或流出）这样的连接称为顺向串联，另一种如图 5-2-5（b）所示，图中 2 个线圈的同名端连接在一起，电流由一个线圈的同名端流向异名端，则另一个线圈与之相反，这样的连接称为反向串联。

（1）顺向串联。如图 5-2-5（a）所示电路，在图示电压、电流参考方向下，并且忽略线圈的电阻，由 KVL 得

$$\dot{U} = \dot{U}_{L1} + \dot{U}_{M1} + \dot{U}_{L2} + \dot{U}_{M2} = jX_{L1}\dot{I} + jX_M\dot{I} + jX_{L2}\dot{I} + jX_M\dot{I}$$

$$\dot{U} = j\omega\ (L_1 + L_2 + 2M)\ \dot{I}$$

故顺向串联时，电路的等效电感为

$$L' = L_1 + L_2 + 2M \tag{5-2-1}$$

（2）反向串联。同理，对图 5-2-5（b）所示电路，在图示电压、电流参考方向下，可得

$$\dot{U} = j\omega\ (L_1 + L_2 - 2M)\ \dot{I}$$

故反向串联时，电路的等效电感为

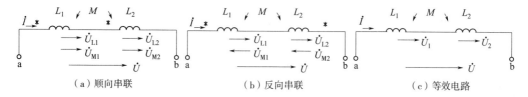

（a）顺向串联　　　　　　　（b）反向串联　　　　　　　（c）等效电路

图 5-2-5　互感线圈的串联

$$L'' = L_1 + L_2 - 2M \tag{5-2-2}$$

比较式（5-2-1）、式（5-2-2）可知，有耦合的 2 个线圈的串联可用图 5-2-5（c）2 个无耦合的线圈等效代替，其中，$L_1' = L_1 \pm M$，$L_2' = L_2 \pm M$，顺向串联取"+"，反向串联取"−"。

（3）互感线圈串联的应用：

①判断同名端。由式（5-2-1）、式（5-2-2）可知，互感线圈串联 2 种接法的等效电感不相等，因而在同样的正弦电压下，电路中的电流也不相等：顺向串联时，等效电感大而电流小；反向串联时等效电感小而电流大。根据这个道理，通过实验就能测定互感线圈的同名端，称为交流电源法。

②测定互感系数 M。由式（5-2-1）、式（5-2-2）可得

$$L' - L'' = L_1 + L_2 + 2M - (L_1 + L_2 - 2M) = 4M$$

所以

$$M = (L' - L'') / 4$$

只需测出 L' 与 L''，即可算得 2 个线圈的互感系数。

2. 互感线圈的并联分析

2 个具有互感的线圈并联时，也有 2 种接法：一种是同名端并在一起，称为同侧并联，如图 5-2-6（a）所示；另一种就是异名端并在一起，称为异侧并联，如图 5-2-6（b）所示。

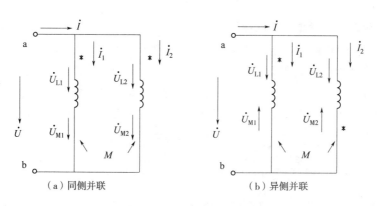

（a）同侧并联　　　　　　　　　（b）异侧并联

图 5-2-6　互感线圈的并联

（1）同侧并联。在图 5-2-6（a）所示电路中，各电压电流参考方向如图中所示，由基尔霍夫定律得

$$\dot{I} = \dot{I}_1 + \dot{I}_2$$

$$\dot{U} = j\omega L_1 \dot{I}_1 + j\omega M \dot{I}_2$$

$$\dot{U} = j\omega L_2 \dot{I}_2 + j\omega M \dot{I}_1$$

联立以上 3 式得

$$\dot{I}_1 = \frac{j\omega\ (L_2 - M)}{j^2 \omega^2\ (L_1 L_2 - M^2)} \dot{U}$$

$$\dot{I}_2 = \frac{j\omega\ (L_1 - M)}{j^2 \omega^2\ (L_1 L_2 - M^2)} \dot{U}$$

$$\dot{I} = \frac{L_1 + L_2 - 2M}{j\omega\ (L_1 L_2 - M^2)} \dot{U}$$

所以，电路的等效复阻抗为

$$Z = \frac{\dot{U}}{\dot{I}} = j\omega \frac{L_1 L_2 - M^2}{L_1 + L_2 - 2M} = j\omega L'$$

由此可得，2 个互感线圈同侧并联时的等效电感为

$$L' = \frac{L_1 L_2 - M^2}{L_1 + L_2 - 2M} \tag{5-2-3}$$

（2）异侧并联。在图 5-2-6（b）所示电路中，用同样的方法可以推出其等效复阻抗和等效电感分别为

$$Z = j\omega \frac{L_1 L_2 - M^2}{L_1 + L_2 + 2M} = j\omega L''$$

$$L'' = \frac{L_1 L_2 - M^2}{L_1 + L_2 + 2M} \tag{5-2-4}$$

比较式（5-2-3）、式（5-2-4）可以看出，同侧并联时的等效电感 L' 大于异侧并联时的等效电感 L''。

*3. 互感线圈有一端相连接的电路分析

互感线圈有一端相连接可分为同侧连接如图 5-2-7（a）所示，异侧连接如图 5-2-7（c）所示，不管是同侧连接还是异侧连接，都可以通过等效变换将其转化为无互感的一般电路，这种方法统称互感消去法或去耦法。利用互感消去法求解含有互感的电路时，有时会使计算大大简化。下面直接给出它们的等效电路及等效参数的结论，如图 5-2-7（b）和图 5-2-7（d）所示。

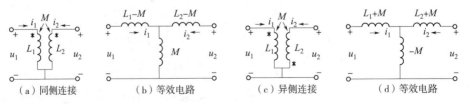

（a）同侧连接　　　（b）等效电路　　　（c）异侧连接　　　（d）等效电路

图 5-2-7　T 形去耦等效电路

特别指出：

（1）消去互感的等效电路中，$L_1 \pm M$、$L_2 \pm M$ 和 $\pm M$，仅说明 3 个无互感的等效元件在数值上与互感的关系，如果得到负的电感值，就仅有分析计算上的意义，而没有实际的物理意义；

（2）等效电路的参数只与同名端的位置有关，而与各电压、电流的参考方向无关。

4. 具有互感的正弦交流电路的分析计算

对于具有互感的正弦交流电路的分析计算，原则上与无互感的正弦交流电路的分析计算相似，只是应注意以下几点：

（1）在用基尔霍夫电压定律列回路电压方程时，不仅要考虑自感电压，而且还要考虑互感电压，要注意互感电压的数量及参考方向（这是分析含互感电路的难点和至关重要的一点）。

（2）在应用等效电源定理时，有源网络内部与外电路之间不应有互感联系。

（3）在互感电路中，线圈两端的电压不仅与本支路电流有关，往往还与其他支路的电流有关，因此不宜直接利用节点电位（压）法来解题。一般说来，在分析计算具有互感的正弦交流电路时，除了利用前面的方法消去互感联系之外，最有效的办法就是利用基尔霍夫定律即支路电流法。

【例 5-2-1】 变压器的一次绕组由 2 个完全相同且彼此有互感的线圈组成，若其互感为 M，每个线圈的电感为 L，交流额定电压均为 110 V，试分析在交流电源电压为 220 V 和 110 V 这 2 种情况下，一次侧两个线圈应分别如何连接？如果接错会产生什么后果？

解： 分析如表 5-2-1 所示。

表 5-2-1 【例 5-2-1】解答

电源电压	一次绕组连接方式	
交流 220 V	两线圈应当串联，从而使每个线圈承受的电压为其额定电压 110 V	
	顺向串联	反向串联
	每个线圈的等效电感 $L' = L + M > L$，即串联后每个线圈的等效电感比它们单独使用时大，因而比单独使用更安全	每个线圈的等效电感 $L' = L - M < L$，即串联后每个线圈的等效电感比它们单独使用时小。 极端情况：当两线圈的耦合系数 $K = 1$ 时，$L' = L - M = L - K\sqrt{LL} = L - L = 0$，每个线圈都相当于短路
	结论：电源电压为 220 V 时，两线圈应当顺向串联，如果接成反向串联，则有烧毁线圈的危险	
交流 110 V	两线圈应当并联，从而使每个线圈承受的电压为其额定电压 110 V	
	同侧并联	异侧并联
	每个线圈的等效电感 $L' = \dfrac{L^2 - M^2}{L - M} = L + M > L$，即并联后每个线圈的等效电感比它们单独使用时大，因而比单独使用更安全	异侧并联时每个线圈的等效电感为 $L' = \dfrac{L^2 - M^2}{L + M}$ $= L - M < L$，即并联后每个线圈的等效电感比它们单独使用时小。 极端情况：当两线圈的耦合系数 $K = 1$ 时，$L' = L - M = L - K\sqrt{LL} = L - L = 0$，每个线圈都相当于短路
	结论：电源电压为 110 V 时，两线圈应当同侧并联，如果接成异侧并联也有烧毁线圈的危险	

【例5-2-2】 现将2个磁耦合线圈串联接到220 V、50 Hz的正弦电源上,当顺向串联时,测得线圈中的电流为 $I_1 = 2.5$ A,功率 $P_1 = 62.5$ W;当反向串联时,测得 $P_2 = 250$ W,试求两线圈的互感 M。

解: 不论线圈是顺向串联还是反向串联,电路的总电阻均为两线圈等效电阻之和,所以在这2种情况下,总电阻将保持不变,设为 R

因为 $P_1 = I_1^2 R$

所以
$$R = \frac{P_1}{I_1^2} = \frac{62.5}{2.5^2} \ \Omega = 10 \ \Omega, \ I_2 = \sqrt{\frac{P_2}{R}} = \sqrt{\frac{250}{10}} \ \text{A} = 5 \ \text{A}$$

顺向串联和反向串联时的阻抗分别为
$$Z_1 = \frac{U}{I_1} = \frac{220}{2.5} \Omega = 88 \ \Omega, \ Z_2 = \frac{U}{I_2} = \frac{220}{5} \ \Omega = 44 \ \Omega$$

又
$$Z_1 = \sqrt{R^2 + (\omega L')^2}, \ Z_2 = \sqrt{R^2 + (\omega L'')^2}$$

故得
$$L' = 0.278 \ \text{H}, \ L'' = 0.136 \ \text{H}$$

所以
$$M = \frac{L' - L''}{4} = \frac{0.278 - 0.136}{4} \text{H} = 0.0355 \ \text{H} = 35.5 \ \text{mH}$$

【例5-2-3】 如何用交流电压法判断同名端?

解:(1)原理分析。如图5-2-8(a)所示,在线圈1中加上交流电压 $\dot{U}_1$,第2个线圈两端开路,则电流 $\dot{I}_1$ 在第1个线圈产生自感电压(忽略线圈的电阻) $\dot{U}_{L1}$,在第2个线圈产生互感电压 $\dot{U}_{M2}$。假设这一对磁耦合线圈顺向串联,则各电压、电流参考方向如图5-2-8(a)所示,两线圈顺向串联后的总电压 $\dot{U} = \dot{U}_1 + \dot{U}_2 = \dot{U}_{L1} + \dot{U}_{M2}$,因自感电压 $\dot{U}_{L1}$、互感电压 $\dot{U}_{M2}$ 在相位上都是超前电流 $\dot{I}_1 90°$,则 $\dot{U}_{L1}$ 与 $\dot{U}_{M2}$ 同相,因此得到结论:当磁耦合线圈作顺向串联时,$U = U_1 + U_2$。同理可得,当磁耦合线圈作反向串联时,$U = |U_1 - U_2|$。

(2)判断方法。如图5-2-8(b)所示,将正弦电压加在第1个线圈两端,分别用电压表测量两线圈的电压及串联后的总电压,若 $U = U_1 + U_2$,则1、4是同名端;若 $U = |U_1 - U_2|$,则1、3是同名端。

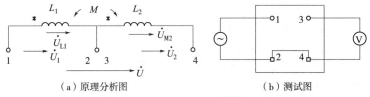

(a)原理分析图　　　　　　　(b)测试图

图5-2-8 交流电压法判断同名端

***【例5-2-4】** 图5-2-9所示电路中,$L_1 = 6$ H、$L_2 = 4$ H、$M = 4$ H,试求:

(1)开关S断开及闭合时a、b两端间等效电感;

(2)若a、b两端接220 V工频电压,求2种情况下电路中的电流 I 的值。

解: 原电路的T形去耦等效电路如图5-2-9(b)所示。

(1)a、b两端间的等效电感:

S 断开时，

$$L_{ab} = L_1 + L_2 + 2M = （6 + 4 + 2 \times 4）\text{ H} = 18 \text{ H}$$

S 闭合时，

$$L_{ab} = L_1 + M + \frac{（L_2 + M）（-M）}{L_2 + M - M} = \left[6 + 4 + \frac{（4 + 4）（-4）}{4 + 4 - 4} \right] \text{H} = 2 \text{ H}$$

（2）电路中的电流：

S 断开时，

$$I = \frac{U}{\omega L_{ab}} = \frac{220}{2 \times 3.14 \times 50 \times 18} \text{ A} = 38.9 \text{ mA}$$

S 闭合时，

$$I = \frac{U}{\omega L_{ab}} = \frac{220}{2 \times 3.14 \times 50 \times 2} \text{ A} = 0.35 \text{ A}$$

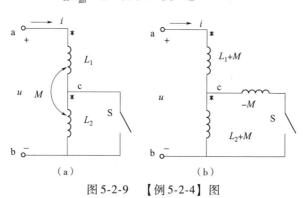

图 5-2-9　【例 5-2-4】图

*三、空心变压器与理想变压器简介

1. 空心变压器

（1）空心变压器的结构及模型。所谓空心变压器，就是由 2 个或 2 个以上相互绝缘的线圈绕在非铁磁材料制成的芯子上、具有互感联系的、能实现从一个电路向另一个电路传输能量或信号的器件。空心变压器没有铁芯变压器产生的各种损耗，其特点是耦合系数较小，属于松耦合。

通常把变压器与电源相连的线圈（绕组）称为一次线圈（原绕组），与负载相连的线圈称为二次线圈（副绕组），因变压器是利用电磁感应原理制成的，因此可以应用自感与互感模型分析空心变压器电路，其模型电路如图 5-2-10（a）所示。

（2）空心变压器的等效电路。设一、二次绕组参数分别为 R_1、L_1、R_2、L_2，2 个线圈的互感为 M，负载参数为 R_L、X_L，各电压、电流的正方向如图 5-2-10 所示。现在来讨论在正弦交流电路中，空心变压器二次绕组接负载时，一、二次侧各电压、电流之间的关系。

一次回路电压方程：$（R_1 + j\omega L_1）\dot{I}_1 - j\omega M \dot{I}_2 = \dot{U}_1$

二次回路电压方程：$-j\omega M \dot{I}_1 + （R_2 + j\omega L_2 + R_L + jX_L）\dot{I}_2 = 0$

由二次回路电压方程得出 $\dot{I}_2$ 的表达式为

$$\dot{I}_2 = \frac{j\omega M \dot{I}_1}{(R_2 + j\omega L_2) + (R_L + j\omega L)}$$

将 $\dot{I}_2$ 代入一次回路电压方程后，解出 $\dot{I}_1$

$$\dot{I}_1 = \frac{\dot{U}_1}{(R_1 + j\omega L_1) + \dfrac{(\omega M)^2}{(R_2 + j\omega L_2) + (R_L + j\omega L)}}$$

分析上式可知，从一次侧来看，二次侧的作用相当于在一次回路中增加了一个复阻抗，此复阻抗称为反射阻抗，用 Z_R 表示，即

$$Z_R = \frac{(\omega M)^2}{R_2 + j\omega L_2 + R_L + j\omega L} = \frac{X_M^2}{Z_{22}} \tag{5-2-5}$$

式中，Z_{22} 为二次回路中总的复阻抗。

由 $\dot{I}_1$、$\dot{I}_2$ 的表达式，可以得出空心变压器一次回路和二次回路的等效电路，它们分别表示在图 5-2-10 （b）、（c）中。利用等效电路及反射阻抗的概念就可以较方便地分析空心变压器电路。

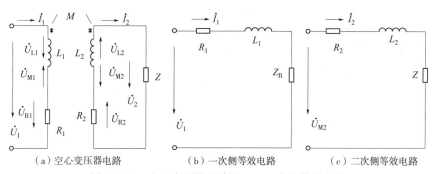

（a）空心变压器电路　　　　　　（b）一次侧等效电路　　　　　　（c）二次侧等效电路

图 5-2-10　空心变压器电路及一、二次侧等效电路

【例 5-2-5】　图 5-2-11 所示电路，二次侧短路，已知：$L_1 = 0.1$ H，$L_2 = 0.4$ H，$M = 0.12$ H，求 ab 端的等效电感 L。

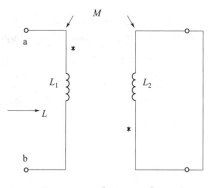

图 5-2-11　【例 5-2-5】图

解：用反射复阻抗的概念来处理。

$$Z_R = \frac{(\omega M)^2}{j\omega L_2}$$

根据一次侧等效电路得

$$\frac{\dot{U}_1}{\dot{I}_1} = j\omega L_1 + Z_R = j\omega \left(L_1 - \frac{M^2}{L_2} \right) = j\omega L'$$

其中 L' 即为所求的等效电感。代入数据得

$$L' = L_1 - \frac{M^2}{L_2} = 0.064 \ H = 64 \ mH$$

2. 理想变压器

理想变压器是实际变压器的理想化模型，是对互感元件的理想科学抽象，是极限情况下的耦合电感。

（1）理想变压器的 3 个理想化条件：

条件 1：无损耗，变压器工作时，其本身不消耗功率，既无铁损，也无铜损（认为绕线圈的导线无电阻）；

条件 2：无漏磁，变压器线圈全耦合（变压器线圈中的电流所产生的磁通全部经铁芯闭合），即耦合系数 $K = 1 \Rightarrow M = \sqrt{L_1 L_2}$；

条件 3：参数无限大，做芯子的铁磁材料的磁导率无限大，自感系数和互感系数 L_1、L_2、M 趋于 ∞ 但满足 $\sqrt{L_1/L_2} = N_1/N_2 = n$。

上式中 N_1 和 N_2 分别为变压器一、二次绕组匝数，n 为匝数比。以上 3 个理想化条件在工程实际中不可能满足，但在一些实际工程计算中，在误差允许的范围内，把实际变压器当理想变压器对待，可使计算过程简化。

（2）理想变压器的主要性能。满足上述 3 个理想化条件的理想变压器与有互感的线圈有着本质上的区别，具有以下特殊性：

①变压关系。图 5-2-12 为满足 3 个理想化条件的耦合线圈，当一、二次绕组中均流过电流时，根据条件 2，有 $\Phi_{12} = \Phi_{22}$，$\Phi_{21} = \Phi_{11}$，一、二次绕组的主磁通 $\Phi = \Phi_1 = \Phi_2 = \Phi_{11} + \Phi_{22}$，使线圈的总磁链 $\Psi_1 = \Psi_{11} + \Psi_{12} = N_1 (\Phi_{11} + \Phi_{12}) = N_1 \Phi$，$\Psi_2 = \Psi_{21} + \Psi_{22} = N_2 (\Phi_{21} + \Phi_{22}) = N_2 \Phi$，由电磁感应定律得

$$u_1 = \frac{d\psi_1}{dt} = N_1 \frac{d\Phi}{dt}$$

$$u_2 = \frac{d\psi_2}{dt} = N_2 \frac{d\Phi}{dt}$$

因此

$$\frac{u_1}{u_2} = \frac{N_1}{N_2} = n \tag{5-2-6}$$

根据式（5-2-6）可得理想变压器模型，如图 5-2-12（b）所示。

注意：理想变压器的变压关系与两线圈中电流参考方向的假设无关，但与电压极性的

设置有关，若 u_1、u_2 的参考方向的"+"极性端一个设在同名端，一个设在异名端，如

图 5-2-12（c）所示，此时 u_1 与 u_2 之比为 $\dfrac{u_1}{u_2} = -\dfrac{N_1}{N_2} = -n$

对于正弦交流电，一、二次电压有效值关系为

$$\frac{U_1}{U_2} = \frac{N_1}{N_2} = n \tag{5-2-7}$$

②变流关系。根据互感线圈的电压、电流关系（电流参考方向设为从同名端同时流入

或同时流出），如图 5-2-13 所示，一次电压方程为 $u_1 = u_{L1} + u_{M2} = L_1\dfrac{\mathrm{d}i_1}{\mathrm{d}t} + M\dfrac{\mathrm{d}i_2}{\mathrm{d}t}$，则

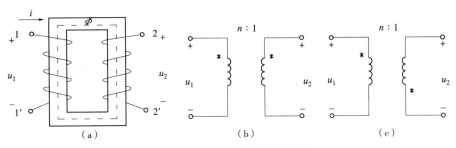

图 5-2-12　理想变压器及其模型图

$$i_1(t) = \frac{1}{L_1}\int_0^t u_1(\xi)\,\mathrm{d}\xi - \frac{M}{L_1}i_2(t)$$

代入理想化条件 2 与条件 3 得理想变压器的电流关系为

$$i_1(t) = -\frac{1}{n}i_2(t) \tag{5-2-8}$$

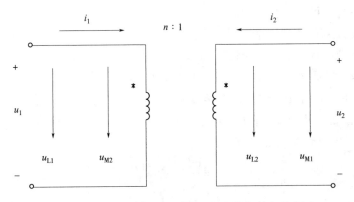

图 5-2-13　理想变压器变流关系电流参考方向示意图

注意：理想变压器的变流关系与两线圈上电压参考方向的假设无关，但与电流参考方向的设置有关，若 i_1、i_2 的参考方向一个是从同名端流入，一个是从同名端流出，此时 i_1 与 i_2 关系为

$$i_1(t) = \frac{1}{n}i_2(t)$$

对于正弦交流电，一、二次电流有效值关系为

$$\frac{I_1}{I_2} = \frac{N_2}{N_1} = \frac{1}{n} \qquad (5\text{-}2\text{-}9)$$

③变阻抗关系。设理想变压器二次侧接复阻抗 Z，如图 5-2-14（a）所示。由理想变压器的变压、变流关系得一次侧的输入复阻抗为

$$Z_{\text{in}} = \frac{\dot{U}_1}{\dot{I}_1} = \frac{n\dot{U}_2}{-1/n\dot{I}_2} = n^2\left(-\frac{\dot{U}_2}{\dot{I}_2}\right) = n^2 Z \qquad (5\text{-}2\text{-}10)$$

由此得理想变压器的一次测等效模型如图 5-2-14（b）所示，把 Z_{in} 称为二次侧对一次侧的折合等效阻抗。

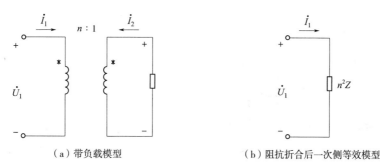

（a）带负载模型　　　　　　　（b）阻抗折合后一次侧等效模型

图 5-2-14　理想变压器变阻抗示意图

注意：理想变压器的阻抗变换性质只改变阻抗的大小，不改变阻抗的性质。

④功率性质。由理想变压器的变压、变流关系得一次侧端口与二次侧端口吸收的功率和为

$$p = u_1 i_1 + u_2 i_2 = u_1 i_1 + \frac{1}{n} u_1 \times (-n i_1) = 0 \qquad (5\text{-}2\text{-}11)$$

式（5-2-11）表明理想变压器既不储能，也不耗能，在电路中只起传递信号和能量的作用。

【例 5-2-6】　已知图 5-2-15（a）电路的电源内阻 $R_S = 1\ \text{k}\Omega$，负载电阻 $R_L = 10\ \Omega$。为使 R_L 上获得最大功率，求理想变压器的变比 n。

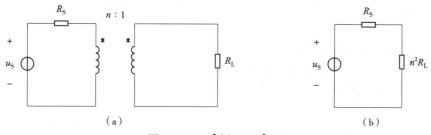

（a）　　　　　　　　　　　　　（b）

图 5-2-15　【例 5-2-6】图

解： 把二次侧阻抗折射到一次侧，得一次侧等效电路如图 5-2-15（b）所示，因此当 $n^2 R_L = R_S$ 时，电路处于匹配状态，由此得：$10n^2 = 1\ 000$，即 $n^2 = 100$，$n = 10$。

任务实施与评价

下面进行变压器同名端的测定。

一、实施步骤

1. 设备及方法

图 5-2-16 为本实验测试所用到的变压器，可以用直流法与交流法判断，直流法请参见图 5-2-3 所示的直流法测量同名端的实验原理，交流法请参见【例 5-2-3】，测试操作过程如下：

2. 直流法

按图 5-2-17 所示直流法（三"正"法）判断同名端。

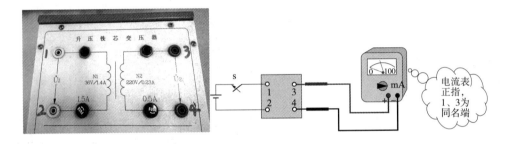

图 5-2-16　测试变压器　　　　　　图 5-2-17　直流法（三"正"法）判断同名端

（1）按图 5-2-17 接好变压器及万用表（5 mA 挡）、直流稳压电源，注意电压输出调到零。

（2）慢慢增大输出电压，同时观察指针偏转方向（指针偏转即可）。

（3）现象及结论：若万用表此时正偏，则 1，3 为同名端。

3. 交流法

（1）先将电源电压用调压器调出输出电压 5 V 左右（用作升压变压器，一定不能直接接未经调压的电源）。

（2）将单相变压器的一次侧接到调好的交流电源上，并用交流电压表测一次电压，记录读数 U_1。

（3）不改变电源大小，测二次电压 U_2，记录读数。

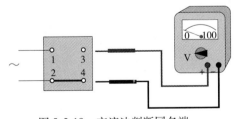

图 5-2-18　交流法判断同名端

（4）保持电源电压不变，将变压器串联（如图 5-2-18 中 2 与 4 端相连），然后测 2 个线圈串联后的总电压 U，记录读数。

根据记录结果及例 5-2-3 交流电压法判断同名端的结论判断同名端。

二、任务评价

评价内容及评分如表 5-2-2 所示。

表 5-2-2 任 务 评 价

任务名称		变压器同名端的测定		
	评 价 项 目	标 准 分	评 价 分	主 要 问 题
自我评价	任务要求认知程度	10 分		
	相关知识掌握程度	15 分		
	专业知识应用程度	15 分		
	信息收集处理能力	10 分		
	动手操作能力	20 分		
	数据分析与处理能力	10 分		
	团队合作能力	10 分		
	沟通表达能力	10 分		
	合计评分			
小组评价	专业展示能力	20 分		
	团队合作能力	20 分		
	沟通表达能力	20 分		
	创新能力	20 分		
	应急情况处理能力	20 分		
	合计评分			
教师评价				
总评分				
备注	总评分 = 教师评价 50% + 小组评价 30% + 个人评价 20%			

任务三 交流铁芯线圈及应用

 **任务目标**

（1）能理解铁磁物质的磁化特性；

（2）会应用磁路的欧姆定律及磁路的基尔霍夫定律进行磁路的定性分析；

（3）能理解交流铁芯线圈电与磁的关系，掌握交流铁芯线圈端电压、电流与线圈磁通的关系及铁芯的损耗；

（4）熟悉变压器工作原理，掌握电压、电流、电阻的变换公式及其来源和条件，并能利用变电压、变电流、变阻抗特性计算含有变压器的电路；

（5）能理解变压器的应用（电压互感器、电流互感器、钳形电流表）的工作原理，掌握电流、电压互感器的作用、接线及测试方法。

 工作任务

铁磁物质的磁化性能及交流铁芯线圈的电磁关系是认识与理解实际变压器工作原理、工作特性的基础，因此，通过相关知识的学习，完成以下任务：

（1）观察单相变压器的构造和铭牌数据，加强理解变压器的工作原理；

（2）练习测量变压器空载特性和外特性，学会变压器各项参数的测量与计算。

 **相关知识**

一、铁磁物质的磁化

铁、钴、镍及其众多合金以及含铁的氧化物（铁氧体）均属铁磁物质，它是一种性能特异，用途广泛的材料，如在变压器、电机及电磁铁等电器的铁芯一般采用硅钢、铸铁等铁磁材料，而制作各种永久磁铁、扬声器的磁钢和电子电路中的记忆元件等用的是钢等另一类铁磁材料，对这些常识的理解，需要了解铁磁材料的基本知识。

1. 铁磁物质的磁化

（1）磁化的概念。所谓磁化是指在外磁场作用下，铁磁物质会产生一个与外磁场同方向的附加磁场。使铁磁物质磁化的电流称为励磁电流，又称磁化电流或激磁电流。将铁磁物质（如铁、钴、镍）放置于某磁场中，通电线圈中加设铁芯，都会使得空间的磁场大大地加强，这些都是利用了铁磁物质磁化这一现象，显示铁磁材料高导磁性能。

（2）磁化的原因。铁磁材料之所以具有高导磁性能，在于其内部存在着强烈磁化了的自发磁化单元，称为磁畴。在正常情况下，磁畴是杂乱无章排列的，因而对外不显示磁性。但在外磁场的作用下，磁畴沿着外磁场的方向作出有规则的排列，从而形成了一个附加磁场，叠加在外磁场上，如图 5-3-1 所示。

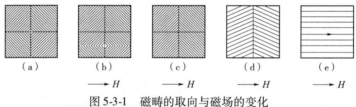

图 5-3-1　磁畴的取向与磁场的变化

当外磁场不断增大时，那些方向与外磁场方向接近或相同的磁畴就开始扩大自己的体积，而方向与外磁场方向近于相反的磁畴则被迫缩小自己的体积，如图 5-3-1（a）、（b）、（c）所示。若继续增强外磁场，则磁畴的磁轴将受到力矩的作用转到与外磁场相同的方向，如图 5-3-1（d）所示，形成了与外磁场同方向的附加磁场，使磁性大为增强。直到最后，全部磁畴方向都转到与外磁场一致时，达到了磁饱和状态，如图 5-3-1（e）。饱和后，由于磁畴产生的磁性已达最大值（各种物质均有其一定值），即使外加磁场再继续增强，所引起的磁性增量也只能与真空或空气中一样了。

因此，磁畴结构是铁磁物质磁化的内因。

2. 磁化曲线

磁化曲线是铁磁物质在外磁场中被磁化时，其磁感应强度 B 随外磁场强度 H 的变化的曲线，即 $B-H$ 曲线。磁化曲线可以通过实验测定。

（1）起始磁化曲线。未经磁化过的铁磁材料的磁化曲线，称为起始磁化曲线，如图 5-3-2 所示中的曲线①。曲线所表示的磁化过程大致可以分为以下几个阶段：

Oa 段：磁感应强度增长较慢，主要是开始阶段的磁场强度 H 还不够大。

ab 段：此时 H 已较大，在外磁场作用下有较多磁畴转向排列整齐，B 的上升很快。

bc 段：外磁场的 H 已很强，但由于大多数的磁畴已排列整齐，H 的增加只能促使少数尚零乱的磁畴继续排列整齐，这时 B 的上升减慢。

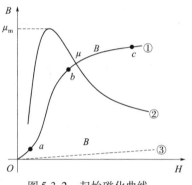

图 5-3-2 起始磁化曲线

c 点以后：绝大多数的磁畴方向均转到与外磁场方向一致，H 继续增大，B 则基本保持不变，曲线进入饱和段，再增大外磁场，附加磁场已不可能随之进一步增强，这就是通常所说的铁磁物质的磁饱和性。

铁磁物质的起始磁化曲线，表明了它的 B 和 H 的关系为非线性关系，也表明了它的导磁系数 μ 不是常数而是一个随 H 变化而变化的量。图 5-3-2 中的曲线②为铁磁材料的 $\mu-H$ 曲线，曲线③是非铁磁材料的 B_0-H 曲线。

（2）磁滞回线。铁磁材料在反复磁化过程中的 $B-H$ 曲线称为磁滞回线。

当外磁场增大到使铁芯达饱和状态的 H_m 值以后，磁感应强度也相应地沿起始磁化曲线变化到 $+B_m$ 值。若逐渐减小外磁场，则 B 也随之减小，但此时逐渐减小的 B 值并不按起始磁化曲线的规律下降，而是沿一条高于起始磁化曲线减小的，如图 5-3-3 所示。当 H 减小到零时，B 等于 B_S（称为剩磁）而不等于零。这是因为经过磁化后的磁畴，在外磁场取消后，不能立即恢复原状而仍取一定的排列方向。在相反方向上增加外磁场，则 B 由 B_S 逐渐减小，这一过程称为去磁过程。使剩磁减至零所需的外磁场强度 H_C 称为矫顽力。各种铁磁物质均有一定的剩磁及矫顽力。

继续将外磁场增加到 $-H_m$ 后再减小到零，铁芯中的磁性将沿 efg 曲线变化。当外磁场为零时，也有剩磁 $-B_S$ 存在。这时，再使外磁场正向增大。由于磁性曲线，应从 g 点而不是从 O 点开始，磁性沿 ghc' 曲线变化（一般 c 与 c' 点不重合）。可见，铁磁物质在外磁场中进行交变磁化时，B 的变化总是落后于 H 的变化，这种现象称为磁滞现象，体现了铁磁物质的磁滞性。经反复磁化循环后，就可得到一个近似对称于原点的闭合曲线，称为磁滞回线。

所以，当铁磁材料处于交变磁场中时（如变压器中的铁芯），将沿磁滞回线反复被磁化→去磁→反向磁化→反向去磁。在此过程中要消耗额外的能量，并以热的形式从铁磁材料中释放，这种损耗称为磁滞损耗，可以证明，磁滞损耗与磁滞回线所围面积成正比。

（3）基本磁化曲线。初始态为 $H = B = 0$ 的铁磁材料，在交变磁场强度由弱到强依次进行磁化，可以得到面积由小到大向外扩张的一簇磁滞回线，如图 5-3-4 所示，这些磁滞回线顶点的连线称为铁磁材料的基本磁化曲线。它与起始磁化曲线相差甚微。一些资料或手册中给出的各种铁磁物质的 $B - H$ 曲线就是基本磁化曲线，它是电工计算中实用的磁化曲线。

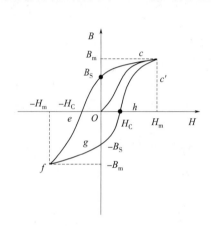

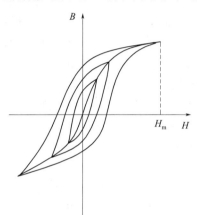

图 5-3-3　磁滞回线　　　　　　　图 5-3-4　基本磁化曲线连线示意图

3. 铁磁物质的分类

根据磁滞回线的形状，铁磁材料可分为两大类，即硬磁性材料和软磁性材料。

（1）硬磁性材料。硬磁性材料的特点是磁滞回线较宽，撤去外磁场后剩磁大，磁性不易消失，如图 5-3-5（a）所示，硬磁性材料常用来制作永久磁铁，许多电工设备如磁电式仪表、扬声器、受话器、永磁发电机中的永久磁铁都是用硬磁性材料制作的。钨钢、钴钢、钡铁氧体等是常用的硬磁性材料。电子计算机存储器中的磁芯所用的材料，其磁滞回线形状接近矩形，如图 5-3-5（c）所示，该材料称为矩磁材料。

（2）软磁性材料。与硬磁性材料相反，软磁性材料的磁导率高，易于磁化，但撤去外磁场后，磁性基本消失。反映在磁滞回线上是剩磁 B_S 和矫顽力 H_C 都很小，磁滞回线形状狭长，与基本磁化曲线十分靠近，如图 5-3-5（b）所示。常用的软磁性材料有硅钢、坡莫合金、铁氧体等。如交流电动机、变压器等电力设备中的铁芯都采用硅钢制作；收音机接收线圈的磁棒、中频变压器的磁芯等用的材料是铁氧体。

二、磁路分析基础及应用

在工程实践中，广泛应用着机电能量转换器件和信号转换器件，如电动机、变压器、互感器、储存器等，其工作原理和特性分析都是以磁路和带铁芯电路分析为基础的，只有同时掌握了电路和磁路的基本理论，才能对各种电工设备的工作原理作全面的分析，并正确理解、运用这些器件。

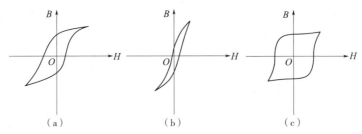

图 5-3-5　硬磁性材料和软磁性材料的磁滞回线

1. 磁路的基本概念

磁路既是一个重要的分析概念，又是一个很典型的分析方法，其价值就在于将复杂的磁场计算转化为简单的磁路计算。

（1）磁路的定义。为了使较小的励磁电流能够产生足够大的磁通，在变压器、电动机及各种电磁元件中常用铁磁物质制成一定形状的铁芯，由于铁芯的导磁系数比周围其他物质的导磁系数高很多，因此磁通差不多全部通过铁芯而形成一个闭合回路，这部分磁通称为主磁通 Φ，所经过的路径称为磁路，如图 5-3-6 所示。另外还有很少一部分经过空气而形成闭合路径，这部分磁通称为漏磁通 Φ_s。

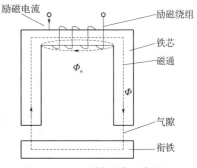

图 5-3-6　电磁铁磁路示意图

（2）磁路特点：

①可以认为磁通全部（或主要）集中在磁路里，磁路路径就是磁感线的轨迹。

②磁路常可分为几段，使每段具有相同的截面积和相同的磁介质。在各磁路段中磁场强度处处相同，方向与磁路路径一致。

③在磁路的任一个截面上，磁通都是均匀分布的。

（3）磁路分析中的基本物理量。磁路分析中物理量与磁场物理量基本相同，如磁通 Φ、磁感应强度 B、磁场强度 H，含义前已介绍，下面介绍磁动势与磁压降这 2 个物理量。

①磁动势。围绕磁路某一线圈的电流与其匝数的乘积，称为该线圈产生的磁动势，即 $F_m = Ni$。

磁动势方向由右手螺旋定则确定，单位为安匝。

②磁压降。某一段磁路中，磁场强度与磁路段长度的乘积，称为磁压降，磁压降又称磁压或磁位差，$U_m = Hl$，其方向与磁场方向一致，单位安（A）。

2. 磁路的基本定律

（1）安培环路定律（全电流定律）。沿着任何一条闭合回线 L，磁场强度 H 的线积分值恰好等于该闭合回线所包围的总电流值 $\sum I$（代数和）。这就是安培环路定律，用公式表示，有

$$\oint_l H \cdot dl = \sum I \qquad (5\text{-}3\text{-}1)$$

计算电流代数和时，与绕行方向符合右手螺旋定则的电流取正号；反之取负号。

例如在图 5-3-7 中，$\oint_l Hdl = \sum I = -I_1 + I_2 - I_3$

式（5-3-1）反映了稳恒电流产生磁场的规律。

（2）磁路欧姆定律。设一段磁路的长度为 l，截面积为 S，磁路介质的磁导率为 μ，则磁路中有 $B = \mu H$，$\dfrac{\varPhi}{S} = \mu H$，所以

$$\varPhi = \mu HS = \frac{Hl}{\dfrac{l}{\mu S}} = \frac{U_m}{R_m} \qquad (5\text{-}3\text{-}2)$$

式中，$R_m = \dfrac{l}{\mu S}$ 称为该段磁路的"磁阻"，其单位为 1/H。

式（5-3-2）形式上与电路中的欧姆定律相似，故称其为磁路欧姆定律。

由于铁磁材料的磁导率不是一个常数，所以其构成的磁路的磁阻也是变化的。因此，在一般情况下不能用磁路欧姆定律来进行磁路的计算，但对磁路的定性分析时，则常用到磁路欧姆定律。

（3）磁路的基尔霍夫第一定律。磁路基尔霍夫第一定律，实际上是磁通连续性原理的体现。对任何一个有限的闭合曲面而言，穿出的磁通必然等于穿入的磁通，仿照基尔霍夫电流定律，规定穿入闭合曲面的磁通为正，穿出闭合曲面的磁通为负，则得出这一闭合曲面上穿出与穿入的磁通的代数和为零，即

$$\sum \varPhi = 0 \qquad (5\text{-}3\text{-}3)$$

如果把这一有限的闭合曲面看成一个广义的点，就有穿入任一节点的磁通等于穿出该节点的磁通，称为磁路的基尔霍夫第一定律。

在图 5-3-8 中，对于磁路中的节点 A，各支路的磁通满足 $\varPhi_1 + \varPhi_2 - \varPhi_3 = 0$

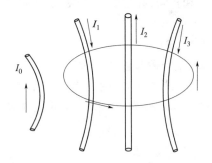

图 5-3-7 安培环路定律示意图

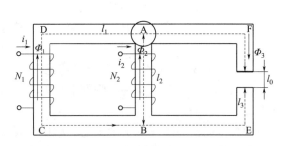

图 5-3-8 有分支磁路

（4）磁路的基尔霍夫第二定律。磁路基尔霍夫第二定律，实际上是全电流定律在磁路中的体现，下面根据全电流定律来分析磁路中各处的磁场强度与励磁电流的关系。

用全电流定律对磁路进行计算时，由于磁路一般多是不均匀的。对此，可将磁路按截面和材料分成若干段，使每一段的截面和材料都相同，所以 B 及 H 处处相同。因此当选 dl

方向与 H 方向一致时，$\oint_l H \cdot \mathrm{d}l = Hl$。如图 5-3-8 左侧的回路，应用全电流定律时，如选顺时针方向为闭合回路绕行方向，则

$$H_1 l_1 - H_2 l_2 = N_1 I_1 - N_2 I_2$$

同样对于右侧的回路，有

$$H_2 l_2 + H_3 l_3 + H_0 l_0 = N_2 I_2$$

以上两式中的 $N_1 I_1$、$N_2 I_2$ 相当于电路中的电动势，是产生磁通的来源，推广到一般情况，便有

$$\sum U_{\mathrm{m}} = \sum F_{\mathrm{m}} \tag{5-3-4}$$

或写为

$$\sum Hl = \sum NI \tag{5-3-5}$$

这就是磁路的基尔霍夫第二定律表达式。它表明：沿任一闭合回路，磁压的代数和恒等于磁动势的代数和。这与电路的 KVL 类似。

应用式（5-3-4）时磁压和磁动势的正负号按如下规定决定：磁通参考方向与环绕方向一致时，该段磁压取正号，反之取负号；线圈中电流的参考方向和环绕方向符合右螺旋关系时，其磁动势取正号，反之取负号。

为便于理解磁路中物理量和基本定律，现将磁路与电路比较，如表 5-3-1 所示。

表 5-3-1　磁路与电路比较

电路基本物理量	磁路基本物理量
电动势 E（V）	磁动势 $F_{\mathrm{m}} = NI$（A）
电流 I（A）	磁通 Φ（Wb）
电压 $U = IR$（V）	磁压 $U_{\mathrm{m}} = Hl$（A）
电阻 $R = \dfrac{l}{\gamma s}$（Ω）	磁阻 $R_{\mathrm{m}} = \dfrac{l}{\mu s}$（1/H）
电路基本定律	磁路基本定律
欧姆定律 $I = \dfrac{U}{R}$	欧姆定律 $\Phi = \dfrac{U_{\mathrm{m}}}{R_{\mathrm{m}}}$
基尔霍夫定律 $\sum I = 0$，$\sum E = \sum U$	基尔霍夫定律 $\sum \Phi = 0$，$\sum NI = \sum Hl$

必须注意：磁路和电路虽有相似之处，但它们的物理本质不同。它们的主要区别如下：

①电流与磁通的区别：一般说来，电流是带电粒子的定向移动而形成的，电流通过电阻器时要消耗功率 $I^2 R$，这个功率必须由电源提供，而磁通只是为了描述磁场的宏观分布而引入的一个物理量，在磁路内 $\Phi^2 R_{\mathrm{m}}$ 并不代表功率损失，因此就磁路本身而言，维持恒定的磁通并不需要消耗功率。

②电路与磁路的区别：电路可以有开路的运行状态，电路开路时，不管有无电源，电路中的电流都为零。另外，电路中如果没有电源电动势存在，电路中的电流一定等于零；反过来，只要电路中有电流存在，就说明电路中一定存在电源电动势。然而，磁路却没有开路的运行状态，并且当磁通势为零时，由于铁磁物质有剩磁存在，磁路中的磁通并不等于零。

*3. **恒定磁通磁路的计算**

所谓恒定磁通的磁路就是用直流电流励磁的磁路。这类磁路的计算一般包含 2 类问题：一类是已知磁路中的磁通或磁感应强度以及磁路的材料、尺寸，要求所需的磁动势，这一类问题可以直接求解，称为正面问题；另一类是已知磁动势和磁路材料、尺寸，要求磁路中的磁通或磁感强度，这一类问题一般不能直接求解，所以称为反面问题。

按铁芯的结构不同，磁路可分为无分支磁路和分支磁路 2 种。分支磁路又有对称分支磁路与不对称分支磁路。其计算方法分述如下：

（1）已知磁通求磁动势问题的计算。

①无分支磁路。一个无分支恒磁的磁路，忽略漏磁通时，磁路中各处的磁通均为 Φ，对于此类正面问题的计算可按下列步骤进行：

a. 将磁路按材料和截面积的不同划分成若干段。

b. 按磁路的几何尺寸计算各段的截面积 S 和磁路的平均长度 l。

c. 由已知的磁通 Φ，按 $B = \dfrac{\Phi}{S}$ 计算出各段的磁感应强度 B。对于磁路中的铁磁材料部分，可根据该材料的 $B-H$ 曲线或数据表，找出相应的磁场强度 H。对于磁路中气隙部分则可按下式计算出 H_0 值。

$$H_0 = \frac{B_0}{\mu_0} = \frac{B_0}{4\pi \times 10^{-7}} = 0.8 \times 10^6 B_0$$

d. 计算各段磁路的磁压 U_m。

e. 按照磁路的基尔霍夫第二定律求出所需要的磁动势。

以上步骤可用流程图概括如下：

$$\Phi \rightarrow \begin{cases} \xrightarrow{B_0 = \frac{\Phi}{S_0}} B_0 \xrightarrow{H_0 = B_0/\mu_0} H_0 \xrightarrow{\times l_0} H_0 l_0 \\ \xrightarrow{B_1 = \frac{\Phi}{S_1}} B_1 \xrightarrow{\text{查 } B-H \text{ 曲线}} H_1 \xrightarrow{\times l_1} H_1 l_1 \\ \xrightarrow{B_2 = \frac{\Phi}{S_1}} B_2 \xrightarrow{\text{查 } B-H \text{ 曲线}} H_2 \xrightarrow{\times l_2} H_2 l_2 \end{cases}$$

$$\xrightarrow{H_0 l_0 + H_1 l_1 + H_2 l_2} \sum Hl = \sum NI$$

其中，l_0、H_0 分别为气隙磁路的长度和气隙中的磁场强度。

在计算铁芯截面积时，若铁芯由硅钢片叠成，则由于硅钢片涂有绝缘漆，需要扣除绝缘漆层的厚度。按铁芯几何尺寸算出的面积称为视在面积，磁通实际通过的铁芯面积称为有效面积，两者的比值称为填充系数，即

$$K = \frac{\text{有效面积}}{\text{视在面积}}$$

K 是一个恒小于 1 的数。K 的大小由铁片厚度和绝缘漆层的厚度来定。厚度为 0.5 mm 的钢片，K 取 0.86。

磁路中若有气隙存在，磁通在经过气隙时会向外扩散形成边缘效应，如图 5-3-9（a）

所示。边缘效应增大了气隙的有效面积，使气隙部分的磁感应强度略有减少。长度很短的气隙其有效面积可用近似公式计算，如矩形截面的铁芯如图 5-3-9 （b）所示，气隙有效截面积为

$$S_a = (a + l_0)(b + l_0) \approx ab + (a + b)l_0$$

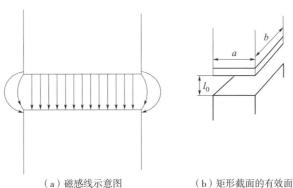

（a）磁感线示意图　　　　　（b）矩形截面的有效面

图 5-3-9　气隙的边缘效应

当气隙长度 l_0 小于矩形截面积短边的 1/5 时，则可忽略边缘效应而近似认为气隙有效截面积即为铁芯的视在面积，即 $S_a = ab$。

②对称分支磁路的计算。对于对称分支磁路，计算时只需要注意 2 个分支的磁通均只有中间线圈内磁通的一半，取其中一个分支的中心线与中间铁芯柱的中心线组成的闭合路径，按无分支磁路的计算方法计算。

（2）已知磁动势求磁通问题的计算。已知磁动势求磁通的计算属于反面计算问题。如校核电磁铁的吸力，已知电磁铁的线圈匝数及通入的励磁电流，须根据 NI 值求出磁通 Φ，才能由 B 值计算出吸力 F 的大小。但由于铁芯的非线性特点，各段的磁压大小与磁通 Φ 有关。若不知 Φ 值，则不可能将已知的磁动势按磁路分段来分开，所以不能求出 H 值，也不可能求出各段的 B 和 Φ。反面计算一般都采取逐步逼近的试探法（猜试法）来计算。

试探法就是先假设一个磁通值。根据此磁通值，按正面问题计算方法来求出一个磁动势。将此磁动势与已知磁动势比较，如不相等，修正所设磁通值再算。经几次反复试探，直到所算出的磁动势等于（或近似等于）已知的磁动势值，则最后一次假设的磁通值就是所要求的磁通值。

怎样假设第一次试探的磁通值呢？已知气隙中磁压占总磁动势的绝大部分，所以可先假设磁动势全部都分配在气隙上，则 $H_0 l_0 = NI$，$H_0 = NI/l_0$，气隙中 $B_0 = \mu_0 H_0 = \mu_0 NI/l_0$，由于铁芯上也会分配有磁压，所以这一 B_0 值定会大于实际值。于是可再选取一较小于 B_0 的数值来进行第二次试探。

【例 5-3-1】　直流电磁铁的铁芯由 D_{21} 硅钢片叠成，衔铁为铸钢，磁路尺寸如图 5-3-10 所示。铁芯填充系数取 0.92，若不计铁芯的边缘效应，欲使气隙中磁通量为 $1 \times 10^{-3} \text{Wb}$，试求铁芯所需磁动势为多少？若线圈匝数为 1 000 匝，求线圈励磁电流（尺寸单位 cm）。

解：根据所给的磁路情况，可将磁路分为铁芯、气隙、衔铁 3 段分别计算。每段中心线长为

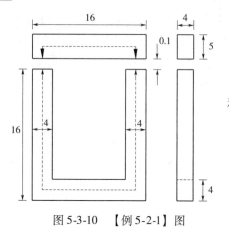

图 5-3-10 【例 5-2-1】图

$l_1 = (16-4) + 2(16-2) = 40 \text{ cm} = 0.4 \text{ m}$

$l_2 = (16-4) + (2 \times 2.5) = 17 \text{ cm} = 0.17 \text{ m}$

$l_0 = 0.1 \times 2 = 0.2 \text{ cm} = 0.002 \text{ m}$

由于气隙狭小，忽略边缘效应，各段有效截面积为

$S_1 = 4 \times 4 \times 0.92 = 14.72 \text{ cm}^2 = 14.72 \times 10^{-4} \text{ m}^2$

$S_2 = 5 \times 4 = 20 \text{ cm}^2 = 20 \times 10^{-4} \text{ m}^2$

$S_0 = S_1 = 14.72 \times 10^{-4} \text{ m}^2$

每段磁感应强度为

$B_1 = \dfrac{\Phi}{S_1} = \dfrac{1 \times 10^{-3}}{14.72 \times 10^{-4}} \text{T} = 0.68 \text{ T}$

$B_2 = \dfrac{\Phi}{S_2} = \dfrac{1 \times 10^{-3}}{20 \times 10^{-4}} \text{T} = 0.5 \text{ T}, \quad B_0 = B_1 = 0.68 \text{ T}$

查 $B-H$ 曲线表分别查得

$$H_1 = 254 \text{ A/m}, \quad H_2 = 400 \text{ A/m}$$

气隙中磁场强度为

$$H_0 = 0.8 \times 10^6 B_0 = 0.8 \times 10^6 \times 0.68 \text{ A/m} = 0.544 \times 10^6 \text{ A/m}$$

所需磁动势为

$F_m = NI = H_1 l_1 + H_2 l_2 + H_0 l_0 = (254 \times 0.4 + 400 \times 0.17 + 0.544 \times 10^6 \times 0.002) \text{ A}$

$= (101.6 + 68 + 1088) \text{ A} = 1257.6 \text{ A}$

励磁电流

$$I = \frac{F_m}{N} = \frac{1257.6}{1000} \text{A} = 1.26 \text{ A}$$

从本例可以看出：气隙虽短，但其磁压却占了总磁压的绝大部分。磁路中有了空气气隙，如果仍然要求产生无气隙时那么大的磁通，所需的磁动势就要大大增加。但气隙在工程上有时是不可缺少的，如在电机的制造安装中，转子部分和定子部分之间的气隙就十分重要。如无气隙，转子不能转动，但气隙若太大，励磁绕组就需要增加较多的安匝数，使电机的效率降低。

三、交流铁芯线圈分析

对于空心线圈，当交流电通过时电压与电流的关系、物理过程较简单，可以用下列关系来表示。

$$u \to i \begin{cases} p_R = i^2 R; \; u_R = iR \\ \\ \Phi \begin{cases} \text{自感 } e_L = -u_L = -N\dfrac{\mathrm{d}\Phi}{\mathrm{d}t} = -L\dfrac{\mathrm{d}i}{\mathrm{d}t}; \; \Phi \propto i \\ \\ \text{有互感时 } e_{M2} = -u_{M2} = -N_2\dfrac{\mathrm{d}\Phi_{21}}{\mathrm{d}t} = -M\dfrac{\mathrm{d}i}{\mathrm{d}t}; \; \Phi_{21} \propto i \end{cases} \end{cases}$$

对于铁芯线圈，根据电源的不同，分为直流铁芯线圈和交流铁芯线圈。在直流铁芯线圈中，电流 $I = U/R$ 恒定，磁通 Φ 恒定，磁通 Φ 与励磁电流关系可以用恒定磁通磁路的计算求得，功率损耗只产生在线圈电阻上；在交流铁芯线圈中，电流交变，磁通也交变，由于铁芯的非线性性，铁芯线圈的自感电压只能用式 $u_L = Nd\Phi/dt$ 计算，而不能用式 $u_L = Ldi/dt$ 计算，也就是说，铁芯线圈的电压与电流的关系，要通过磁通才能联系起来，因而，交流铁芯线圈电路中电磁关系比较复杂，且由于在交变电流的作用，铁磁物质的磁化特点使得功率的损耗不仅仅只是产生在电阻器上。

1. 交流铁芯线圈的电压、电流与磁通关系

（1）在正弦电压作用下。如图 5-3-11 所示交流铁芯线圈，各量的参考方向如图所示。

当在线圈两端加正弦电压后，在铁芯线圈中产生交变磁通。这个磁通分成两部分，主磁通 Φ 和漏磁通 Φ_S，它们都会在线圈中产生感应电压 u_L 和 u_S。另外，线圈本身还有电阻，电流通过时会有电压降 u_R，这时线圈两端电压平衡方程式为

$$u = u_L + u_S + u_R \tag{5-3-6}$$

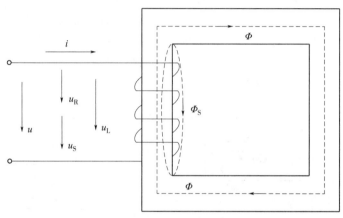

图 5-3-11 交流铁芯线圈

①主磁通与电压的关系。由于铁芯的磁导率远大于空气的磁导率，所以感应电压 $u_L \gg u_S$，线圈本身的电阻也很小，因此，u_R 也很小，那么在忽略漏磁通和电阻的情况下（也即忽略 u_S 和 u_R），外加电压就与主磁通的感应电压相平衡，有

$$u = u_L = N\frac{d\Phi}{dt} \tag{5-3-7}$$

若外加一正弦电压，则主磁通也是正弦量，即

$$\Phi = \Phi_m \sin\omega t$$

代入电压平衡方程式（5-3-6），可得

$$u = \sqrt{2}U\sin\left(\omega t + \frac{\pi}{2}\right)$$

其中

$$U = 4.44fN\Phi_m \tag{5-3-8}$$

式（5-3-8）是一个非常有用的公式，设计变压器、测量交变磁通时经常用到它。测量时，只需要将线圈绕在铁芯上，测出其感应电动势的有效值，就可以根据该式推算出穿

过这个线圈的磁通最大值。

综上所述，不考虑电阻和漏磁通时，主磁通和电压的关系如下：

a. 外加电压是正弦量时，主磁通是同频率的正弦量；

b. 在相位上，电压超前主磁通 $\pi/2$；

c. 电源的频率 f 与线圈的匝数一定时，电压的有效值与主磁通的最大值成正比。也就是说磁通只决定于外加的正弦电压，而与磁路的情况（如材料、几何尺寸、有无空气隙等）无关，这是交流铁芯线圈的特点。

②电流波形的畸变。在铁芯线圈的电路中，电压与电流的关系要通过磁通这个量找到，其过程示意如下：

$$u \xrightarrow{=N\frac{\mathrm{d}\varPhi}{\mathrm{d}t}} \varPhi \xrightarrow{=BS} B \xrightarrow{\text{磁化曲线}} H \xrightarrow{=\frac{N}{l}i} i$$

显然，要得到 $u-i$ 关系，就须得到 $\varPhi-i$ 的关系，因比，$\varPhi-i$ 的关系曲线与 $B-H$ 的关系曲线相似。由于受铁磁物质的磁化性能（磁饱和及磁滞）的影响以及涡流［铁芯中的磁通交变时，不仅在线圈两端产生感应电压，铁芯内也产生感应电压。由于铁芯是导体，铁芯内的感应电压会在铁芯内引起环形电流，其方向与铁芯的截面平行。因此，涡流指的是在垂直于磁场方向的铁芯截面上环行流动的感应电流，如图 5-3-12（a）所示］的影响，在正弦电压作用下，电流波形不再是正弦的，而是要畸变为歪斜的、尖顶的非正弦周期性交流电。

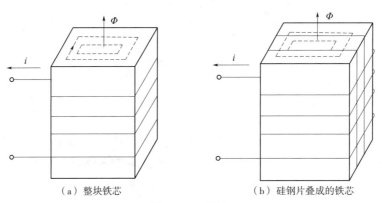

（a）整块铁芯　　　　　　　　（b）硅钢片叠成的铁芯

图 5-3-12　涡流

（2）在正弦电流作用下。在电工技术中，铁芯线圈一般都工作在正弦电压下，但也有少数设备，如电流互感器的铁芯线圈是工作在线圈电流为正弦波的情况下。当 i 是正弦波，主要受磁饱和的影响，$\varPhi$ 是平顶波，因而 u 畸变为尖顶波。一般说来，铁芯线圈的 u、i、$\varPhi$ 不可能同时为正弦波，只有当忽略磁滞，且铁芯线圈工作在接近磁化曲线的直线部分时，主磁通与线圈电流才近似呈线性关系，则电压、电流和磁通的波形才可近似认为同是正弦波。

2. 交流铁芯线圈的损耗

（1）铜损耗。由于线圈一般由铜导线绕成，所以线圈电阻的平均功率称为铜损耗。交流铁芯线圈在正弦电压下工作时，电流是周期性变化的非正弦量，因而铜损耗 P_{Cu}

$$P_{\mathrm{cu}} = \frac{1}{T} \int_0^T u_{\mathrm{R}} i \mathrm{d}t = \frac{1}{T} \int_0^T i^2 \mathrm{d}t$$

显然，利用上式计算很不方便。对于含有周期性非正弦量的交流电路，常以等效正弦量（或称等效正弦波）代替非正弦量，采用符号法进行计算。用等效正弦量代替非正弦量时，要同时满足下面 3 个条件，这 3 个条件分别与正弦量的三要素有关：

①等效正弦量与它所代替的非正弦量应具有相同的频率；

②等效正弦量与它所代替的非正弦量应具有相同的有效值；

③在一个电路中用等效正弦量代替非正弦量后，应保证电路的平均功率不变。（等效正弦量的初相可由此确定）

必须指出，即使满足上述 3 个条件，也不可能使等效正弦量在一切方面都与它所代替的非正弦量相同，因此，这里所谓"等效"只是"相近似"的含义。本书对交流铁芯线圈电路使用等效正弦量的概念，以简化对电路的分析计算。用等效正弦电流代替线圈中的非正弦电流后，铜损耗的计算将十分简便，即

$$P_{\mathrm{Cu}} = I^2 R$$

式中，I 为等效正弦电流的有效值，R 为线圈的电阻。

（2）铁损耗。处于交变磁通下的铁芯内的功率损耗称为铁损耗（P_{Fe}），它包括磁滞引起的磁滞损耗（P_{n}）及涡流的存在产生的涡流损耗（P_{e}）。工程上常采用经验公式计算铁损耗。

磁滞损耗与磁滞回线的面积成正比，而且在正常运行的交流电动机和电器中，磁滞损耗常比涡流损耗大 2~3 倍，为减小磁滞损耗，用于交变磁化下的铁芯宜采用磁滞回线形状狭长的软磁性材料，如硅钢片等。

理论研究表明，涡流损耗正比于电源频率 f 与磁感应强度最大值 B_{m} 乘积的二次方。涡流的存在，在一般变压器、电动机等电气设备中会造成有害的影响，它一方面有去磁作用，另一方面涡流的损耗，会引起铁芯发热，使线圈容量减小，降低设备的效率，因此，必须减小涡流及涡流损耗。在电工技术中常用以下 2 种办法减小涡流及涡流损耗：一种是增大铁芯材料的电阻率，例如采用含硅 1%~5% 的电工硅钢片；另一种办法是采用涂绝缘漆膜的硅钢片叠成的铁芯，并使磁通方向与钢片平行 [见图 5-3-12（b）]，这样既可以满足技术所需的铁芯截面积及高导磁性要求，又可使每一薄钢片中的涡流只在较小的截面内流通，从而加大了涡流回路的总电阻，以达到减小涡流及涡流损耗的目的。另外，由于涡流损耗与磁感应强度最大值 B_{m} 的二次方成正比，所以在设计电动机或其他电器时，不宜采用过大 B_{m} 值，这也是减小涡流损耗的一个有效途径。涡流也可加以利用，如可利用涡流冶炼金属，仪表中用涡流起阻尼作用等。

3. 交流铁芯线圈的等效电路

根据前面的分析，交流铁芯线圈中发生的电磁物理过程可归纳成如下形式：

$$u \to i \begin{cases} p_{\mathrm{Cu}} = i^2 R \text{（铜损耗）} \quad u_{\mathrm{R}} = iR \\[2mm] \Phi_{\mathrm{S}} \to e_{\mathrm{S}} = -N\dfrac{\mathrm{d}\Phi_{\mathrm{S}}}{\mathrm{d}t} = -L_{\mathrm{S}}\dfrac{\mathrm{d}i}{\mathrm{d}t}; \ \ \Phi_{\mathrm{S}} \propto i \\[2mm] \Phi \to e = -N\dfrac{\mathrm{d}\Phi}{\mathrm{d}t}; \ \ \Phi \text{ 与 } i \text{ 不成正比} \\[2mm] P_{\mathrm{Fe}} \text{（铁损耗）} = P_{\mathrm{n}} \text{（磁滞损耗）} + P_{\mathrm{e}} \text{（涡流损耗）} \end{cases}$$

可以看出，在忽略线圈的电阻和漏磁通时，铁芯线圈的电流 i 可分为 2 部分，即产生主磁通的电流 i_Φ 及铁损电流 i_{Fe}，因而，铁芯线圈的电路模型可由一个电感器和一个电阻器并联组成，如图 5-3-13（a）所示。若计入线圈电阻和漏磁通的影响，则由电压平衡方程式（5-3-6）可知，电路模型可在原来的基础上增加 2 个串联元件 R 和 L_S，如图 5-3-13（b）所示。

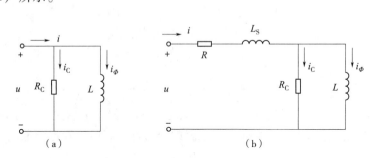

图 5-3-13　交流铁芯线圈的等效电路

交流铁芯线圈的等效参数可通过实验测定。

【例 5-3-2】　要绕制一个铁芯线圈，已知电源电压 $U = 220$ V，频率 $f = 50$ Hz，今测得铁芯截面积为 30.2 cm²，铁芯由硅钢片叠成，设叠片间隙系数为 0.91（一般取 0.9 ~ 0.93）。

（1）如取 $B_m = 1.2$ T，线圈匝数应为多少？

（2）如磁路平均长度为 60 cm，励磁电流应多大？

解： 铁芯的有效面积为

$$S = 30.2 \times 0.91 \text{ cm}^2 = 27.5 \text{ cm}^2$$

（1）线圈匝数为

$$N = \frac{U}{4.44 fB_m S} = \frac{220}{4.44 \times 50 \times 1.2 \times 27.5 \times 10^{-4}} = 300$$

（2）查磁化曲线图，$B_m = 1.2$ T 时，$H_m = 700$ A/m，则

$$I = \frac{H_m l}{\sqrt{2} N} = \frac{700 \times 60 \times 10^{-2}}{\sqrt{2} \times 300} \text{A} = 1 \text{ A}$$

*四、铁芯线圈的应用

电磁铁是利用含有铁芯的线圈通电激发磁场，断电后则磁场消失的一种电气设备。它在生产中有着广泛的应用。如各种类型的电磁继电器、接触器、作为起重用的起重电磁铁、磨床上的电磁吸盘等。

1. 电磁铁

（1）电磁铁的结构。图 5-3-14 所示为常见电磁铁的结构，从图中可以看出电磁铁的构造包括 3 个基本部分，线圈、铁芯、衔铁。当线圈通电时，铁芯和衔铁被磁化，衔铁受到电磁力的作用吸向铁芯。线圈断电后，电磁力消失，衔铁借助外力恢复原位。根据励磁电流是直流还是交流，电磁铁分为直流电磁铁和交流电磁铁 2 种。

（2）直流电磁铁及工作特点：

①直流电磁铁的吸力。可以证明，直流电磁铁的吸力大小与气隙中磁感应强度 B_0 的二次方、气隙的总有效截面积 S 成正比，即

$$F = \frac{B_0{}^2}{2\mu_0}S \tag{5-3-9}$$

②直流电磁铁工作特点。对于直流电磁铁，当电源电压一定时，线圈中的电流（仅取决于电源的电压和线圈的内阻）为定值，亦即磁动势 NI 为定值，而与气隙大小无关。但在电磁铁吸合的过程中，由于气隙迅速减小，磁阻 R_m 随之减小，根据磁路的欧姆定律 $\Phi = IN/R_m$，则磁通及磁感应强度将迅速增大，吸力也显著增大，完全吸合后达最大值，这是直流电磁铁的一个特点。

（3）交流电磁铁及工作特点：

①交流电磁铁的吸力。在交流电磁铁中，气隙中的磁感应强度是交变的，设 $B_0 = B_m\sin\omega t$，则衔铁所受的电磁吸力也是随时间变化的，由式（5-3-9）可以得出其瞬时值的表达式为

$$f = \frac{B_m^2\sin^2\omega t}{2\mu_0}S = \frac{SB_m^2}{2\mu_0}\left(\frac{1-\cos2\omega t}{2}\right) = F_m\left(\frac{1-\cos2\omega t}{2}\right)$$

式中，$F_m = \dfrac{SB_m^2}{2\mu_0}$ 是吸力的最大值。交流电磁铁的吸力曲线如图5-3-15所示，它随时间变化而脉动地变化，吸力的方向固定。

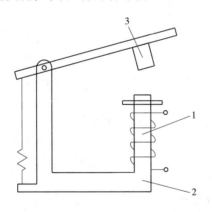

图 5-3-14　常见电磁铁的结构

1—线圈；2—铁芯；3—衔铁

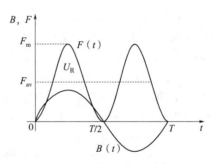

图 5-3-15　交流电磁铁的瞬时吸力曲线

由于在交流电磁铁的工作过程中，决定其能否吸住衔铁的是平均吸力 F_{av}，因此通常所说的电磁铁的吸力，是指它的平均吸力。平均吸力即瞬时吸力在一个周期内的平均值

$$F_{av} = \frac{1}{T}\int_0^T F(t)\,\mathrm{d}t = \frac{1}{T}\int_0^T\left(\frac{F_m}{2} - \frac{F_m}{2}\cos2\omega t\right)\mathrm{d}t = \frac{F_m}{2} = \frac{B_m^2 S}{4\mu_0}$$

上式表明，平均吸力是最大吸力的一半。用 B_{eff} 表示磁感应强度的有效值时，交流电磁铁的吸力公式为

$$F_{av} = \frac{SB_{eff}^2}{2\mu_0} \qquad\qquad (5\text{-}3\text{-}10)$$

式（5-3-10）与直流电磁铁的吸力公式在形式上完全相同，只是这里用的是磁感应强度的有效值。

工频交流电磁铁的瞬时吸力，每秒内有 100 次等于 0，使得衔铁每秒内有 100 次的释放与重新吸合的动作，造成了衔铁的振动，其后果是产生噪声，并使衔铁和与它固定在一起的零部件容易损坏。为了消除这种有害的振动，交流电磁铁中专门装置了铜质的分磁环（又称短路环），如图 5-3-16（a）所示。分磁环所包围的磁通交变，使环内产生感应电流，感应电流有阻碍环内磁通变化的作用，因而环内磁通的变化比环外滞后，环内外的磁通不会同时为零，如图 5-3-16（b）所示，这使它们产生的吸力不同时为零，从而可消除振动。另外，两者的幅值也不一样，所以此时总磁通会保持在一定值以上，使吸引力不至于过小而导致衔铁分开。

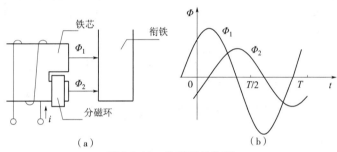

图 5-3-16　分磁环的作用

②交流电磁铁的工作特点。电磁铁按其线圈接入电路的方式不同，分为并联交流电磁铁和串联交流电磁铁 2 种，它们的工作特点也各不相同。

a. 并联交流电磁铁。并联交流电磁铁被广泛采用，它与负载并联后接通电源。其线圈称为并联线圈或电压线圈，匝数多而导线细。

并联交流电磁铁在一定的外加正弦电压下工作时，它的主磁通是一定的正弦磁通。根据式（5-3-8）可知，只要外加电压一定，该交流电磁铁磁路中 Φ_m 不变，则 B_m 也不变，所以平均吸力是固定的，与空气气隙 δ_0 的大小无关（实际上 δ_0 在衔铁吸合过程中变化时，F_{av} 会因磁通分布的变化而稍有改变）。

在衔铁吸合过程中，磁阻要随 δ_0 的变化而改变，为了维持一定数值的 Φ_m，并联交流电磁铁的磁势就需随着 δ_0 改变。据磁路欧姆定律分析：δ_0 大时，磁阻大，所需磁势大，因而线圈电流就大；δ_0 小时，磁阻小，所需磁势小，线圈电流也小。所以，并联交流接触器在衔铁吸合过程中，线圈中的电流是逐渐减小的。工作中若因机械故障使衔铁卡住不能吸合时，线圈就要长期通过大电流，这样很容易造成线圈因过热而烧损。

b. 串联交流电磁铁。串联交流电磁铁的线圈与负载串联，通过的是负载电流，所以称为串联线圈或电流线圈。为了减小对负载电流的影响，串联线圈的匝数很少，且用较粗的紫铜条或纱包线绕制。当负载电流一定时，串联交流电磁铁的磁势也是一定的。在衔铁吸合过程中，由于 δ_0 由大变小，使磁阻由大变小，造成电磁吸力由小增大，而不固定。

2. 实际变压器

图 5-3-17 为不同用途的变压器的实物外形图。

（a）电力变压器　（b）E形电源变压器　（c）音频变压器　（d）耦合变压器　（e）电压互感器

图 5-3-17　变压器实物外形图

变压器是根据电磁感应原理工作的一种常见的电气设备，它的基本作用是将一种等级的交流电变换成另外一种等级的交流电，在电力系统和电子电路中应用广泛。

①变压器的结构。变压器基本组成部分均为铁芯和绕组，如图 5-3-18 所示。

a. 铁芯。铁芯构成变压器的磁路，为了减少铁损耗，提高磁路的导磁性能，一般由 0.35~0.55 mm 的表面绝缘的硅钢片交错叠压而成。根据铁芯的结构不同，变压器可分为心式（小功率）和壳式（容量较大）2 种。

b. 绕组。绕组即线圈，是变压器的电路部分，用绝缘导线绕制而成。有一次绕组、二次绕组之分。在工作时，和电源相连的绕组称为一次绕组（初级绕组、原绕组）；而与负载相连的绕组称为二次绕组（次级绕组、副绕组）。通常将电压较低的一个线圈安装在靠近铁芯柱的内层。这是因为低压线圈的铁芯间所需的绝缘比较简单，电压较高的线圈则安装在外面。对于频率较高的变压器，为了减少漏磁通和分布电容，常需要把一、二次绕组分为若干部分，分格分层并交叉绕制。绝缘是变压器制造的主要问题，线圈的区间和层间都要绝缘良好，线圈和铁芯，不同线圈之间更要绝缘良好。为了提高变压器的绝缘性能，在制造时还要进行去潮处理（烘烤、灌蜡、密封等）。

除此之外，为了起到电磁屏蔽作用，变压器往往要用铁壳或铝壳罩起来，一、二次绕组间往往加一层金属静电屏蔽层，大功率的变压器中还有专门设置的冷却设备等。小容量的变压器采用自冷式而中大容量的变压器采用油冷式。

②变压器的分类。按用途分为电力变压器（输配电用，又分为升压变压器和降压变压器）、仪用变压器（用于配合仪器仪表进行电气测量，如电压互感器和电流互感器）、整流变压器（供整流设备使用）、输入输出变压器（主要用于电子电路中，用来改变阻抗、相位等）；按相数分为三相变压器和单相变压器；按制造方式分为壳式变压器与心式变压器。变压器的图形符号如图 5-3-19 所示。

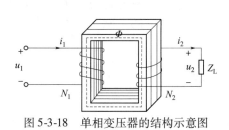

图 5-3-18　单相变压器的结构示意图

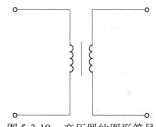

图 5-3-19　变压器的图形符号

③单相变压器的工作原理：

a. 空载运行。变压器的空载运行指的是一次侧接交流电源，二次侧开路，如图 5-3-20 所示。

• 电磁关系。忽略线圈电阻与漏磁通，空载运行时存在着如下电磁关系，空载时，铁芯中主磁通 Φ 是由一次绕组磁动势产生的。

• 一、二次电压关系。根据交流磁路的分析可得

$$U_1 \approx E_1 = 4.44fN_1\Phi_m, \quad U_{20} = E_2 = 4.44fN_2\Phi_m$$

所以

$$\frac{U_1}{U_{20}} \approx \frac{E_1}{E_2} = \frac{N_1}{N_2} = K \tag{5-3-11}$$

结论：在空载时，变压器的一、二次绕组的端电压之比等于一、二次绕组的匝数比。改变一、二次绕组的匝数，就能改变输出电压，达到升高或降低电压的目的。

b. 负载运行：

• 电磁关系。负载运行时有如下电磁关系，铁芯中主磁通 Φ 是由一、二次绕组磁动势共同产生的合成磁通。负载运行时电路如图 5-3-21 所示

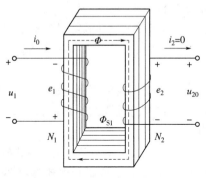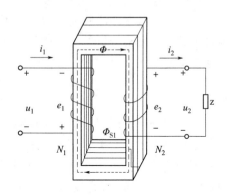

图 5-3-20　变压器的空载运行　　　　图 5-3-21　变压器的负载运行

• 变流关系。二次侧带负载后对磁路的影响：在二次感应电压的作用下，二次绕组中有了电流 i_2。此电流在磁路中也会产生磁通，从而影响一次电流 i_1，根据 $U_1 \approx E_1 = 4.44fN_1\Phi_m$，当外加电压、频率不变时，铁芯中主磁通的最大值在变压器空载或有负载运行时基本不变。

即空载时：$i_0N_1 \rightarrow \Phi_m$；

负载时：$i_1N_1 + i_2N_2 \rightarrow \Phi_m$；

带负载后磁动势的平衡关系：$i_1N_1 + i_2N_2 = i_0N_1$。

由于变压器铁芯材料的磁导率高、空载励磁电流 i_0 很小 $[I_0 \approx (2 \sim 3)\% I_{1N}]$，常可

忽略。所以一、二次电流关系为 $i_1 N_1 \approx -i_2 N_2$ 或 $\dot{I}_1 N_1 \approx -\dot{I}_2 N_2$，即

$$\frac{I_1}{I_2} = \frac{N_2}{N_1} = \frac{1}{K} \tag{5-3-12}$$

结论：变压器负载运行时，一、二次电流有效值之比与它们的电压或匝数成反比。

c. 一、二次阻抗关系。如图 5-3-22 所示，一次侧的等效阻抗为

$$z = \frac{U_1}{I_1} = \frac{(N_1/N_2) U_2}{(N_2/N_1) I_2} = (N_1/N_2)^2 z_L$$

即

$$z = (N_1/N_2)^2 z_L = K^2 z_L \tag{5-3-13}$$

结论：变压器一次侧的等效阻抗为二次侧所带负载阻抗乘以变比的二次方。

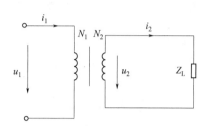

图 5-3-22　变压器的阻抗变换

④变压器的铭牌和技术数据。要正确、合理地使用变压器，就必须了解变压器在运行时的主要性能指标及特性。

a. 变压器的型号。

如　SJL-1000/10
→高压绕组的额定电压(kV)
→变压器额定容量(kV·A)
→铝线圈
→冷却方式(J:油浸自冷式;F:风冷式)
→相数(S:三相;D:单相)

b. 变压器的额定值。变压器的额定值是制造厂对变压器正常使用所作的规定，变压器在规定的额定值状态下运行，可以保证长期可靠地工作，并且有良好的性能。其额定值通常包括如下几方面：

● 额定电压（U_{1N}/U_{2N}）。变压器二次侧开路（空载）时，一、二次绕组允许的电压值。

单相：U_{1N} 为一次电压，U_{2N} 为二次侧空载时的电压；

三相：U_{1N}、U_{2N} 分别为一、二次侧的线电压。

● 额定电流（I_{1N}/I_{2N}）。变压器满载运行时，一、二次绕组允许的电流值，它们是根据绝缘材料允许的温度确定的。

单相：I_{1N}、I_{2N} 分别为一、二次侧绕组允许的电流值；

三相：I_{1N}、I_{2N} 分别为一、二次侧绕组线电流。

● 额定容量（S_N）。二次绕组的额定电压与额定电流的乘积称为变压器的额定容量。

单相：$S_N = U_{2N} I_{2N} \approx U_{1N} I_{1N}$。

三相：$S_N = \sqrt{3} U_{2N} I_{2N} \approx \sqrt{3} U_{1N} I_{1N}$。

● 变压器的外特性和电压调整率。当电源电压 U_1 不变时，随着二次绕组电流 I_2 的增加（负载增加），一、二次绕组阻抗上的电压降便增加，这将使二次绕组的端电压 U_2 发生变动。当电源电压 U_1 和二次侧所带负载的功率因数 $\cos\varphi_2$ 为常数时，二次

电压 U_2 随负载电流 I_2 变化的关系曲线 $U_2 = f(I_2)$ 称为变压器的外特性曲线，如图 5-3-23 所示。

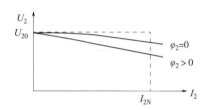

通常希望电压 U_2 的变动愈小愈好。从空载到额定负载，二次绕组电压的变化程度用电压调整率 $\Delta U\%$ 表示，即

图 5-3-23　变压器的外特性曲线

$$\Delta U\% = \frac{U_{20} - U_2}{U_{20}} \times 100\% \qquad (5\text{-}3\text{-}14)$$

电力变压器的电压调整率为 5% 左右。

● 变压器的损耗和效率。变压器的损耗和交流铁芯线圈相似，包括铜损耗和铁损耗，铜损耗与负载电流大小有关，变压器空载时铜损耗近乎为零，满载时最大；而变压器的铁损耗与铁芯材料、电源电压 U_1、频率 f 有关，与负载电流大小无关。因此变压器的铁损耗就是空载损耗，铜损耗就是短路损耗。

变压器的效率是变压器的输出功率 P_2 与对应的输入功率 P_1 的比值，通常用百分数表示，即

$$\eta = \frac{P_2}{P_1} \times 100\% = \frac{P_2}{P_2 + P_{\text{Fe}} + P_{\text{Cu}}} \times 100\% \qquad (5\text{-}3\text{-}15)$$

变压器的效率很高，大型变压器的效率可达 98%，小型变压器效率为 70% ~ 80%。研究表明，当变压器的铜损耗等于铁损耗时，它的效率接近最高。一般变压器的最高效率在额定负载的 50% ~ 60%。

3. 变压器的应用——特殊变压器

（1）自耦变压器和调压器：

①结构特点。自耦变压器的构造如图 5-3-24 所示。在闭合的铁芯上只有一个绕组，它既是一次绕组又是二次绕组，低压绕组是高压绕组的一部分。

②电压比、电流比。自耦变压器总匝数为 N_1，作为一次绕组接电源，绕组的一部分匝数为 N_2，作为二次绕组接负载，则

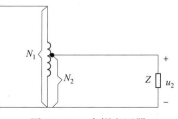

图 5-3-24　自耦变压器

$$\frac{U_1}{U_2} \approx \frac{E_1}{E_2} = \frac{N_1}{N_2} = K \qquad \frac{I_1}{I_2} \approx \frac{N_2}{N_1} = \frac{1}{K}$$

③用途。调节电炉炉温，调节照明亮度，起动交流电动机以及用于实验和小仪器中。

④使用注意事项：

a. 在接通电源前，应将滑动触点旋到零位，以免突然出现过高电压。

b. 接通电源后应慢慢地转动调压手柄，将电压调到所需的数值。

c. 输入、输出边不得接错，电源不准接在滑动触点侧，否则会引起短路事故。

（2）仪用互感器。仪用互感器是专供电工测量和自动保护的装置。使用仪用互感器的目的在于扩大测量表的量程，为高压电路中的控制设备及保护设备提供所需的低电压或小

电流并使它们与高压电路隔离，以保证安全。

仪用互感器包括电压互感器和电流互感器 2 种。

①电压互感器简介：

a. 构造、图形符号及接线。电压互感器实际上是一个带铁芯的变压器。电压互感器的二次额定电压一般设计为标准值 100 V，以便统一电压表的表头规格。由于电压互感器是将高电压变成低电压，所以它的一次绕组的匝数较多，二次绕组的匝数较少。其图形符号及接线图如图 5-3-25 所示。接线时一次绕组和被测电路并联，二次绕组应和所接的测量仪表、继电保护装置或自动装置的电压线圈并联，同时要注意极性。

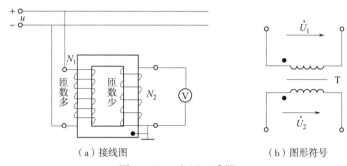

（a）接线图　　　　　　　　（b）图形符号

图 5-3-25　电压互感器

b. 电压比。电压互感器的运行情况相当于二次侧开路的变压器，其负载为阻抗较大的测量仪表。电压互感器一、二次绕组的电压比也是其匝数比，即 $U_1/U_2 = N_1/N_2 = K$。

若电压互感器和电压表固定配合使用，则从电压表上可直接读出高压电路的电压值。

c. 使用注意事项：

● 电压互感器在投入运行前要按照规程规定的项目进行试验检查。例如，测极性、连接组别、摇绝缘、核相序等。

● 电压互感器二次侧不允许短路，因为短路电流很大，会烧坏线圈，为此应在高压边将熔断器作为短路保护。

● 电压互感器的铁芯、金属外壳及二次侧的一端都必须接地，否则如果高、低压绕组间的绝缘损坏，低压绕组和测量仪表对地将出现高电压，这对工作是非常危险的。

②电流互感器简介：

a. 构造、图形符号及接线。电流互感器是用来将大电流变为小电流的特殊变压器，它的二次额定电流一般设计为标准值 5 A，以便统一电流表的表头规格。其图形符号及接线图如图 5-3-26所示，一次绕组和被测电路串联，而二次绕组应和连接的所有测量仪表、继电保护装置或自动装置的电流线圈串联，同时一次绕组与二次绕组之间应为减极性关系，一次电流若从同名端流入，则二次电流应从同名端流出。

b. 电流比。电流互感器的一、二次绕组的电流比仍为匝数的反比，即 $I_1/I_2 = N_2/N_1 = 1/K$。

若电流表与专用的电流互感器配套使用，则电流表的刻度就可按大电流电路中的电流值标出。

c. 使用注意事项：

● 电流互感器的二次侧不允许开路。二次电路中装拆仪表时，必须先使二次绕组短路，并且二次电路中不允许安装熔丝等保护设备。

● 电流互感器二次绕组的一端以及外壳、铁芯必须同时可靠接地。

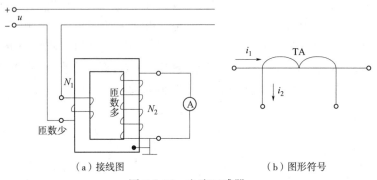

（a）接线图　　　　　　　　（b）图形符号

图 5-3-26　电流互感器

③钳形电流表简介：

a. 结构。钳形电流表简称钳表，是一种用于在不断电的情况下测量正在运行的电气电路电流大小的仪表。钳表实质上是一只电流互感器，其工作部分主要由一只电磁式电流表和穿心式电流互感器组成。穿心式电流互感器铁芯制成活动开口，且成钳形，故名钳形电流表，如图 5-3-27 所示。穿心式电流互感器的二次绕组缠绕在铁芯上且与交流电流表相连，它的一次绕组即为穿过互感器中心的被测导线。

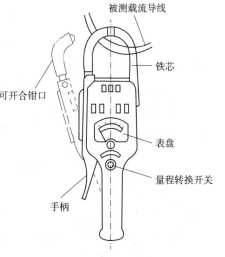

图 5-3-27　钳形电流表

b. 使用方法：

● 测量前要机械调零。

● 选择合适的量程，先选大量程、后选小量程或看铭牌值估算。

● 当使用最小量程测量，其读数还不明显时，可将被测导线绕几匝，匝数要以钳口中央的匝数为准，读数 = 指示值×量程/满偏×匝数。

● 测量时，应使被测导线处在钳口的中央，并使钳口闭合紧密，以减少误差。

● 测量完毕，要将转换开关放在最大量程处。

c. 使用注意事项：

● 被测电路的电压要低于钳表的额定电压。

● 测高压电路的电流时，要戴绝缘手套，穿绝缘鞋，站在绝缘垫上。

● 钳口要闭合紧密不能带电换量程。

【例 5-3-3】　变压器一次侧有 2 个额定电压为 110 V 的绕组，试问：

（1）当电源电压为 220 V 及 110 V 时，绕组应如何连接？

（2）在 110 V 情况下，如果只用一个绕组（N）可以吗？为什么？

解：（1）电源电压为 220 V 时，绕组应作顺向串联，如图 5-3-28（a）所示，此时

$$\Phi_\mathrm{m} = \frac{U_{220}}{4.44f\ (2N)}$$

电源电压为 110 V 时，绕组应作同侧并联，如图 5-3-28（b）所示，此时

$$\Phi_\mathrm{m} = \frac{U_{110}}{4.44f\ (N)}$$

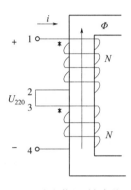
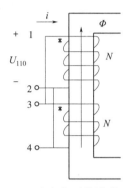

（a）绕组顺向串联　　　　　　　　　　（b）绕组同侧并联

图 5-3-28　【例 5-3-3】图

（2）在 110 V 情况下，如果只用一个绕组（N）不可以。若 2 种接法铁芯中的磁通相等，则 $i_{220}2N = i_{110}N \Rightarrow i_{110}/i_{220} = 2$。

【例 5-3-4】 电流互感器的二次绕组绝对不允许开路，为什么？

解：这是因为电流互感器正常工作时，二次电流有去磁作用，使合成磁势很小。当二次绕组开路时，二次电流的去磁作用消失，一次电流将全部用来励磁，这时，将在二次侧产生超过正常值几十倍的磁通，结果会使铁芯过热而损坏电流互感器。同时，由于铁芯中磁通的急剧增加，在二次绕组上产生过电压，可能达到数百甚至数千伏，将危及人身和设备安全。因此，为了防止二次绕组开路，规定在二次回路中不准装熔断器等开关电器。如果在运行中必须拆除测量仪表或继电器时，应首先将二次绕组短路。

 任务实施与评价

下面进行单相变压器的测试。

一、实施步骤

1. 观察图 5-2-16 测试变压器的结构和铭牌并记下铭牌数据

2. 单相变压器特性的测试

（1）变压器空载运行测试：

①连接电路：按图 5-3-29 连接电路，其中 A、X 为变压器的低压绕组，a、x 为变压器的高压绕组，即电源经屏内调压器接至低压绕组，高压绕组 220 V 接 Z_L，即 15 W 的灯组

197

负载（3 只灯泡并联），经指导教师检查后方可进行实验。

②测试：将调压器手柄置于输出电压为零的位置（逆时针旋到底），令负载开路，合上电源开关，并调节调压器，使其输出电压 U_1 从零逐次上升到 1.2 倍的额定电压（1.2×36 V），$U_1 = U_N$ 的点必须测，并在该点附近测的点应密些，分别记下各次测得的 $U_1 - U_{20}$ 和 I_{10} 数据，记入自拟的数据表格。用 U_1 和 I_{10} 绘制变压器的空载特性曲线〔在变压器中，二次侧空载时，一次电压与电流的关系称为变压器的空载特性，这与铁芯的磁化曲线（$B - H$ 曲线）是一致的〕。

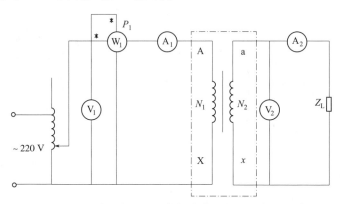

图 5-3-29   单相变压器空载与有载运行测试实验电路

因空载时功率因数很低，故测量功率时应采用低功率因数功率表。此外因变压器空载时阻抗很大，故电压表应接在电流表外侧。

（2）变压器有载运行测试：在保持一次电压 U_1（$= 36$ V）不变时，逐次增加灯泡负载（每个灯为 15 W，最多亮 5 个灯泡），分别记下 5 个仪表的读数，记入自拟的数据表格，绘制变压器外特性曲线〔负载特性曲线 $U_2 = f(I_2)$〕。实验完毕将调压器调回零位，断开电源。

当负载为 4 个及 5 个灯泡时，变压器已处于超载运行状态，很容易烧坏。因此，测试和记录应尽量快，总共不应超过 3 min。实验时，可先将 5 个灯泡并联安装好，断开控制每个灯泡的相应开关，通电且电压调至规定值后，再逐一打开各个灯的开关，并记录仪表读数。待 5 个灯泡的数据记录完毕后，立即用相应的开关断开各灯。

（3）变压器短路测试。实验电路如图 5-3-30 所示，变压器的高压线圈接电源，低压线圈直接短路。选好所有仪表量程，接通电源前，先将交流调压旋钮调到输出电压为零的位置。接通交流电源，逐次增加输入电压，直到短路电流等于 $1.1I_N$ 为止，在（$0.5 \sim 1.1$）I_N 范围内测取变压器的 U_K、I_K、P_K，共取 4 ~ 5 组数据记录于自拟表格中，其中 $I = I_N$ 的点必须测，并记下实验时周围环境温度（℃），绘出短路特性曲线 $U_K = f(I_K)$。

（4）根据额定负载时测得的数据，计算变压器的各项参数。用万用表 R × 1 挡测出一、二次绕组的电阻 R_1 和 R_2，利用测出的 U_1、I_1、P_1 及二次侧（ax，高压侧）的 U_2、I_2，即可算得变压器的以下各项参数值：

电压比 $K_U = \dfrac{U_1}{U_2}$；电流比 $K_I = \dfrac{I_2}{I_1}$；

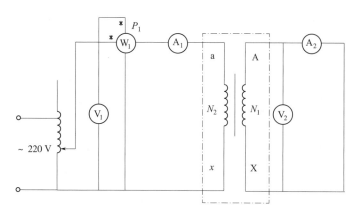

图 5-3-30　单相变压器短路测试实验电路

一次阻抗 $z_1 = \dfrac{U}{I_1}$；二次阻抗 $z_2 = \dfrac{U_2}{I_2}$；阻抗比 $\dfrac{z_1}{z_2}$；

负载的功率 $P_2 = U_2 I_2 \cos\varphi_2$；损耗的功率 $P_0 = P_1 - P_2$；

功率因数 $\cos\varphi_1 = \dfrac{P_1}{U_1 I_1}$；一次绕组铜损耗 $P_{Cu1} = I_1^2 R_1$；二次绕组铜损耗 $P_{Cu2} = I_2^2 R_2$；

铁损耗 $P_{Fe} = P_0 - (P_{Cu1} + P_{Cu2})$。

变压器的电压调整率 $\Delta U\% = \dfrac{U_{20} - U_2}{U_{20}} \times 100\%$。

试比较计算的变压器的铜损耗、铁损耗与短路及空载时测量的功率的关系。

二、任务评价

评价内容及评分如表 5-3-2 所示。

表 5-3-2　任 务 评 价

任务名称	单相变压器的测试			
自我评价	评 价 项 目	标 准 分	评 价 分	主 要 问 题
	任务要求认知程度	10 分		
	相关知识掌握程度	15 分		
	专业知识应用程度	15 分		
	信息收集处理能力	10 分		
	动手操作能力	20 分		
	数据分析与处理能力	10 分		
	团队合作能力	10 分		
	沟通表达能力	10 分		
	合计评分			

续表

任务名称	单相变压器的测试			
小组评价	评价项目	标准分	评价分	主要问题
	专业展示能力	20 分		
	团队合作能力	20 分		
	沟通表达能力	20 分		
	创新能力	20 分		
	应急情况处理能力	20 分		
	合计评分			
教师评价				
总评分				
备注	总评分 = 教师评价 50% + 小组评价 30% + 个人评价 20%			

检 测 题

一、填空题

1. 互感系数 M 与线圈的_____、_____和_____有关

2. 耦合系数的表达式为_____，它的取值范围是_____。

3. 在互感电压 $u_{21} = \dfrac{\mathrm{d}\psi_{21}}{\mathrm{d}t} = M\dfrac{\mathrm{d}i_1}{\mathrm{d}t}$ 中，规定 ψ_{21} 与 i 的参考方向符合_____关系。

4. 如图 5-题-1 所示的互感电路中，同名端标记及电流 i_1、自感电压 u_{L1}、互感电压 u_{21} 的参考方向如图所示，试写出 u_{L1}、u_{21} 的表达式 $u_{L1} =$ _____，$u_{21} =$ _____。

5. 设两个具有互感的线圈，自感分别是 L_1 和 L_2，顺向串联时，互感系数是 M，则等效电感是_____，反向串联的等效电感是_____。

6. 互感线圈的同名端的判断可以分成 2 类，分别是_____和_____。

7. 若两线圈的自感分别为 $L_1 = 0.5$ H，$L_2 = 0.08$ H，耦合系数 $K = 0.75$，则两线圈反向串联时的等效电感为_____。

8. 两互感线圈如图 5-题-2 所示，2 种情况连接，电压 U 相同，若测得 $I_a = 10$ A，$I_b = 5$ A，则_____种情况为顺向串联，因为此时的电流_____，b 与_____为同名端。

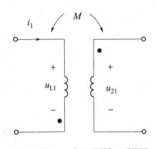

图 5-题-1　填空题第 4 题图

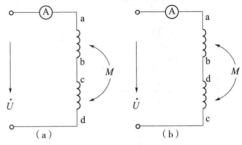

图 5-题-2　填空题第 8 题图

9. 如图 5-题-3 所示电路中，已知 R、L_1、L_2、K、C，则电路谐振时的角频率 $\omega_0 =$ _____。

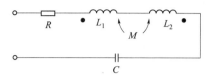

图 5-题-3　填空题第 9 题图

10. 有互感的两线圈，$L_1 = 0.4$ H，$L_2 = 0.1$ H，耦合系数 $K = 0.5$，电压、电源、磁链的参考方向均关联，且符合右手螺旋定则，已知 $i_1 = \sqrt{2}\sin 314t$ A，$i_2 = 0$，则 $M =$ _____；$\dot{U}_1 =$ _____，$\dot{U}_2 =$ _____。

11. 交流铁芯线圈的损耗包括_____、_____两部分损耗，磁滞损耗与涡流损耗合称_____损耗。

12. 根据磁滞回线的形状，常把铁磁材料分成_____、_____和_____3 类。

13. 铁磁材料的磁化特性为_____、_____和_____。

14. 用铁磁材料作电动机及变压器铁芯，主要是利用其中的_____特性，制作永久磁铁是利用其中的_____特性。

15. 在正弦电压作用下，不考虑电阻和漏磁通时，主磁通和电压的关系：频率_____正弦量；在相位上_____；电源的频率与线圈的匝数一定时，电压的有效值与主磁通的最大值关系式为_____。

16. 铁磁材料被磁化的外因是_____，内因是_____。

17. 变压器是按照_____原理工作的。变压器的基本组成部分是_____和_____。

18. 变压器的主要作用是_____、_____和_____。

19. 如图 5-题-4 所示变压器电路，$U_1 = 220$ V，$I_2 = 10$ A，$R = 10$ Ω，则 $U_2 =$ _____V，$I_1 =$ _____A。

20. 如图 5-题-5，二次绕组的额定电流均为 1 A，当二次侧所接负载的额定电流为 2 A 时，显然应并联使用。在图示同名端情况下，应将_____相连接，_____相连接。

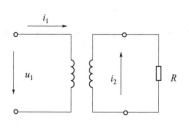

图 5-题-4　填空题第 19 题图

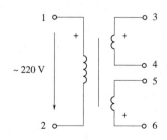

图 5-题-5　填空题第 20 题图

二、判断题

1. 如图 5-题-6 所示电路中互感线圈的同名端为 1、3。　　　　　　　　　　　（　　）

2. 图 5-题-7 所示 3 个耦合线圈的同名端是 ace。　　　　　　　　　　　　　（　　）

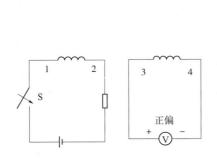

图 5-题-6　判断题第 1 题图　　　　　　　　图 5-题-7　判断题第 2 题图

3. 图 5-题-8 所示为 2 个互感线圈，端钮 A 和 D 为同极性端。　　　　　　　（　　）

4. 图 5-题-9 所示电路中，若已知 $\dot{I}_1$，而 $\dot{I}_2$ 不详，则 $\dot{U}_1 = j\dot{I}_1$。　　　　　　（　　）

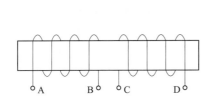

图 5-题-8　判断题第 3 题图　　　　　　　　图 5-题-9　判断题第 4 题图

5. 空心变压器的反射阻抗与线圈的同名端位置及电流参考方向有关。　　　　（　　）

6. 铁芯线圈工作时都会存在着铜损耗与铁损耗。　　　　　　　　　　　　　（　　）

7. 变压器铁芯由硅钢片叠成，是为了减少涡流损耗。　　　　　　　　　　　（　　）

8. 变压器由多个含有铁芯的线圈组成。　　　　　　　　　　　　　　　　　（　　）

9. 变压器是利用电磁感应原理，将电能从原绕组通过铁芯传输到副绕组的。　（　　）

10. 变压器一、二次绕组不能调换使用。　　　　　　　　　　　　　　　　　（　　）

11. 电压互感器二次绕组严禁短路，且二次绕组、铁芯和外壳都要可靠接地。　（　　）

12. 电流互感器二次绕组严禁开路，且二次绕组、铁芯和外壳都要可靠接地。　（　　）

13. 变压器 2 个线圈的同名端实质上是 2 个线圈在同一绕向下的起端或末端。　（　　）

14. 用非铁磁材料作芯子的变压器称为空心变压器。　　　　　　　　　　　　（　　）

15. 只要加在变压器一次绕组上的交流电压值不变，不论二次绕组上所接的负载如何变化（不超过额定值），其铁芯中的磁通 Φ_{m} 基本上保持不变。　　　　　　　（　　）

16. 忽略变压器一、二次绕组电阻的情况下 $P_1 = P_2$。　　　　　　　　　　　（　　）

17. 对一台已绕制好的变压器而言，其一、二次绕组的同名端是确定不变的。（   ）

18. 如图 5-题-10 所示，一台单相变压器，二次侧有 2 个绕组，额定电压分别为 36 V、12 V。有人为了得到 24 V 的输出电压，则将 4 端和 5 端相连，3 端和 6 端输出。（   ）

19. 自耦变压器在一、二次绕组间只有磁的耦合，没有电的直接联系。（   ）

20. 使用钳形电流表测量导线的电流时，如果电流表量程太大，指针偏转角很小，可把导线在钳形电流表的铁芯上绕几圈，则实际电流值为电流表读数的 $1/n$。（   ）

三、选择题

1. 工程上常用耦合系数 K 表示 2 个线圈磁耦合的紧密程度，耦合系数的定义为（   ）。

    A. $K = \dfrac{M}{\sqrt{L_1 + L_2}}$
    B. $K = \dfrac{L_1 + L_2}{M}$
    C. $K = \dfrac{L_1 + L_2}{\sqrt{M}}$

2. 如图 5-题-11 所示电路中，已知 $\dot{I}_S = 10 \angle 0\ \text{A}$，则二次开路电压 $\dot{U}_2$ 为（   ）

    A. $10 \angle 90°\ \text{V}$
    B. $20 \angle 90°\ \text{V}$
    C. $10 \angle -90°\ \text{V}$

3. 如图 5-题-12 所示电路中、$\dfrac{\mathrm{d}i_1}{\mathrm{d}t} = 0$、$\dfrac{\mathrm{d}i_2}{\mathrm{d}t} \neq 0$，则 u_1 为（   ）

    A. 0
    B. $M\dfrac{\mathrm{d}i_2}{\mathrm{d}t}$
    C. $-M\dfrac{\mathrm{d}i_2}{\mathrm{d}t}$

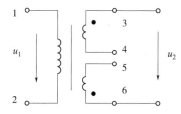 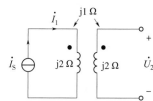 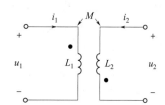

图 5-题-10　判断题第 18 题图　　图 5-题-11　选择题第 2 题图　　图 5-题-12　选择题第 3 题图

4. 如图 5-题-13 所示电路，当 S 闭合到达稳态时，电流表 A 的读数比 S 闭合前（   ）

    A. 增大
    B. 减小
    C. 不变

5. 如图 5-题-14 所示电路，为用直流通断法测同名端的电路，当开关 S 打开时，检流计指针反向偏转，则同名端钮为。（   ）（电流从检流计正极流入时，检流计正偏）

    A. ad 端
    B. ac 端
    C. ab 端

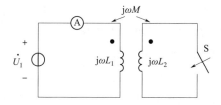 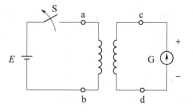

图 5-题-13　选择题第 4 题图　　　　　图 5-题-14　选择题第 5 题图

6. 按照电工惯例，变压器绕组感应电动势的正方向为（　　　）。

   A. 感应电动势的正方向与磁通正方向符合右手螺旋定则

   B. 按楞次定律确定

   C. 按绕组的同名端确定

7. 如图 5-题-15 所示，3 个线圈的同名端是（　　　）。

   A. 1，3，5　　　　　　　　　B. 1，4，5　　　　　　　　　C. 1，4，6

8. 如图 5-题-16 所示，铁芯线圈 $N_2 = N_3$，在 A 线圈上加交流电压。已知当 $U_{12} = 20$ V 时，$U_{34} = 10$ V。若 4、5 端连接，则 U_{36} 为（　　　）。

   A. 20 V　　　　　　　　　　B. 10 V　　　　　　　　　　C. 5 V

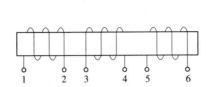
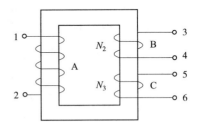

图 5-题-15　选择题第 7 题图　　　　　　　　　图 5-题-16　选择题第 8 题图

9. 有一含铁芯线圈额定电压为 220 V。当线圈两端电压为 110 V 时，主磁通最大值与额定电压时主磁通最大值比较，下述中（　　　）是正确的。

   A. 基本不变　　　　　　　　B. 变大　　　　　　　　　　C. 1/2 倍

10. 变压器的主要作用是（　　　）。

    A. 变换电压　　　　　　　　B. 变换频率　　　　　　　　C. 变换功率

11. 变压器一、二次绕组能量的传递主要是依靠（　　　）。

    A. 变化的漏磁通　　　　　　B. 变化的主磁通　　　　　　C. 铁芯

12. 变压器满载时，铁芯中的磁通与空载时比较，下述正确的是（　　　）。

    A. 变化很小　　　　　　　　B. 变化很大　　　　　　　　C. 基本不变

13. 一台额定电压为 220 V/110 V 的单相变压器，一次绕组接上 220 V 的直流电源，则（　　　）。

    A. 一次电压为 220 V　　　　　　　　　　B. 二次电压为 110 V

    C. 变压器将烧坏

14. 有一理想变压器，一次绕组接在 220 V 电源上，测得二次绕组的端电压 11 V，如果一次绕组的匝数为 220 匝，则变压器的电压比、二次绕组的匝数分别为（　　　）。

    A. $K = 10$，$N_2 = 210$ 匝　　　　　　　　B. $K = 20$，$N_2 = 11$ 匝

    C. $K = 20$，$N_2 = 210$ 匝

15. 在测定变压器的变压比时，在下列各条件下，测定 U_1 及 U_2，（　　　）求得的 K 精确些。

    A. 空载时　　　　　　　　　B. 满载时　　　　　　　　　C. 轻载时

四、简答题

1. 请设计判断变压器同一绕组的端子及判断同名端的方法。

2. 试比较如下四种情况下线圈电流的大小关系：（1）将空心线圈接到直流电源；（2）保持接的直流电源不变，在这个线圈中插入铁芯；（3）将该空心线圈接到交流电源上；（4）保持接的交流电源不变，在这个线圈中插入铁芯。设交流电源电压的有效值和直流电源电压相等。

3. 为什么交流铁芯线圈的芯子要用硅钢片叠成？用整块钢有什么不好？

4. 直流电磁铁在吸合过程中，电压保持不变，气隙由大变小，试问线圈中的电流和磁路中的磁通如何变化？为什么？

5. 交流电磁铁在吸合过程中，电压保持不变，气隙由大变小，试问线圈中的电流和磁路中的磁通如何变化？为什么？

6. 有一交流接触器的电磁铁，加到其线圈上的电压是额定电压的 85% 以上时，衔铁才能被吸引而动作；电源电压过低时，衔铁不能吸合，这是为什么？

7. 图 5-题-17 所示为使用电流互感器测量电路中电流的接线图，试问开关 S 在此处的作用是什么？

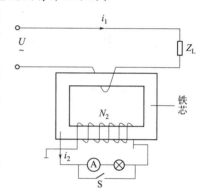

图 5-题-17　简答题第 7 题图

五、计算题

1. 2 个线圈 N_1 和 N_2 的形状、几何尺寸都一样，匝数 $N_1 = 2N_2$。它们顺向串联时总电感为 220 mH，反向串联时总电感为 10 mH。试求它们的互感和每个线圈的自感。

2. 如图 5-题-18（a）所示变压器，已知 $L_1 = L_2 = 2$ H，$M = 1$ H，若按图 5-题-18（b）、（c）两种方式连接，则等效电感分别为多少？

3. 试分别计算图 5-题-19 所示电路在顺向串联和反向串联 2 种情况下电路谐振角频率。

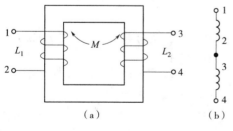

图 5-题-18　计算题第 2 题图

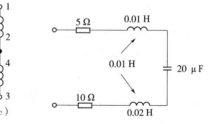

图 5-题-19　计算题第 3 题图

4. 如图 5-题-20 所示电路中，已知 $M = L$，在 A、B 间接一交流电压 $U = 36$ V，C、D 开路。若将 B、D 短接，测得 A、C 间的电压为 72 V。试确定其同名端。若将 B、C 相连，则 A、D 间电压应为多少？

5. 如图 5-题-21 所示电路中，正弦电源的频率 $f = 500$ Hz，电流表读数为 1 A，电压表读数为 31.4 V，求 2 个线圈的互感 M（不计电流表与电压表内阻抗的影响）。

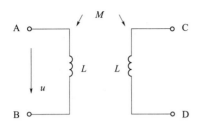

图 5-题-20　计算题第 4 题图

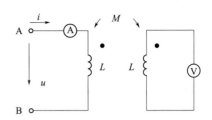

图 5-题-21　计算题第 5 题图

*6. 图 5-题-22 所示电路中，已知 $R_1 = R_2 = 3\ \Omega$，$\omega L_1 = \omega L_2 = 4\ \Omega$，$\omega M = 2\ \Omega$，$R = 17\ \Omega$，正弦电压 $U = 10\ \text{V}$。求开关断开和闭合时的电压 $\dot{U}_{AB}$。

7. 图 5-题-23 所示电路，二次侧短路，已知 $L_1 = 0.1\ \text{H}$，$L_2 = 0.4\ \text{H}$，$M = 0.12\ \text{H}$，求 ab 端的等效电感 L。

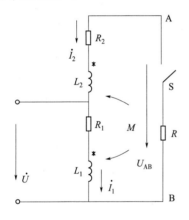

图 5-题-22　计算题第 6 题图

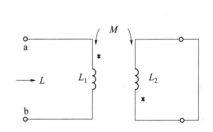

图 5-题-23　计算题第 7 题图

*8. 图 5-题-24 所示电路中 $L_1 = 6\ \text{H}$，$L_2 = 3\ \text{H}$，$M = 4\ \text{H}$。试求从端子 1-1，看进去的等效电感。

9. 把 2 个线圈串联起来接到 50 Hz，220 V 的正弦电源上，顺向串联时的电流 $I = 2.7\ \text{A}$，吸收的功率为 218.7 W；反向串联时的电流为 7 A。求互感 M。

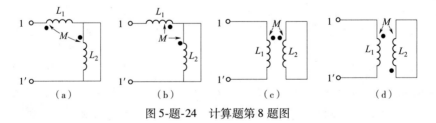

图 5-题-24　计算题第 8 题图

10. 图 5-题-25 所示电路中理想变压器的电压比为 10:1。求电压 $\dot{U}_2$。

11. 如果使 10 Ω 电阻器能获得最大功率，试确定图 5-题-26 所示电路中理想变压器的电压比 n。

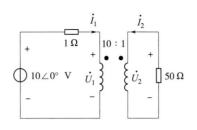

图 5-题-25 计算题第 10 题图

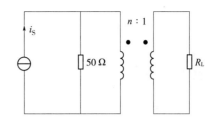

图 5-题-26 计算题第 11 题图

12. 一均匀闭合铁芯线圈，匝数为 300，铁芯中磁感应强度为 0.9 T，磁路的平均长度为 45 cm，试求：

（1）铁芯材料为铸铁时线圈中的电流；

（2）铁芯材料为硅钢片时线圈中的电流。（磁感应强度为 0.9 T，查磁化曲线表，铸铁 $H = 9\,000$ A/m，硅钢片 $H = 260$ A/m）

*13. 有一交流铁芯线圈，电源电压 $U = 220$ V，电路中电流 $I = 4$ A，功率表读数 $P = 100$ W，频率 $f = 50$ Hz，漏磁通和线圈上的电压降可忽略不计，

试求：

（1）铁芯线圈的功率因数。

（2）铁芯线圈的等效电阻和感抗。

模块 六 三相正弦交流电路的分析与测试

 学习目标

1. 知识目标

（1）了解三相交流电的产生，会表达对称三相交流电；

（2）熟练掌握三相电源、三相负载的星形和三角形连接方法及相电压、相电流、线电压、线电流的关系；

（3）会计算三相对称电路及几种典型三相不对称电路，理解中性线的作用；

（4）会计算三相电路的功率，了解三相电路功率的测量原理。

2. 技能目标

（1）会连接三相照明电路；

（2）会测量三相电路的电压、电流与电功率。

任务一 三相电路的连接

 任务目标

（1）了解三相交流电的产生；

（2）掌握三相交流电源连接及线电压与相电压的关系；

（3）掌握三相负载星形连接、三角形连接及线电流与相电流的关系。

 工作任务

生活中常用到插线排及安装在墙上的插座，它们所提供的电压来自三相电源，并供给单相与三相负载所需要的电压，因此，完成插线排的安装与测试是本任务的基本技能。

 相关知识

一、三相电源的连接

1. 三相电源的产生与表示

（1）三相交流电的产生。目前，世界各国电力系统普遍采用三相制供电方式，组成三相交流电路。日常生活的单相用电也是取自三相交流电中的一相。三相交流电之所以被广泛应用，是因为它节省线材，输送电能经济方便，运行平稳。

图 6-1-1（a）所示为生活中常用的安装在墙上的三相四极插座和单相二孔及三孔插座，图 6-1-1（b）所示为插线排。

试用试电笔测出图 6-1-1（a）中的相线（俗称"火线"）和中性线（俗称"零线"）。试电笔的握法如图 6-1-2 所示。

用电压表测量两两相线间的电压值及每一相线与中性线间的电压值（注意电压表的量程）。

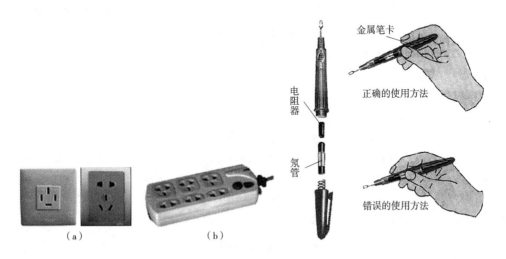

图 6-1-1　电源插座及插线排图　　　　　　图 6-1-2　试电笔

三相交流电由三相交流发电机产生，其过程与单相交流电基本相似。图 6-1-3（a）是一台最简单的三相交流发电机的示意图。和单相交流发电机一样，它由定子（电枢）和转子（磁极）组成。发电机的定子绕组有 $U_1 - U_2$，$V_1 - V_2$，$W_1 - W_2$ 这 3 个，每个绕组称为一相，各相绕组匝数相等、结构相同，它们的始端（U_1、V_1、W_1）在空间位置上彼此相差 $120°$。当转子以角速度 ω 顺时针方向旋转时，就会在三相绕组中输出对称的三相电动势，如图 6-1-3（b）所示。

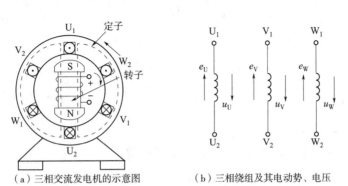

（a）三相交流发电机的示意图　　　（b）三相绕组及其电动势、电压

图 6-1-3　三相交流发电机

（2）对称三相正弦交流电的相序。由于三相绕组的结构完全相同，空间位置互差120°，并以相同角速度 ω 切割磁感线，所以这 3 个正弦电动势、电压的最大值（即有效值相等）相等，频率相同，而相位互差120°，此即为对称三相正弦量所满足的条件。

在表示对称三相正弦交流电动势、电压之前，简单介绍相序的概念。

对称三相正弦量到达正的或负的最大值（或零值）的先后次序，称为三相交流电的相序，习惯上，选用 U 相正弦量作为参考，V 相滞后 U 相120°，W 相又滞后 V 相120°，它们的相序为 U—V—W，称为正序；反之则为负序。

在实际工作中，相序是一个很重要的问题。例如，几个发电厂并网供电，相序必须相同，否则发电机都会遭到重大损害。因此，统一相序是整个电力系统安全、可靠运行的基本要求。为此，电力系统并联运行的发电机、变压器、发电厂的汇流排，输送电能的高压线路和变电所等，都按技术标准采用不同颜色来区别电源的三相：用黄色表示 U 相，绿色表示 V 相，红色表示 W 相。相序可用相序器来测量。

（3）对称三相正弦交流电的表示。正如在单相正弦交流电路中表示单相正弦交流电一样，仍可从如下几种方式表示对称三相正弦交流电。

①解析式。三相电源各相电动势、电压参考方向如图 6-1-3（b）所示，电动势的参考方向选定为绕组的末端指向始端，而电压的参考方向与电动势相反，即各绕组的始端为正极，末端为负极，则各相电源的电动势等于各相电压。以 u_U 为参考电压，按正序可写出 3 个绕组的感应电压瞬时值表达式为

$$\begin{cases} u_U = \sqrt{2}U\sin\left(\omega t\right) \\ u_V = \sqrt{2}U\sin\left(\omega t - 120^\circ\right) \\ u_W = \sqrt{2}U\sin\left(\omega t + 120^\circ\right) \end{cases} \tag{6-1-1}$$

式中，u_U、u_V、u_W 分别称为 U 相电压、V 相电压和 W 相电压。每相电压都可以看作是一个独立的正弦电压源，将发电机三相绕组按一定方式连接后，就组成一个对称三相电压源，可对外供电。

②波形图。根据式（6-1-1），可画出波形图如图 6-1-4（a）所示。

③相量式及相量图。由式（6-1-1），可写出对应的对称三相电源电压的相量式为

$$\begin{cases} \dot{U}_U = U\angle 0^\circ \\ \dot{U}_V = U\angle -120^\circ = a^2\dot{U}_U \\ \dot{U}_W = U\angle 120^\circ = a\dot{U}_U \end{cases} \tag{6-1-2}$$

式中，$a = -\dfrac{1}{2} + j\dfrac{\sqrt{3}}{2}$，它是工程中为了方便计算而引入的单位算子。对称三相电源的波形和相量图如图 6-1-4（b）所示。

（4）对称三相正弦交流电的性质。由相量图可得

$$\dot{U}_U + \dot{U}_V + \dot{U}_W = 0 \tag{6-1-3}$$

也就是说对称三相电源电压瞬时值代数和恒等于零，即 $u_U + u_V + u_W = 0$。这个结论同样适用于对称三相电动势、对称三相电流。

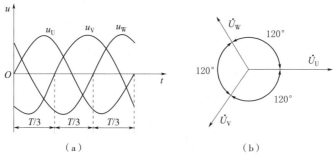

图 6-1-4 三相交流电的波形图、相量图

【例 6-1-1】 Y 连接的对称三相电源，线电压 $u_{UV} = 380\sqrt{2}\sin 314t$ V，试写出其他线电压和各相电压的解析式。

解： 由对称性及线电压与相电压的关系，可写出其他线电压和各相电压分别为

$$u_{VW} = 380\sqrt{2}\sin(314t - 120°) \text{ V}, \quad u_{WU} = 380\sqrt{2}\sin(314t + 120°) \text{ V}$$

$$u_{U} = 220\sqrt{2}\sin(314t - 30°) \text{ V}, \quad u_{V} = 220\sqrt{2}\sin(314t - 150°) \text{ V}$$

$$u_{W} = 220\sqrt{2}\sin(314t + 90°) \text{ V}$$

2. 三相电源的连接

三相发电机的每相绕组都是独立的电源，可以单独地接上负载，成为彼此相关的三相电路，需要 6 根导线来输送电能，这样很不经济，没有实用价值。三相电源的三相绕组一般都按星形（Y）连接和三角形（△）连接供电。

（1）三相电源的星形（Y）连接。详述如下：

①电路图。把三相电源的 3 个绕组的末端 U_2、V_2、W_2 连接成一个公共点 N，由 3 个始端 U_1、V_1、W_1 分别引出 3 根导线 L_1、L_2、L_3 向负载供电的连接方式称为星形（Y）连接，如图 6-1-5（a）所示。

公共点 N 称为中性点，从 N 点引出的导线称为中性线。若 N 点接地（工作接地），则中性线又称零线。由 U_1、V_1、W_1 端引出的 3 根输电线 L_1、L_2、L_3 称为相线，俗称"火线"。这种由 3 根火线和 1 根中性线组成的三相供电系统称为三相四线制，在低压供电中经常采用。有时为简化电路图，常省略三相电源不画，只标相线和中性线符号，如图 6-1-5（b）所示。若无中性线引出，则称为三相三线制。

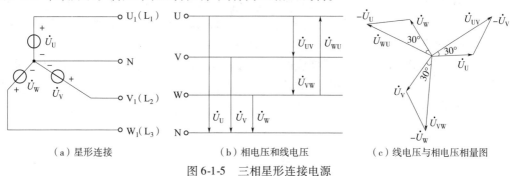

（a）星形连接　　　（b）相电压和线电压　　　（c）线电压与相电压相量图

图 6-1-5 三相星形连接电源

②相电压和线电压的关系。电源每相绕组两端的电压称为电源的相电压。在星形连接电路中，相电压就是相线与中性线之间的电压。三相电压的瞬时值用 u_U、u_V、u_W 表示（通用符号为 u_P），对应的相量用 $\dot{U}_U$、$\dot{U}_V$、$\dot{U}_W$ 表示（通用符号为 $\dot{U}_P$），相电压的正方向规定为由绕组的始端指向末端，即由相线指向中性线。

相线与相线之间的电压称为线电压，它的瞬时值用 u_{UV}、u_{VW}、u_{WU}（通用符号为 u_L）对应的相量用 $\dot{U}_{UV}$、$\dot{U}_{VW}$、$\dot{U}_{WU}$（通用符号为 $\dot{U}_L$）表示，电压的参考方向是自 U 相指向 V 相，V 相指向 W 相，W 相指向 U 相。如图 6-1-5（b）所示。在供电系统中，如无特别说明，一般所说的电压都是指线电压的有效值。

根据电压与电位的关系，可得出线电压与相电压一般关系：

瞬时表达式为

$$\begin{cases} u_{UV} = u_U - u_V \\ u_{VW} = u_V - u_W \\ u_{WU} = u_W - u_U \end{cases}$$

对应的相量式为

$$\begin{cases} \dot{U}_{UV} = \dot{U}_U - \dot{U}_V \\ \dot{U}_{VW} = \dot{U}_V - \dot{U}_W \\ \dot{U}_{WU} = \dot{U}_W - \dot{U}_U \end{cases}$$

以 $\dot{U}_U$ 为参考相量，对称电源各相电压、线电压的相量图如图 6-1-5（c）所示。由相量图可以得到，当相电压对称时，线电压也是一组同相序的对称电压，并且线电压与相电压之间的关系如下：

有效值关系：$U_L = \sqrt{3} U_P$；相位关系：线电压超前对应的相电压 30°，即

$$\dot{U}_{LY} = \sqrt{3} \dot{U}_{PY} \angle 30° \tag{6-1-4}$$

发电机（或变压器）的绕组接成星形，可以为负载提供 2 种对称三相电压：一种是对称的相电压，另一种是对称的线电压。目前电力电网的低压供电系统中的线电压为 380 V，相电压为 220 V，常记为"电源电压 380 V/220 V"。

（2）三相电源的三角形（△）连接。详述如下：

①电路图。将三相电源的 3 个绕组始、末端顺次相连，接成一个闭合三角形，再从 3 个连接点 U、V、W 分别引出 3 根输电线 L_1、L_2、L_3，如图 6-1-6（a）所示，这就构成了三相电源的三角形连接。显然，这种接法只有三线制。

②线电压与相电压的关系。根据线电压与相电压的定义，从图 6-1-6（a）可以看出，△连接的三相电源，其线电压就是相应的相电压，即

瞬时表达式为

$$\begin{cases} u_{UV} = u_U \\ u_{VW} = u_V \\ u_{WU} = u_W \end{cases}$$

对应的相量式为

$$\begin{cases} \dot{U}_{UV} = \dot{U}_U \\ \dot{U}_{VW} = \dot{U}_V \\ \dot{U}_{WU} = \dot{U}_W \end{cases}$$

即

$$\dot{U}_{L\triangle} = \dot{U}_{P\triangle} \tag{6-1-5}$$

相量图如图 6-1-6（b）所示。

对于三角形连接的电源，由于 3 个绕组接成闭合回路，设实际绕组复阻抗为 Z_{SP}，则未接负载时回路中的电流为

$$\dot{I}_S = \frac{\dot{U}_U + \dot{U}_V + \dot{U}_W}{3Z_{SP}}$$

若三相电源为严格对称，$\dot{U}_U + \dot{U}_V + \dot{U}_W = 0$，则不会引起环路电流。但在生产实际中，由于三相发电机产生的三相电压只是近似正弦波，数值也并非完全相等，所以三角形连接时，即使接法正确，也会出现环路电流，且一旦接线错误，将由于环流过大导致发电机烧毁。因此，三相发电机的绕组极少接成三角形，通常是星形连接。只有三相变压器有时会根据需要采用三角形连接，连接前必须检查。

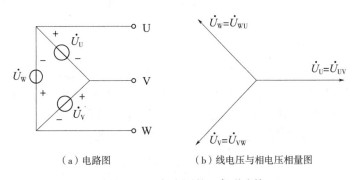

（a）电路图　　　　　　　　（b）线电压与相电压相量图

图 6-1-6　三相电源的三角形连接

【例 6-1-2】　　三相发电机接成星形发电。如误将 U 相接反，则线电压是否还对称？如三相全反，又将如何？

解：本例可借助相量图分析。U 相电源反接时的电路如图 6-1-7（a）所示，根据电路图可画出各电压的相量图，如图 6-1-7（b）所示。从相量图可求得 U 相反接时的各线电压分别为：

$$\dot{U}_{UV} = -\dot{U}_U - \dot{U}_V = -\dot{U}_U + (-\dot{U}_V) = \dot{U}_W$$

$$\dot{U}_{VW} = \dot{U}_V - \dot{U}_W = \dot{U}_V + (-\dot{U}_W) = \sqrt{3}\dot{U}_V \angle 30°$$

$$\dot{U}_{WU} = \dot{U}_W - (-\dot{U}_U) = \dot{U}_U + \dot{U}_W = -\dot{U}_V$$

可见，U 相反接后，除 $\dot{U}_{VW} = \sqrt{3}\dot{U}_V \angle 30°$ 为正常值，其他两线电压的大小和相位都与正常值相去甚远，这一组线电压已经严重不对称了。

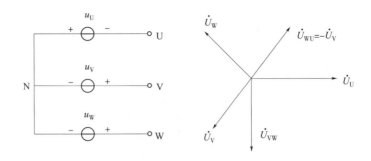

图 6-1-7　【例 6-1-2】题解图

若三相全反，则线电压仍然对称，只是每个线电压都与正确连接时反相，如 $\dot{U}_{U'V'} =$ $-\dot{U}_U - (-\dot{U}_V) = -(\dot{U}_U - \dot{U}_V) = -\dot{U}_{UV}$

二、三相负载的连接

三相电源的负载包括单相负载（如家用电器、实验仪器、电灯等）及三相负载（如三相交流电动机、三相变压器等），工农业生产与生活用电多为三相四线制电源提供。图 6-1-8 为现在民用住宅使用三相五线制时不同负载接线示意图。由于 PE 线是起保护作用的，正常时没有电流通过，故在电路分析时不画出 PE 线。通常三相负载的连接方式有 2 种：星形连接和三角形连接。

1. 三相负载星形连接

（1）三相负载的星形连接图。把各相负载的一端连接在一起，称为负载中性点，中用 N′表示，它与三相电源的中性线连接；把各相负载的另一端分别与三相电源的 3 根相线连接，这种连接方式称为三相负载的星形连接，如图 6-1-9 所示。

为分析方便，对三相负载的相关电压、电流作如下规定：

①每相负载两端的电压称为负载的相电压，用 $\dot{U}_P'$ 表示。

②流过每相负载的电流为负载的相电流，用 $\dot{I}_P$ 表示，流过相线的电流称为线电流，用 $\dot{I}_L$ 表示。

③参考方向的选择：负载每根相线与相线之间的电压称为线电压，用 $\dot{U}_L'$ 表示，负载为星形连接时，负载相电压的参考方向规定为自相线指向负载中性点 N′，分别用 $\dot{U}_U'$、$\dot{U}_V'$、$\dot{U}_W'$ 表示。相电流的参考方向与相电压的参考方向一致，线电流的参考方向为电源端指向负载端，中性线电流的参考方向规定为由负载中性点指向电源中性点。各电压、电流参考方向如图 6-1-9 所示。

（2）星形连接负载的线电压与相电压、线电流与相电流的关系。

①线电压与相电压关系。负载星形连接的线电压与相电压的关系同电源星形连接的线电压与相电压的关系，如负载的相电压为对称时，其线电压为同相序的对称电压，且满足关系：

$$\dot{U}_L' = \sqrt{3}\dot{U}_P'\angle30°$$

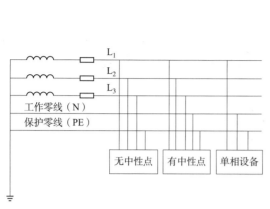

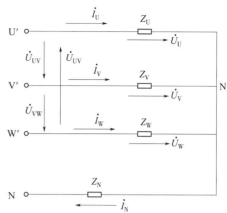

图 6-1-8 三相五线制供电不同负载接线示意图 | 图 6-1-9 三相负载星形连接

②线电流与相电流的关系。由图 6-1-9 显然可以得到,在星形连接中,线电流就是相电流,即

$$\dot{I}_{\mathrm{LY}} = \dot{I}_{\mathrm{PY}} \tag{6-1-6}$$

③各相负载电流、中性线电流关系。根据复数形式的欧姆定律,则各相电流(线电流)的一般表达式及电路对称(电源对称及负载对称,即 $Z_{\mathrm{U}} = Z_{\mathrm{V}} = Z_{\mathrm{W}} = Z$)时表达式分别为

$$\begin{cases} \dot{I}_{\mathrm{U}} = \dfrac{\dot{U}_{\mathrm{U}}'}{Z_{\mathrm{U}}} \\[2mm] \dot{I}_{\mathrm{V}} = \dfrac{\dot{U}_{\mathrm{V}}'}{Z_{\mathrm{V}}} \\[2mm] \dot{I}_{\mathrm{W}} = \dfrac{\dot{U}_{\mathrm{W}}'}{Z_{\mathrm{W}}} \end{cases} \xrightarrow{\text{电路对称}} \begin{cases} \dot{I}_{\mathrm{U}} = \dfrac{\dot{U}_{\mathrm{U}}'}{Z_{\mathrm{U}}} \\[2mm] \dot{I}_{\mathrm{V}} = \dot{I}_{\mathrm{U}} \angle -120° \\[2mm] \dot{I}_{\mathrm{W}} = \dot{I}_{\mathrm{U}} \angle +120° \end{cases}$$

有中性线时,中性线电流为

$$\dot{I}_{\mathrm{N}} = \dot{I}_{\mathrm{U}} + \dot{I}_{\mathrm{V}} + \dot{I}_{\mathrm{W}}$$

没有中性线时,各相电流满足

$$\dot{I}_{\mathrm{U}} + \dot{I}_{\mathrm{V}} + \dot{I}_{\mathrm{W}} = 0$$

电路对称且有中性线时,中性线电流为

$$\dot{I}_{\mathrm{N}} = \dot{I}_{\mathrm{U}} + \dot{I}_{\mathrm{V}} + \dot{I}_{\mathrm{W}} = 0$$

2. 三相负载三角形连接

(1)三相负载三角形连接图。三相负载分别接在三相电源的每 2 根相线之间的连接方式,称为三相负载的三角形连接,如图 6-1-10(a)所示。

(2)三角形连接负载的线电压与相电压、线电流与相电流的关系。

①线电压与相电压的关系。三相负载三角形连接时，不论负载是否对称，各相负载的相电压和线电压相等，即

$$\dot{U}'_{L\triangle} = \dot{U}'_{P\triangle} \tag{6-1-7}$$

②线电流与相电流的关系。根据 KCL 可得线电流与相电流的一般关系为

$$\begin{cases} \dot{I}_U = \dot{I}_{UV} - \dot{I}_{WU} \\ \dot{I}_V = \dot{I}_{VW} - \dot{I}_{UV} \\ \dot{I}_W = \dot{I}_{WU} - \dot{I}_{VW} \end{cases} \tag{6-1-8}$$

当各相电流对称时，以 $\dot{I}_{UV}$ 作为参考相量，画出相量图，如图 6-1-10（b）所示。由相量图可以得到，当相电流对称时，线电流也是一组同相序的对称电流，并且线电流与相电流之间的关系如下：

有效值关系：$I_L = \sqrt{3}I_P$；相位关系：线电流滞后于对应的相电流 30°，即

$$\dot{I}_L = \sqrt{3}\dot{I}_P \angle -30° \tag{6-1-9}$$

③各相负载电流。根据复数形式的欧姆定律，则各相电流的一般表达式及电路对称时表达式分别表示为

$$\begin{cases} \dot{I}_{UV} = \dfrac{\dot{U}'_{UV}}{Z_U} \\ \dot{I}_{VW} = \dfrac{\dot{U}'_{VW}}{Z_V} \\ \dot{I}_{WU} = \dfrac{\dot{U}'_{WU}}{Z_W} \end{cases} \xrightarrow{\text{电路对称}} \begin{cases} \dot{I}_{UV} = \dfrac{\dot{U}'_{UV}}{Z} \\ \dot{I}_{VW} = \dot{I}_{UV} \angle -120° \\ \dot{I}_{WU} = \dot{I}_{UV} \angle +120° \end{cases} \xrightarrow{\text{相应线电流}} \begin{cases} \dot{I}_U = \sqrt{3}\dot{I}_{UV} \angle -30° \\ \dot{I}_V = \dot{I}_U \angle -120° \\ \dot{I}_W = \dot{I}_U \angle +120° \end{cases}$$

无论负载是否对称，3 个线电流之间关系都有

$$\dot{I}_U + \dot{I}_V + \dot{I}_W = 0$$

由以上分析可以清楚看到，无论三相负载星形连接还是三角形连接，要确定负载的工作状态，最关键的是要确定在三相电路中负载的相电压。

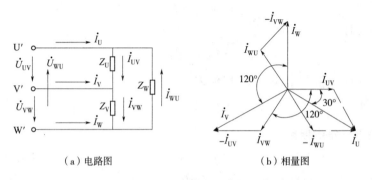

（a）电路图　　　　　　　　　　　（b）相量图

图 6-1-10　三相负载的三角形连接

任务实施与评价

下面进行电源插线排及专用三相四极电源插座安装与测试。

一、实施步骤

1. 自行查找关于电源插座的资料，拆装电源插线排

常见的插座如图 6-1-11 所示。

（a）小五孔插座　　（b）三级（眼）插座　　（b）二、三级（眼）插座

（d）三相四线插座　　　　　　（e）插座排

图 6-1-11　常见的插座

请练习拆装电源插座排，并自行通过查找资料画接线图并进行安装。

2. 注意以下几个问题

（1）电源引进线：新建的建筑工程要求进线用 TN-S 系统三相五线制供电，即有 3 根相线，用 L_1、L_2、L_3 表示，工作零线用 N 表示，1 根专用保护零线 PE（通常所说的地线），如图 6-1-12 所示。

单相照明电路中，一般黄色表示相线、蓝色表示零线、黄绿相间表示地线。

（2）家庭用电中的零线、相线与地线。在家庭用电中，零线通常是指从变压器接地体引出来的线，它的接电阻有严格的规定，必须小于或等于 0.5 Ω，这样才能保证用电设备正常使用；相线是相对于零线来说的，

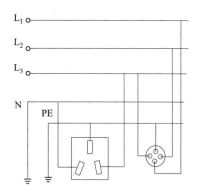

图 6-1-12　三相五线供电示意图

通常家庭用电只是用三相电的其中一相，它的线电压为 220 V，它是通过零线构成回路使家用电器工作的；地线，一般给家用电器接的地线，通常是为了安全和消除静电。它对接地电阻没有严格的要求，通常 PE 线在供电变压器侧和 N 线接到一起，但从引入处开始，接至建筑物内各个插座，零线 N 和地线 PE 完全分开（严禁零地混接）。

（3）插座接线应符合下列规定：

①单相两孔插座，面对插座的右孔或上孔与相线连接，左孔或下孔与零线连接；单相

三孔插座，面对插座的右孔与相线连接，左孔与零线连接。

②单相三孔插座，地线接正上孔，相线接右孔，工作零线接左孔。插座的接地端子不与零线端子连接。

③三相四孔插座，地线接正上孔，其余三孔接相线。同一场所的三相插座，接线的相序一致。

④接地（PE）或接零（PEN）线在插座间不串联，不允许零线和地线共用一根导线，必须从接地干线上引下专用地线。

3. 插座接好后用试电笔检查接线是否正确

插头（座）互连互通不仅要解决机械连接，还要求电气连接正确，而且更为重要的是，为确保设备和人身安全，插座在投入使用之前，必须依照规范进行检查。

检查主要是先用万用表判断接线是否存在短路和断路，正常时再用试电笔（或万用表）判断零线、相线及地线，请查找资料自行完成。

二、任务评价

评价内容及评分如表6-1-1所示。

表6-1-1　任 务 评 价

任务名称		电源插线排及专用三相四极电源插座安装与测试			
	评 价 项 目	标 准 分	评 价 分	主 要 问 题	
自我评价	任务要求认知程度	10 分			
	相关知识掌握程度	15 分			
	专业知识应用程度	15 分			
	信息收集处理能力	10 分			
	动手操作能力	20 分			
	数据分析与处理能力	10 分			
	团队合作能力	10 分			
	沟通表达能力	10 分			
	合计评分				
小组评价	专业展示能力	20 分			
	团队合作能力	20 分			
	沟通表达能力	20 分			
	创新能力	20 分			
	应急情况处理能力	20 分			
	合计评分				
教师评价					
总评分					
备注	总评分＝教师评价50%＋小组评价30%＋个人评价20%				

任务二 三相电路的分析与测试

任务目标

（1）掌握对称三相电路的求解；

（2）会求解忽略中性线阻抗的三相四线制电路，理解中性线的作用；

（3）会求解对称三相电路的功率。

工作任务

三相照明电路的连接与测试，既能检查学生对电路常用物理量测试技能，又能直观地加强学生对三相负载星形连接和三角形连接电压关系、电流关系的理解，因此，通过相关知识的学习，完成以下任务：

（1）模拟连接三相照明电路；

（2）测试三相电路的电压、电流、电功率。

相关知识

一、对称三相电路的分析

三相电路按电源和负载的连接方式，可分为Y/Y、Y₀/Y₀、Y/△、△/Y和△/△这5种连接方式。其中，"/"左边表示电源的连接，右边表示负载的连接：有下标0表示有中性线，否则表示无中性线。由于电源一般作Y连接，负载Y与△可以相互等效，那么上述的5种连接方式只有Y₀/Y₀连接是最基本的，而其他的几种都可以看成它的特例。

1. 对称Y₀/Y₀连接的分析与计算

图6-2-1所示为Y₀/Y₀连接的三相电路，其中，Z_L和Z_N分别为端线和中性线的阻抗。观察这个电路的连接特点，便会发现该电路实质上是2个节点电路，对于只有2个节点的电路，简便的方法就是节点电压法。由于2个节点分别是电源和负载的中性点，所以这2个节点的电压又称为中性点电压。

（1）中性点电压。根据弥尔曼定理，图6-2-1电路的中性点电压为

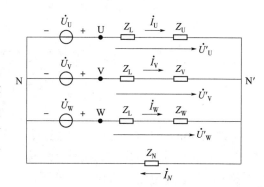

图6-2-1 对称Y₀/Y₀连接的三相电路

$$\dot{U}_{N'N} = \frac{\dfrac{\dot{U}_U}{Z_L + Z_U} + \dfrac{\dot{U}_V}{Z_L + Z_V} + \dfrac{\dot{U}_W}{Z_L + Z_W}}{\dfrac{1}{Z_L + Z_U} + \dfrac{1}{Z_L + Z_V} + \dfrac{1}{Z_L + Z_W} + \dfrac{1}{Z_N}} \tag{6-2-1}$$

若电路对称，且令 $Z_U = Z_V = Z_W = Z$，则

$$\dot{U}_{N'N} = \frac{\dfrac{1}{Z_L + Z}(\dot{U}_U + \dot{U}_V + \dot{U}_W)}{\dfrac{3}{Z_L + Z} + \dfrac{1}{Z_N}} = 0$$

即
$$\dot{U}_{N'N} = 0$$

（2）各相负载的相电压。根据 KVL 可得

$$\dot{U}_{N'N} = \dot{U}_U - \dot{U}'_U = \dot{U}_V - \dot{U}'_V = \dot{U}_W - \dot{U}'_W = 0$$

则各相负载（这里负载包括输电线阻抗）的相电压等于电源相电压，即

$$\begin{cases} \dot{U}'_U = \dot{U}_U \\ \dot{U}'_V = \dot{U}_V = \dot{U}_U \angle -120° \\ \dot{U}'_W = \dot{U}_W = \dot{U}_U \angle +120° \end{cases} \tag{6-2-2}$$

由此可知，当三相负载的额定电压等于电源的相电压时，负载应作星形连接。

（3）各线电流及中性线电流。由复数形式的欧姆定律得

$$\begin{cases} \dot{I}_U = \dfrac{\dot{U}'_U}{Z + Z_L} = \dfrac{\dot{U}_U}{Z + Z_L} \\ \dot{I}_V = \dfrac{\dot{U}'_V}{Z + Z_L} = \dfrac{\dot{U}_V}{Z + Z_L} = \dot{I}_U \angle -120° \\ \dot{I}_W = \dfrac{\dot{U}'_W}{Z + Z_L} = \dfrac{\dot{U}_W}{Z + Z_L} = \dot{I}_U \angle -120° \end{cases} \tag{6-2-3}$$

即各相（线）电流的有效值为

$$I_{LY} = I_{PY} = \frac{U_P}{Z'}$$

式中，Z' 是包括输电线在内，总的负载的阻抗。

$$\dot{I}_N = \dot{I}_U + \dot{I}_V + \dot{I}_W = 0$$

即
$$\dot{I}_N = 0$$

综上分析，可得到对称 Y₀/Y₀ 连接电路有以下特点：

①各相负载的电压、电流具有对称性和独立性。由式（6-2-2）及式（6-2-3）可知，对称 Y₀/Y₀ 连接电路，负载各相电压、电流都是与电源同相序的对称电压、电流，而且，负载各相电流（线电流）及电压只与本相的复阻抗及电源有关，与其他相无关。

②中性点电压为零，中性线电流为零。

在对称三相四线制电路中，中性点电压为零、中性线电流为零，说明中性线的断开或短路均不会对各相电流带来影响。

2. 其他连接方式对称电路的分析与计算

（1）对称Y/Y连接电路。根据对称Y_0/Y_0连接电路的第 2 个特点，可知，对称Y/Y连接电路与Y_0/Y_0连接电路是等效的，因此，分析与计算的方法完全一致。

（2）对称Y/△连接电路：

①忽略输电线的阻抗。如图 6-2-2 所示，忽略输电线的阻抗时，显然有负载的相电压等于电源线电压，即

$$\dot{U}'_{P\triangle} = \dot{U}_{L}$$

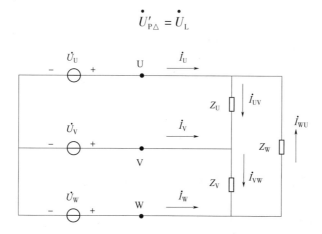

图 6-2-2　对称Y/△连接电路

从而可以得出，当负载的额定电压等于电源的线电压时，负载应做三角形连接。

负载相电流 $\begin{cases} \dot{I}_{UV} = \dfrac{\dot{U}_{UV}}{Z} = \dfrac{\sqrt{3}\dot{U}_{U}\angle 30°}{Z} \\ \dot{I}_{VW} = \dot{I}_{UV}\angle -120° \\ \dot{I}_{WU} = \dot{I}_{UV}\angle +120° \end{cases}$，线电流 $\begin{cases} \dot{I}_{U} = \sqrt{3}\dot{I}_{UV}\angle -30° \\ \dot{I}_{V} = \dot{I}_{U}\angle -120° \\ \dot{I}_{W} = \dot{I}_{U}\angle +120° \end{cases}$

即各相电流、线电流有效值的大小为

$$I_{L\triangle} = \sqrt{3}I_{P\triangle} = \sqrt{3}\,\frac{\sqrt{3}U_{P}}{z} = 3\,\frac{U_{P}}{z}$$

②计入输电线的阻抗。当计入 Z_L 时，只需要将三相负载三角形连接等效成Y连接，那么Y/△电路就变为Y/Y电路求解。

【例 6-2-1】　已知对称三相交流电路，每相负载的电阻 $R = 8\ \Omega$，感抗 $X_L = 6\ \Omega$。

（1）设电源电压为 $U_L = 380\ \text{V}$，求负载星形连接时的相电流、相电压和线电流；

（2）设电源电压为 $U_L = 220\ \text{V}$，求负载三角形连接时的相电流、相电压和线电流。

解：（1）负载星形连接时

$$U_L = \sqrt{3}U_P$$

因 $U_L = 380$ V，则

$$U_U = U_V = U_W = \frac{380}{\sqrt{3}} \text{ V} = 220 \text{ V}$$

设 $\dot{U}_U = 220 \angle 0°$ V

因相电流即线电流，其大小为

$$\dot{I}_U = \frac{220 \angle 0°}{8 + j6} = 22 \angle -36.9° \text{ A}$$

$$\dot{I}_V = 22 \angle -156.9° \text{ A}$$

$$\dot{I}_W = 22 \angle 83.1° \text{ A}$$

（2）负载三角形连接时

$$U_L = U_p$$

因 $U_L = 220$ V，则

$$U_{UV} = U_{VW} = U_{WU} = 220 \text{ V}$$

设 $\dot{U}_{UV} = 220 \text{ V} \angle 0°$

则相电流

$$\dot{I}_{UV} = \frac{\dot{U}_{UV}}{Z} \text{ A} = \frac{220 \angle 0°}{8 + j6} \text{ A} = 22 \angle -36.9° \text{ A}$$

$$\dot{I}_{VW} = 22 \angle -156.9° \text{ A}$$

$$\dot{I}_{WU} = 22 \angle 83.1° \text{ A}$$

线电流

$$\dot{I}_U = \sqrt{3}\dot{I}_{UV} \angle -30° \text{ A} = 38 \angle -66.9° \text{ A}$$

$$\dot{I}_V = \sqrt{3}\dot{I}_{VW} \angle -30° = 38 \angle -186.9° \text{A} = 38 \angle 173.1° \text{ A}$$

$$\dot{I}_W = \sqrt{3}\dot{I}_{WU} \angle -30° = 38 \angle 53.1° \text{ A}$$

二、不对称三相电路求解

实际的三相电路大量存在的是不对称的，如工业企业的三相配电线路，大多是负载不对称的三相线路。负载不对称一般是由下列原因造成的：

（1）在电源端、负载端或连接导线上某一相发生短路或断路；

（2）照明负载或其他单相负载难于安排对称。

一般情况下，三相电源总是对称的，输电线上复阻抗也相等，此处仅讨论由于负载不对称导致的三相电路不对称。

1. 不对称Y₀/Y₀电路的分析与计算

电路图如图6-2-1所示，对于此类问题的分析，一般采用中性点电压法，实质就是节点电压法。

（1）中性点电压。中性点电压可由式（6-2-1）求出。由式（6-2-1）可知，对于给定不对称负载，计入中性线阻抗时，$\dot{U}_{\text{N'N}} \neq 0$，称为中性点"漂移"现象。

（2）各相负载的电压。由 KVL 可得各相负载电压为

$$\begin{cases} \dot{U}'_{\text{U}} = \dot{U}_{\text{U}} - \dot{U}_{\text{N'N}} \\ \dot{U}'_{\text{V}} = \dot{U}_{\text{V}} - \dot{U}_{\text{N'N}} \\ \dot{U}'_{\text{W}} = \dot{U}_{\text{W}} - \dot{U}_{\text{N'N}} \end{cases} \qquad (6\text{-}2\text{-}4)$$

显然，若 $\dot{U}_{\text{N'N}} \neq 0$，则负载各相电压不等于电源相电压，会使得有的负载电压高于电源相电压，有的低于电源的相电压，从而影响了负载的正常工作。例如，某相负载由于电压过高而烧毁，其他相负载由于电压过低而不能正常工作。

负载的不对称是客观存在的，为了防止中性点漂移现象的产生，通常用一根阻抗很小的中性线将 N' 与 N 连接起来，迫使负载中性点与电源中性点接近等电位，即 $\dot{U}_{\text{N'N}} \approx 0$。这样就可保证无论星形负载对称与否，三相负载的相电压都接近于对称，这就是中性线的作用。

（3）各相负载的电流及中性线电流。

由欧姆定律可得各相负载的电流为

$$\begin{cases} \dot{I}_{\text{U}} = \dfrac{\dot{U}'_{\text{U}}}{Z_{\text{U}} + Z_{\text{L}}} \\ \dot{I}_{\text{V}} = \dfrac{\dot{U}'_{\text{V}}}{Z_{\text{V}} + Z_{\text{L}}} \\ \dot{I}_{\text{W}} = \dfrac{\dot{U}'_{\text{W}}}{Z_{\text{W}} + Z_{\text{L}}} \end{cases} \qquad (6\text{-}2\text{-}5)$$

中性线电流为

$$\dot{I}_{\text{N}} = \dot{I}_{\text{U}} + \dot{I}_{\text{V}} + \dot{I}_{\text{W}}$$

由式（6-2-5）可知，只要三相负载是不对称负载，即便是中性点电压为零，各相负载的电压是对称的，而各相负载的电流是不对称的，那么，中性线电流就不会为零。

2. 不对称丫/丫电路的分析与计算

不对称丫/丫电路即为无中性线时的丫₀/丫₀电路，只须以 $Z_{\text{N}} = \infty$ 代入式（6-2-1），求出中性点电压，负载各相电压、电流仍按式（6-2-4）及（6-2-5）求解即可。

3. 不对称丫/△电路的分析计算

不对称三相负载原则上也可作△连接，相线阻抗较小时，负载电压接近为电源线电压，

各相负载的电流及线电流分别按式

$$\begin{cases} \dot{I}_{UV} = \dfrac{\dot{U}'_{UV}}{Z_U} \\[2mm] \dot{I}_{VW} = \dfrac{\dot{U}'_{VW}}{Z_V} \\[2mm] \dot{I}_{WU} = \dfrac{\dot{U}'_{WU}}{Z_W} \end{cases} 及 \begin{cases} \dot{I}_U = \dot{I}_{UV} - \dot{I}_{WU} \\[1mm] \dot{I}_V = \dot{I}_{VW} - \dot{I}_{UV} \\[1mm] \dot{I}_W = \dot{I}_{WU} - \dot{I}_{VW} \end{cases} 求解。但现在电灯、电风扇$$

等用电设备的额定电压都为 220 V，而电源线电压又都为 380 V，所以都是作Y。连接。

【例 6-2-2】 试分析对称三相三线制Y连接电路，若发生一相短路或一相断路的故障时，负载电压有何变化？

解：（1）一相短路故障分析。假设 U 相短路，即 $Z_U = 0$，故障电路如图 6-2-3（a）所示。

此时，中性点电压为

$$\dot{U}_{N'N} = \frac{\dfrac{\dot{U}_U}{Z_U} + \dfrac{\dot{U}_V}{Z_V} + \dfrac{\dot{U}_W}{Z_W}}{\dfrac{1}{Z_U} + \dfrac{1}{Z_V} + \dfrac{1}{Z_W}} = \frac{\dot{U}_U + Z_U\left(\dfrac{\dot{U}_V}{Z_V} + \dfrac{\dot{U}_W}{Z_W}\right)}{1 + Z_U\left(\dfrac{1}{Z_V} + \dfrac{1}{Z_W}\right)} = \dot{U}_U$$

此时，V、W 两相负载的电压分别为

$$\dot{U}'_V = \dot{U}_V - \dot{U}_{N'N} = \sqrt{3}\dot{U}_U \angle -150°$$

$$\dot{U}'_W = \dot{U}_W - \dot{U}_{N'N} = \sqrt{3}\dot{U}_U \angle 150°$$

它们的大小和线电压相等。各电压的相量图如图 6-2-3（b）所示。

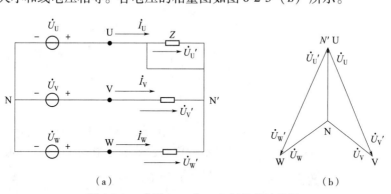

图 6-2-3 【例 6-2-2】一相短路故障分析

（2）一相断路故障分析。假设 U 相断路，故障电路如图 6-2-4（a）所示。

此时，$Z_U = Z_{UU'} + Z \to \infty$，中性点电压为

$$\dot{U}_{N'N} = \frac{\dfrac{\dot{U}_U}{Z_U} + \dfrac{\dot{U}_V}{Z_V} + \dfrac{\dot{U}_W}{Z_W}}{\dfrac{1}{Z_U} + \dfrac{1}{Z_V} + \dfrac{1}{Z_W}} = \frac{\dfrac{\dot{U}_V}{Z} + \dfrac{\dot{U}_W}{Z}}{\dfrac{1}{Z} + \dfrac{1}{Z}} = \frac{\dot{U}_V + \dot{U}_W}{2} = -\frac{\dot{U}_U}{2}$$

绘出 U 相断开时的相量图，如图 6-2-4（b）所示。从相量图可看到，此时 V、W 两相负载的电压分别为

$$\dot{U}'_{\mathrm{V}} = \dot{U}_{\mathrm{VN'}} = \frac{\sqrt{3}}{2}\dot{U}_{\mathrm{U}} \angle -90°$$

$$\dot{U}'_{\mathrm{W}} = \dot{U}_{\mathrm{WN'}} = \frac{\sqrt{3}}{2}\dot{U}_{\mathrm{U}} \angle 90°$$

U 相负载两端的电压 $\dot{U}'_{\mathrm{U}} = \dot{U}_{\mathrm{U'N'}} = 0$

断开两点 U 和 U′间的电压 $\dot{U}'_{\mathrm{UU'}} = \dot{U}_{\mathrm{UN'}} = \frac{3}{2}\dot{U}_{\mathrm{U}}$

上述结果同样可以通过式（6-2-4）计算得到，只是更麻烦些。

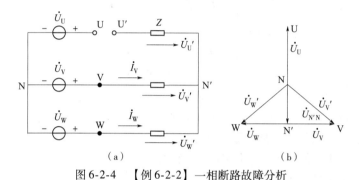

图 6-2-4　【例 6-2-2】一相断路故障分析

【例 6-2-3】　某三层楼房照明采用三相四线制供电，线电压为 380 V，每层楼装有 220 V、40 W 白炽灯具 110 只，一、二、三楼分别使用 U、V、W 三相。若输电线电阻 R_{N} =1 Ω，当一楼的灯全部开亮、二楼只开亮 11 只，三楼的灯全部熄灭时，中性线电流为多大？若此时中性线突然断开，会产生什么后果？

解：一楼、二楼、三楼即为 U、V、W 相的负载，各相负载均为白炽灯，等效电阻分别为

$$R_{\mathrm{U}} = \frac{220^2}{40 \times 110}\ \Omega = 11\ \Omega\ （110\ 只白炽灯）$$

$$R_{\mathrm{V}} = \frac{220^2}{40 \times 11}\ \Omega = 110\ \Omega\ （11\ 只白炽灯）$$

$$R_{\mathrm{W}} \rightarrow \infty（灯全部熄灭）$$

中性点电压为

$$\dot{U}_{\mathrm{N'N}} = \frac{\dfrac{220 \angle 0°}{11} + \dfrac{220 \angle -120°}{110}}{\dfrac{1}{11} + \dfrac{1}{110} + \dfrac{1}{1}}\ \mathrm{V} = \frac{19 - \mathrm{j}\sqrt{3}}{1.1}\ \mathrm{V} = 17.34 \angle -5.2°\ \mathrm{V}$$

U、V 两相负载电压分别为

$$\dot{U}'_{\mathrm{U}} = \dot{U}_{\mathrm{U}} - \dot{U}_{\mathrm{N'N}} = （220 \angle 0° - 17.34 \angle 5.2°）\ \mathrm{V} = 202.74 \angle 0.4°\ \mathrm{V}$$

$$\dot{U}'_{\mathrm{V}} = \dot{U}_{\mathrm{V}} - \dot{U}_{\mathrm{N'N}} = （220 \angle -120° - 17.34 \angle 5.2°）\ \mathrm{V} = 227.82 \angle -124°\ \mathrm{V}$$

W 相开路电压为

$$\dot{U}'_\text{W} = \dot{U}_\text{W} - \dot{U}_\text{N'N} = (220\angle 120° - 17.34\angle 5.2°)\ \text{V} = 230.43\angle -123.5°\text{V}$$

中性线电流为

$$I_\text{N} = \frac{U_\text{N'N}}{R} = \frac{17.34}{1}\text{A} = 17.34\ \text{A}$$

可见，负载严重不对称时，即使有中性线，也会发生中性点漂移，造成负载电压的不对称。因此，设计时总是尽可能使各相负载均衡。

若此时中性线断开，则电路变为 U、V 两相负载串联接在 380 V 线电压上，两相的电流均为

$$I = \frac{U_\text{L}}{R_\text{U} + R_\text{V}} = \frac{380}{11 + 110}\ \text{A} = 3.14\ \text{A}$$

U、V 两相的负载电压分别为

$$U'_\text{U} = IR_\text{U} = 3.14 \times 11\ \text{V} = 34.54\ \text{V}$$
$$U'_\text{V} = IR_\text{V} = 3.14 \times 110\ \text{V} = 345.4\ \text{V}$$

U 相（一楼）电压不足 50 V，而 V 相（二楼）电压却高达 345 V，二楼的 11 只白炽灯在中性线断开瞬间将全部烧毁，随后一楼的灯因为断电也全部熄灭。倘若负载不是白炽灯而是其他电器，损失将会更加严重，甚至酿成火灾。

这个例子足见中性线的作用非同小可。为此，在实际工程中，必须保证中性线连接可靠、牢固，并规定中性线上不允许安装熔断器（保险）或开关。

*【例 6-2-4】　请设计判断三相电源相序的电路。

解：（1）设计思路。利用三相不对称星形连接电路各相负载的电压不对称，由于 U 相是参考相（接某一负载，如电容器），V、W 相可以用相同的灯泡指示，只需要证明接在 V 相电压与 W 相电压是否存在着一定的规律（大小关系），则可通过灯泡的亮暗不同判断相序。

（2）判断原理。按设计思路，原理电路如图 6-2-5 所示。若灯泡电阻 $R = \dfrac{1}{\omega C}$，且设电容器所接

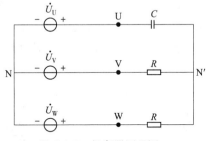

图 6-2-5　相序器原理图

为 U 相，U 相电源电压为 $\dot{U}_\text{U} = U_\text{P}\angle 0°$，则中性点电压为

$$\dot{U}_\text{N'N} = \frac{\text{j}\omega C\dot{U}_\text{U} + \dfrac{\dot{U}_\text{V}}{R} + \dfrac{\dot{U}_\text{W}}{R}}{\text{j}\omega C + \dfrac{1}{R} + \dfrac{1}{R}} = \frac{\text{j}\dot{U}_\text{U} + \dot{U}_\text{U}\angle -120° + \dot{U}_\text{U}\angle +120°}{\text{j} + 2}$$

$$= (-0.2 + \text{j}0.6)\ U_\text{P}$$

V、W 两相负载电压为

$$\dot{U}'_\text{V} = \dot{U}_\text{V} - \dot{U}_\text{N'N} = \dot{U}_\text{U}\angle -120° - (-0.2 + \text{j}0.6)\ U_\text{P} = (-0.3 - \text{j}1.47)\ U_\text{P} = 1.5U_\text{P}\angle -101.5°$$

$\dot{U}'_{\mathrm{W}} = \dot{U}_{\mathrm{W}} - \dot{U}_{\mathrm{N'N}} = \dot{U}_{\mathrm{U}} \angle +120° - (-0.2 + \mathrm{j}0.6) U_{\mathrm{P}} = (-0.3 + \mathrm{j}0.27) U_{\mathrm{P}} = 0.4 U_{\mathrm{P}} \angle 138.4°$

显然，$U'_{\mathrm{V}} > U'_{\mathrm{W}}$，可知灯较亮的一相为 V 相，较暗的一相为 W 相。因此，可以采用图 6-2-5 所示电路制成简易相序器。

（3）自制简易相序器的注意事项：

①参数配置：负载可选用 "220 V、15 W" 白炽灯和 1 μF/500 V 的电容器；

②电源：经三相调压器接入线电压为 220 V 的三相交流电源，为防止没有经过调压器而直接将市电接到负载上造成加在灯泡上电压过高，测试灯泡每相串联 2 个额定电压都为 220 V 的相同灯泡。

三、三相电路的功率及测量

1. 三相电路的功率和功率因数

（1）有功功率。根据能量守恒定律，三相电路提供的总有功功率等于各相负载消耗的有功功率的总和。因此，无论三相负载是否对称都有如下关系：

$$P = P_{\mathrm{U}} + P_{\mathrm{V}} + P_{\mathrm{W}}$$
$$= U_{\mathrm{UP}} I_{\mathrm{UP}} \cos\varphi_{\mathrm{U}} + U_{\mathrm{VP}} I_{\mathrm{VP}} \cos\varphi_{\mathrm{V}} + U_{\mathrm{WP}} I_{\mathrm{WP}} \cos\varphi_{\mathrm{W}} \tag{6-2-6}$$

式中，U_{UP}、U_{VP}、U_{WP} 是三相负载的相电压，I_{UP}、I_{VP}、I_{WP} 是三相负载的相电流，φ_{U}、φ_{V}、φ_{W} 是各相负载相电压、相电流的相位差。

当三相负载对称时，各相负载的电压、电流、复阻抗全相等。所以三相电路总有功功率是一相有功功率的 3 倍，即

$$P = 3U_{\mathrm{P}} I_{\mathrm{P}} \cos\varphi \tag{6-2-7}$$

对称三相负载星形连接时，$U_{\mathrm{P}} = \dfrac{1}{\sqrt{3}} U_{\mathrm{L}}$，$I_{\mathrm{P}} = I_{\mathrm{L}}$；而三角形连接时，$U_{\mathrm{P}} = U_{\mathrm{L}}$，$I_{\mathrm{P}} = \dfrac{1}{\sqrt{3}} I_{\mathrm{L}}$。将上述关系代入式（6-2-7），都可以得到相同的结果，即

$$P = \sqrt{3} U_{\mathrm{L}} I_{\mathrm{L}} \cos\varphi \tag{6-2-8}$$

式中，U_{L}、I_{L} 是线电压、线电流，φ 是相电压与相电流的相位差，即每相负载的阻抗角。由于三相电路的线电压、线电流容易测量，因而式（6-2-8）是三相电路有功功率计算的主要公式。

（2）无功功率。三相电路的无功功率也是衡量三相电源与三相负载中的储能元件进行能量交换规模的。类似地有三相电路的无功功率等于各相负载无功功率之和，即

$$Q = Q_{\mathrm{U}} + Q_{\mathrm{V}} + Q_{\mathrm{W}}$$
$$= U_{\mathrm{UP}} I_{\mathrm{UP}} \sin\varphi_{\mathrm{U}} + U_{\mathrm{VP}} I_{\mathrm{VP}} \sin\varphi_{\mathrm{V}} + U_{\mathrm{WP}} I_{\mathrm{WP}} \sin\varphi_{\mathrm{W}} \tag{6-2-9}$$

与有功功率的分析相同，在对称三相负载时，有

$$Q = 3U_{\mathrm{P}} I_{\mathrm{P}} \sin\varphi \tag{6-2-10}$$

或

$$Q = \sqrt{3} U_{\mathrm{L}} I_{\mathrm{L}} \sin\varphi \tag{6-2-11}$$

前面介绍过，无功功率不能被吸收，不能转换成人们所需要的能量形式，无功功率的传送不仅白白占用了电网的有限资源，加大了线路的损耗，同时还给电网和发电机组的运

行带来了有害的影响。三相异步交流电动机是三相电路的主要负载,其用电荷量占总动力电的 80%,甚至更高。因此,三相负载以电感性为主。为了改善负载的功率因数,配电室中都备有大型电力电容柜以调整三相负载的阻抗角。

(3)视在功率。三相电路的视在功率是三相电路可能提供的最大功率,就是电力网的容量,定义为

$$S = \sqrt{P^2 + Q^2} \tag{6-2-12}$$

若负载对称,将式(6-2-7)及式(6-2-10)或式(6-2-8)及式(6-2-11)代入,可得

$$S = 3U_P I_P = \sqrt{3} U_L I_L \tag{6-2-13}$$

(4)功率因数。三相负载的功率因数定义为

$$\lambda' = \frac{P}{S} = \cos\varphi' \tag{6-2-14}$$

若负载对称,则

$$\lambda' = \lambda = \cos\varphi \tag{6-2-15}$$

在不对称三相电路中,φ' 只有计算上的意义。

(5)对称三相负载的瞬时功率。设对称三相电路中 U 相电压、电流分别为

$$u_{PU} = \sqrt{2} U_P \sin\omega t$$

$$i_{PU} = \sqrt{2} I_P \sin(\omega t - \varphi)$$

按对称性写出其他两相的相电压、相电流,然后计算各相的瞬时功率

$$p_U = u_U i_U, \quad p_V = u_V i_V, \quad p_W = u_W i_W$$

三相总瞬时功率为

$$p = p_U + p_V + p_W$$

经过计算得

$$p = 3U_P I_P \cos\varphi = \sqrt{3} U_L I_L \cos\varphi = P \tag{6-2-16}$$

即三相总瞬时功率为恒定值,且等于三相总有功功率。若负载为三相电动机,则由于其瞬时功率为恒定值,不会时大时小,因而其运转平稳而无振动。这也是三相交流电的一大优点。

【例 6-2-5】 对称三相负载每相复阻抗 $Z = 8 + j6\ \Omega$,电源线电压为 380 V,试计算负载分别接成睦形和三角形时的线电流和三相总有功功率。

解: 负载每相复阻抗为

$$Z = 8 + j6\ \Omega = 10\angle 36.9°\ \Omega$$

(1)星形连接时,相电压为

$$U_P = \frac{1}{\sqrt{3}} U_L = \frac{380}{\sqrt{3}}\ \text{V} = 220\ \text{V}$$

线电流为

$$I_L = I_P = \frac{U_P}{z} = \frac{220}{10}\ \text{A} = 22\ \text{A}$$

三相总有功功率为

$$P = \sqrt{3}U_L I_L \cos\varphi = \sqrt{3} \times 380 \times 22 \times 0.8 \text{ W} = 11.6 \text{ kW}$$

（2）三角形连接时相电压为

$$U_P = U_L = 380 \text{ V}$$

相电流为

$$I_P = \frac{U_P}{z} = \frac{380}{10} \text{ A} = 38 \text{ A}$$

线电流为

$$I_L = \sqrt{3}I_P = \sqrt{3} \times 38 \text{ A} = 66 \text{ A}$$

三相总有功功率为

$$P = \sqrt{3}U_L I_L \cos\varphi = \sqrt{3} \times 380 \times 66 \times 0.8 \text{ W} = 34.8 \text{ kW}$$

可见，在电源线电压相同的情况下，同一组对称三相负载接成三角形时，其线电流和三相总有功功率均为接成星形时的 3 倍。

*2. 三相电路有功功率的测量

（1）一功率表法。对称三相四线制电路，由于 $P = 3P_U$，所以只要 1 只功率表即可测三相负载的有功功率。如图 6-2-6 所示。

（2）二功率表法。对于三相三线制电路，无论负载是否对称，不管是作星形连接还是三角形连接，都可采用图 6-2-7 所示电路进行三相有功功率的测量。

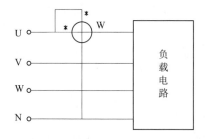

图 6-2-6　对称三相四线制有功功率的测量

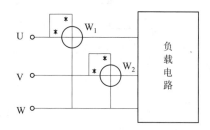

图 6-2-7　三相三线制有功功率的测量

按图 6-2-7 接法可以证明：

$$P = P_1 + P_2 = U_{UW}I_U \cos\varphi_1 + U_{VW}I_V \cos\varphi_2 \tag{6-2-17}$$

式中，U_{UW}，U_{VW} 为线电压有效值，I_U，I_V 为线电流有效值。φ_1 为 $\dot{U}_{UW}$ 与 $\dot{I}_U$ 的相位差，φ_2 为 $\dot{U}_{VW}$ 与 $\dot{I}_V$ 的相位差。

利用二功率表法进行三相有功功率的测量时要注意：

①二功率表的正确接法：

a. 两只功率表的电流线圈接于不同相的相线上，但发电机端必须接于电源侧，使电流线圈流过的是线电流；

b. 两只功率表的电压线圈发电机端（＊）接到各自电流线圈所在相上，并将另一端共同接到公共相上，使加在电压回路的电压是线电压。

按照接法规则，二功率表法测量三相电路有功功率的接法共有 3 种，图 6-2-7 只是其中的一种。

②正确理解式（6-2-17）：

a. P_1、P_2 并不代表三相负载任何某相的实际功率，单独的 P_1 或 P_2 没有实际意义；

b. 由于负载性质不同，将会有可能使得 P_1 或 P_2 某一量为负值，实际测量时，为负值的表会反偏，应使它正偏过来，但总有功功率为 P_1、P_2 的代数和。

（3）三功率表法。对于不对称的三相四线制电路，分别测量每一相的有功功率，需 3 只功率表进行测量，如图 6-2-8 所示。

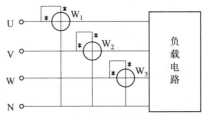

图 6-2-8   不对称三相四线制有功功率的测量

显然这时有 $P = P_U + P_V + P_W$。

*【例 6-2-6】   对于三相三线制供电的三相对称负载，可用一功率表法测得三相负载的总无功功率 Q，试画出测试原理接线图并加以说明。

解：测试原理接线图如图 6-2-9（a）所示，当负载是三相对称负载时，相量图如图 6-2-9（b）所示（设负载为感性）。

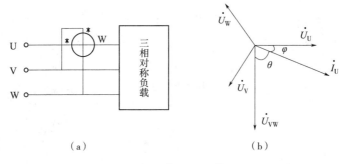

（a）   （b）

图 6-2-9   【例 6-2-6】图

由相量图得 $P = U_{VW} I_U \cos\theta = U_L I_L \cos(90° - \varphi) = U_L I_L \sin\varphi$（容性负载 $\theta = 90° + \varphi$）。

因此根据功率表的读数可以测取负载的无功功率 $Q = \sqrt{3} U_L I_L \sin\varphi = \sqrt{3} P$，即功率表读数的 $\sqrt{3}$ 倍为对称三相电路总的无功功率。

 任务实施与评价

下面进行三相照明电路的连接与测试。

一、实施步骤

1. 三相负载星形连接（三相四线制供电）

按图 6-2-10 所示电路连接实验电路，即三相灯组负载经三相自耦调压器接通三相对称电源。将三相调压器的旋柄置于输出为 0 V 的位置（即逆时针旋到底）。经指导教师检查合格后，方可开启实验台电源，然后调节调压器的输出，使输出的三相线电压为 220 V（以确保短路实验安全），并按下述内容完成各项实验，分别测量三相负载的线电压、相电压、线电流、相电流、中性线电流、电源与负载中性点间的电压。将所测得的数据记入 表6-2-1 中，并观察各相灯组亮暗的变化程度，特别要注意观察中性线的作用。

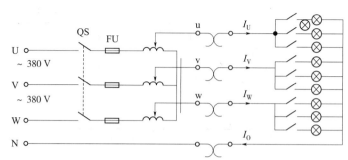

图 6-2-10　三相负载星形连接测试电路

表6-2-1　三相负载星形连接测试数据

测量数据 实验内容 （负载情况）	开灯盏数			线电流/A			线电压/V			相电压/V			中性线电流 I_0/A	中性点电压 U_{N0}/V
	U 相	V 相	W 相	I_U	I_V	I_W	U_{UV}	U_{VW}	U_{WU}	U_{UV}	U_{VW}	U_{WU}		
Y_0接平衡负载	3	3	3											
Y 接平衡负载	3	3	3											
Y_0接不平衡负载	1	2	3											
Y 接不平衡负载	1	2	3											
Y_0接 V 相断开	1	0（负载开路）	3											
Y 接 V 相断开	1	0（负载开路）	3											
Y 接 V 相短路	1	0（负载开路）	3											

2. 三相负载三角形连接（三相三线制供电）

按图 6-2-11 改接电路，经指导教师检查合格后接通三相电源，并调节调压器，使其输出线电压为 220 V，并按表 6-2-2 的内容进行测试。

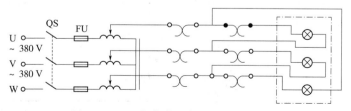

图 6-2-11　三相负载三角形连接测试电路

表 6-2-2　三相负载三角形连接测试数据

测量数据\负载情况	开灯盏数			线电压 = 相电压/V			线电流/A			相电流/A		
	U-V相	V-W相	W-U相	U_{UV}	U_{VW}	U_{WU}	I_U	I_V	I_W	I_{UV}	I_{VW}	I_{WU}
三相平衡	3	3	3									
三相不平衡	1	2	3									

二、任务评价

评价内容及评分如表 6-2-3 所示。

表 6-2-3　任　务　评　价

任务名称		三相照明电路的连接与测试			
	评价项目	标准分	评价分	主要问题	
自我评价	任务要求认知程度	10 分			
	相关知识掌握程度	15 分			
	专业知识应用程度	15 分			
	信息收集处理能力	10 分			
	动手操作能力	20 分			
	数据分析与处理能力	10 分			
	团队合作能力	10 分			
	沟通表达能力	10 分			
	合计评分				
小组评价	专业展示能力	20 分			
	团队合作能力	20 分			
	沟通表达能力	20 分			
	创新能力	20 分			
	应急情况处理能力	20 分			
	合计评分				
教师评价					
总评分					
备注	总评分 = 教师评价 50% + 小组评价 30% + 个人评价 20%				

 **知识拓展**

*安全用电常识简介

从事电气电子工作的人员经常会接触各种电气设备，因此必须具备一定的安全用电常识。只有严格按照安全用电的有关规定从事相关工作，才能可靠地防止电器事故的发生。

一、触电知识简介

人体因触及高压带电体而承受过大电流，以致引起死亡或局部受伤的现象称为触电。

1. 触电的种类

人体触电时，电流对人体会造成2种伤害：电击和电伤。电击是指电流通过人体，使人体组织受到伤害，这种伤害会造成身体发麻、肌肉抽搐、神经麻痹，会引起心颤、昏迷、窒息和死亡；电伤是指电流对人体外部造成的局部伤害，它是由于在电流的热效应、化学效应、机械效应及电流本身的作用下，使熔化和蒸发的金属微粒侵入人体，使局部皮肤受到灼伤和皮肤金属化等现象，严重的也能致人死亡。

触电对人体的伤害程度与人体电阻、通过的电流大小、触电电压、电流频率、电流路径、持续时间等因素有关。

（1）人体电阻：人体电阻因人而异，通常在 $10 \sim 100 \text{ k} \Omega$ 之间，触电面积越大，靠得越紧，电阻越小。因此在相同情况下，不同的人受到的触电伤害程度不同。天气潮湿，皮肤出汗都会使人体电阻降低。因此在测量电阻时，不能两只手同时接触电阻脚，否则会将人体电阻并在被测电阻上。

（2）电流大小对人的伤害：人体通过工频交流 1 mA 或直流 5 mA 电流时，会有麻、痛的感觉；通过工频交流 20 mA 或直流 30 mA 电流时，会感到麻木、剧痛，且失去摆脱电源的能力；如果持续时间过长，会引起昏迷而死亡；当通过工频 100 mA 电流时，会引起呼吸窒息，心跳停止，很快死亡。因此漏电保护通常设定在 20 mA。

（3）触电电压对人体的伤害：触电电压越高，通过人体的电流越大就越危险。而 36 V 以下的电压对人没有生命威胁，因此把 36 V 以下的电压称为安全电压。在工厂进行设备检修时使用的手灯及机床照明都采用的是安全电压。

（4）电流频率对人体的伤害：实践证明，直流电对血液有分解作用，而高频电流不仅没有危害而且还可以用于医疗保健。电流频率在 $40 \sim 60 \text{ Hz}$ 时对人体的伤害最大。

（5）电流路径与持续时间对人体的伤害：电流的路径通过心脏会导致神经失常、心跳停止、血液循环中断，危险性最大。其中电流从右手到左脚的路径是最危险的。电流持续的时间越长，人体电阻变得越小，通过人体的电流将变大，危害也变大。

电伤一般发生在负载拉闸和负载短路的情况。当负载电流很大且为感性负载时，负载切断电源会使闸刀触点产生强大的电弧。若灭弧装置的性能不好或未加灭弧装置时，会使触点熔化形成的金属蒸汽喷到操作人员的手上或脸上造成电伤。

2. 人体触电的几种形式及其防护

（1）直接触电。人体直接接触带电设备称为直接触电，其防护方法主要是对带电导体加绝缘；对变电所的带电设备加隔离栅栏或防护罩等设施。直接触电又可分为单相触电和两相触电。

①单相触电：人体的一部分与一根带电相线接触，另一部分又同时与大地（或零线）接触而造成的触电事故称为单相触电，单相触电是最多的一种触电事故。

②两相触电：人体的不同部位同时接触 2 根带电相线时的触电事故称为两相触电。这种触电事故的电压高、危害性大。单相触电和两相触电如图 6-2-12 所示。

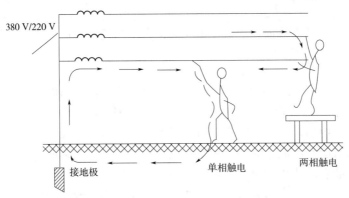

图 6-2-12　单相触电和两相触电

（2）间接触电。人体触及正常时不带电、事故时带电的导电体称为间接触电，如电气设备的金属外壳、框架等。防护的方法是将这些正常时不带电的外露可导电部分接地，并装接地保护等。间接触电主要有跨步电压触电和接触电压触电。

①跨步电压触电：电力线落地后会在导线周围形成一个电场，电位的分布是以接地点为圆心逐步降低的。当有人跨入这个区域，两脚之间的电位差会使人触电，这个电压称为跨步电压，如图 6-2-13 所示。通常高压线形成的跨步电压对人有较大危害。如果误入接地点附近，应双脚并拢或单脚跳出危险区。一般在接地点 20 m 以外，跨步电压就降为 0 了。

②接触电压触电：当人站在发生接地短路故障设备的旁边，手触及设备外露可导电部分，手、脚之间所承受的电压称接触电压，由接触电压引起的触电事故称为接触电压触电。

二、接地、保护接地和保护接零

1. 接地

电气设备的某部分与土壤之间作良好的电气连接称为接地。与土壤直接接触的金属物体称为接地体（人工接地体通常采用钢管或角钢打入地下 4 m 以上）。连接接地体与电气设备发生接地部分的金属线称为接地线（接地线用扁钢或圆钢与接地体电焊连接），接地体和接地线总称为接地装置。当电气设备发生接地短路时，电流就通过接地装置向大地作半球形散开，距离接地短路点越远，电位越低，试验证明，离接地短路点 20 m 左右的地方，电位已趋近于零。这个零电位的地方称为电气上的"地"或"大地"。

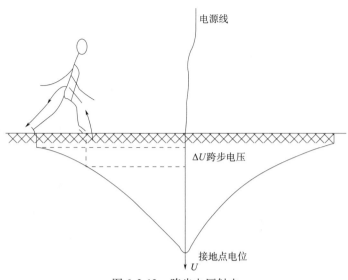

图 6-2-13 跨步电压触电

电力系统和设备的接地，按其功能可分为工作接地和保护接地，此外尚有进一步保证保护接地的重复接地。

（1）工作接地。在三相电力系统中凡运行所需的接地均称为工作接地，如发电机、变压器星形连接时中性点接地，防雷设备接地等。

（2）保护接地。为保障人身安全，防止间接触电而将设备的外露可导电部分进行接地，称为保护接地。

（3）重复接地。重复接地是指电路中除中性点是工作接地外，还在其他处将零线再次接地。规程规定，在架空线中的干线和分支线的终端及沿线每隔 2 km 处零线应重复接地。重复接地电阻器与工作接地电阻器并联，这可以降低总的接地电阻，发生单相接地短路时，短路电流增加。可增加保护装置功效，使保护水平提高。

电气设备在正常情况下，它的金属外壳是不带电的。当电气设备绝缘遭到破坏时，设备的金属外壳就可能带电，人体触及外壳时就会发生触电事故。为防止触电，除应注意相线必须进开关，用电线路的导线和熔丝应合理选择，用电设备必须按要求正确安装外，电气设备的外壳还必须采取保护接地或保护接零措施。

2. 保护接地

在中性点不接地的三相电源系统中，将电气设备的外壳或机座与大地形成可靠的电气连接（接地电阻应小于 4 Ω），这种接地方法称为保护接地。图 6-2-14、图 6-2-15 为未保护接地和有保护接地的电气设备示意图。

电气设备采用保护接地后，若带电导体因绝缘损坏且碰壳，人体触及带电的外壳时，漏电流有 2 个回路：一个是经接地保护装置回到电气设备，另一个是流经人体回到电气设备。电源对地的漏电阻一般都非常大，由于人体电阻（R_B）一般在 1 000 Ω 左右，远大于接地电阻（R_e），因此加在人体上的电压很小，流过人体的电流也很小，从而避免了触电事故的发生。

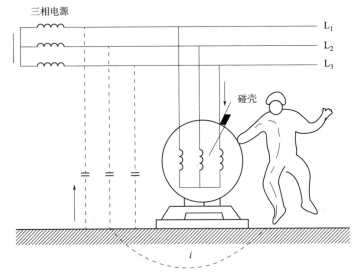

图 6-2-14　未保护接地时可能发生的触电事故

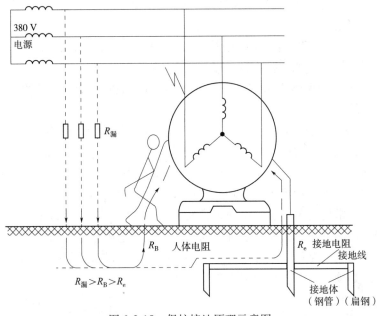

图 6-2-15　保护接地原理示意图

　　保护接地通常适用于电压低于 1 kV 的三相三线制供电电路或电压高于 1 kV 的电力网中。

3. 保护接零

　　保护接零是将电气设备的金属外壳接到零线，保护接零适用于电压低于 1 kV 且电源中性点接地的三相四线制供电电路，其接法如图 6-2-16 所示。采用保护接零措施后，若外壳带电时，相当于一相电源对中性线（地）短路，使熔丝立即熔化或其他保护电器动作，迅速切断电源，避免触电事故的发生。

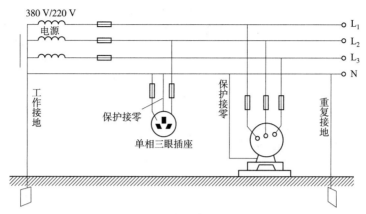

图 6-2-16　电气设备的保护接零

　　单相用电器正确的保护接零方式，如图 6-2-17 所示。绝不允许把用电器的外壳直接与用电器的零线相连，这样不仅不能起到保护作用，还可能引起触电事故，图 6-2-18 所示是几种错误的接零方法。

　　在图 6-2-18（a）、（b）中，一旦中性线因故断开，用电器外壳将带电，极为危险。图 6-2-18（c）中，一旦插座或接线板上的相线与中性线接反，当用电器正常工作时，外壳也带电，就有触电危险，也是绝不允许的。

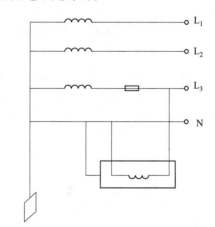

图 6-2-17　单相用电器正确的保护接零方式

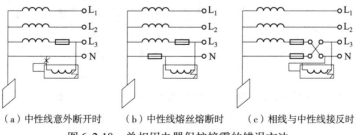

（a）中性线意外断开时　　（b）中性线熔丝熔断时　　（c）相线与中性线接反时

图 6-2-18　单相用电器保护接零的错误方法

在中性点接地的三相交流电路中，如低压配电电路，如果采用保护接地措施，当发生绝缘损坏并使机壳带电时，两地之间会有短路电流通过，如图 6-2-19 所示。其短路电流为

$$I_{地} = \frac{220}{4 \times 2} \text{ A} = 27.5 \text{ A}$$

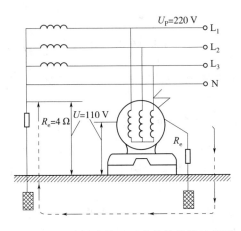

图 6-2-19　中性点接地而未保护接零示意图

由于这个短路电流不够大，可能不会使熔断器熔断。尽管保护接地电阻只有 4 Ω，但该电流还是会在地与机壳之间形成 110 V 高压电，如果人体触及就会造成触电事故。因此，必须采用保护接零措施。

特别强调：在同一个配电系统中不允许保护接零与保护接地混合使用，否则当保护接地设备发生单相碰壳短路时，将使零线电位升高，使接零保护的电器外壳带很高的电压，如果有人同时触到接地设备和接零设备外壳，人体将承受电源的相电压，这是非常危险的。

检 测 题

一、填空题

1. 三相电源绕组的连接方式有_____和_____2 种，而常用的是_____连接。

2. 三相四线制供电系统中，线电压在数值上等于相电压的_____倍；相位上，线电压_____于相应的相电压_____。

3. 三相对称负载三角形连接时，线电流在数值上等于相电流的_____倍；在相位上，线电流比相对应的相电流_____。

4. 三相不对称负载作星形连接时，中性线的作用是使三相负载成为 3 个_____电路，保证各相负载都承受对称的电源_____。

5. 三相负载作星形连接，有中性线，则每相负载承受的电压为电源的_____电压，若作三角形连接，则每相负载承受的电压为电源的_____电压。

6. 已知三相电源的线电压为 380 V，而三相负载的额定相电压为 220 V，则此负载应作_____形连接，若三相负载的额定相电压为 380 V，则此负载应作_____形连接。

7. 三相电动机绕组可以连成_____或_____；由单相照明负载构成的三相不对称负载，一般都连成_____。

8. 某三相异步电动机，定子每相绕组的等效电阻为 8 Ω，等效阻抗为 6 Ω，现将此电动机连成三角形接于线电压为 380 V 的三相电源上，则每相绕组的相电压为_____V，相电流为_____A，线电流为_____A。

9. 某三相异步电动机，每相绕组的等效电阻 $R = 8$ Ω，等效感抗 $X_L = 6$ Ω，现将此电动机连成星形接于线电压 380 V 的三相电源上，则每相绕组承受的相电压为_____V，相电流为_____A，线电流为_____A。

10. 某三相对称负载作三角形连接，已知电源的线电压 $U_L = 380$ V，测得线电流 $I_L = 15$ A，三相电功率 $P = 8.5$ kW，则每相负载承受的相电压为_____，每相负载的功率因数为_____。

11. 如图 6-题-1 所示，电源的线电压为 380 V，电路的等效电阻 $R_1 = 3$ Ω，等效感抗 $X_1 = 4$ Ω，负载电阻 $R = 30$ Ω，感抗 $X_L = 40$ Ω，则相电流为_____A，线电流为_____A。

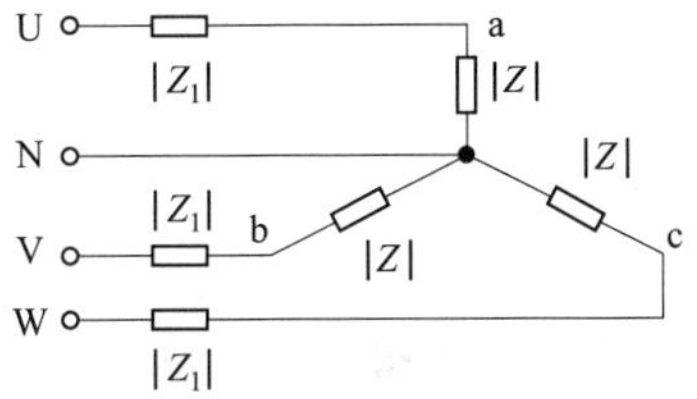

图 6-题-1　填空题第 11 题图

12. 照明电路应采用_____方式供电；三相交流电动机电路一般采用_____方式供电。

13. 三相对称负载连成三角形接于线电压为 380 V 的三相电源上，若 U 相负载处因故发生断路，则 V 相负载的电压为_____V，W 相负载的电压为_____V。

14. 三相对称负载连成三角形接于线电压为 380V 的三相电源上，若 U 相电源线因故发生断路，则 U 相负载的电压为_____V，V 相负载的电压为_____V，W 相负载的电压为_____V。

15. 三相对称负载连成三角形，接到线电压为 380V 的电源上。有功功率为 5.28kW，功率因数为 0.8，则负载的相电流为_____A，线电流为_____A。

二、判断题

1. 同一台发电机作星形连接时的线电压等于作三角形连接时的线电压。　　　（　　）

2. 三相四线制中，中性线的作用是强制性地使负载对称。　　　（　　）

3. 凡负载作星形连接，有中性线时，每相负载的相电压为线电压的 $1/\sqrt{3}$ 倍。　（　　）

4. 凡负载作星形连接，无中性线时，每相负载的相电压不等于线电压的 $1/\sqrt{3}$ 倍。

（　　）

5. 三相负载作星形连接时，负载越接近对称，则中线电流越小。 （ ）

6. 三相负载作三角形连接时，负载的相电压等于电源的相电压。 （ ）

7. 三相对称负载消耗的有功功率表达式为 $P = 3U_\mathrm{P}I_\mathrm{P}\cos\varphi_\mathrm{P} = \sqrt{3}U_\mathrm{L}I_\mathrm{L}\cos\varphi_\mathrm{P}$，式中 U_P、U_L 分别是相电压、线电压（V）；I_P、I_L 分别为相电流、线电流（A）；φ_P 是相电压与相电流之间的相位差；P 是有功功率（W）。 （ ）

8. 一台接入线电压为 380 V 三相电源的三相交流电动机，其三相绕组无论接成星形或三角形，取用的功率是相同的。 （ ）

9. 某三相对称负载作三角形连接，已知电源的线电压 $U_\mathrm{L} = 380$ V，测得线电流 $I_\mathrm{L} = 15$ A，三相电功率 $P = 85$ kW，则该三相对称负载的功率因数为 0.86。 （ ）

10. 同一台三相异步电动机，若加在每相绕组上的电压相同，则此电动机不论采取星形连接还是三角形连接，其线电流均相同。 （ ）

三、选择题

1. 三相四线制供电电路的中性线上不准安装开关和熔断器的原因是（ ）。

    A. 中性线上无电流，熔体烧不断

    B. 开关接通或断开时对电路无影响

    C. 开关断开或熔丝熔断后，三相不对称负载将承受三相不对称电压的作用，无法正常工作，严重时会烧毁负载

2. 由三相不对称负载构成的电路中，三相总有功功率为 P、总无功功率为 Q、总视在功率为 S，则下列关系式中正确的为（ ）。

    A. $P = P = P_\mathrm{U} + P_\mathrm{V} + P_\mathrm{W}$ B. $Q = 3U_\mathrm{p}I_\mathrm{p}$ C. $S = 3U_\mathrm{p}I_\mathrm{p}$

3. 三相三线制供电系统，若断开一根相线，则成为（ ）供电。

    A. 单相   B. 两相   C. 三相

4. 某三相对称负载作星形连接，已知 $i_\mathrm{U} = 10\sin(\omega t - 30°)$ A，则 W 相的线电流为（ ）。

    A. $i_\mathrm{W} = 10\sin(\omega t - 150°)$ A

    B. $i_\mathrm{W} = 10\sin(\omega t + 90°)$ A

    C. $i_\mathrm{W} = 10\sin(\omega t)$ A

5. 有一台三相交流发电机作星形连接，每相额定电压为 220 V。在一次试验时，用电压表测得相电压 $U_\mathrm{U} = 0$ V，$U_\mathrm{V} = U_\mathrm{W} = 220$ V，而线电压则为 $U_\mathrm{UV} = U_\mathrm{WU} = 220$ V，$U_\mathrm{VW} = 380$ V，造成这种现象的原因是（ ）。

    A. U 相断路   B. U 相短路   C. V 相短路

6. 如图 6-题-2 所示，各相灯泡的数量及功率均相同。若 W 相灯泡因故发生断路，则产生的现象是（ ）。

    A. U 相、V 相灯泡都变亮

    B. U 相、V 相灯泡都变暗

    C. U 相、V 相灯泡亮度不变

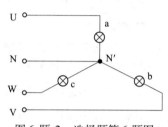

图 6-题-2　选择题第 6 题图

7. 三相电阻性负载作星形连接，各相电阻间的关系为 $R_U > R_V > R_W$。若 U 相负载因故发生短路，且中性线又断开，则下列关系正确的是（　　）。

　　A. $U_V > U_W$ 　　　　　　　B. $U_V = U_W$ 　　　　　　C. $U_V < U_W$

8. 对称负载连成三角形接于线电压为 380 V 的三相电源上，若 U 相负载处因故发生断路，则 V 相负载电压和 W 相负载的电压分别为（　　）。

　　A. 380 V、380 V 　　　　　B. 220 V、220 V 　　　　C. 190 V、220 V

9. 三相对称负载连成三角形接于线电压为 380V 的电源上。若 U 相电源线因故断路，则下列说法正确的是（　　）。

　　A. 三相负载均不能正常工作

　　B. U、W 两相负载只承受线电压的 1/2，不能正常工作，V 相正常

　　C. U、V 两相负载不能正常工作，W 相正常

10. 在相同线电压作用下，同一台三相交流电动机作星形连接所产生的功率是作三角形连接所产生功率的（　　）倍。

　　A. $\sqrt{3}$ 　　　　　　　　　B. 1/3 　　　　　　　　　C. $1/\sqrt{3}$

四、简答题

1. 三相发电机接成三角形供电。如误将 U 相接反，会产生什么后果？如何使连接正确？

2. 三相电动机不转时，阻抗很小，接通电源启动时，启动电流很大。一台电动机在正常运行时是三角形接法，为了减小启动电流，在启动过程中转换成星形接法，运转起来以后再切换成三角形。试说明这种启动方法可以把启动电流减少多少？

3. 下列说法哪些是正确的？哪些是错误的？为什么？

（1）在同一电源作用下，负载作星形连接时的线电压等于作三角形连接时的线电压。

（2）当负载作星形连接时必须有中性线。

（3）负载作星形连接时，线电压必为相电压的 $\sqrt{3}$ 倍。

（4）负载作三角形连接时，线电流必为相电流的 $\sqrt{3}$ 倍。

（5）负载作星形连接时，线电流必等于相电流。

（6）负载作星形连接时，线电压等于相电压。

（7）三相负载越接近对称，中性线电流就越小。

（8）同一个三相负载作星形连接或作三角形连接时，有功功率都可以用 $P = \sqrt{3}U_LI_L\cos\varphi$ 求得。

（9）在同一电源电压作用下，同一个对称三相负载作星形或三角形连接时，总功率相等，都为 $P = \sqrt{3}U_LI_L\cos\varphi$。

（10）在三相四线制供电电路中，任何一相负载的变化，都不会影响其他两相。

五、计算题

1. 在对称三相电压中，已知 $u_V = 220\sqrt{2}\sin(314t+30°)$ V，试写出其他两相电压的瞬时值表达式，并作出相量图。

2. 有一三相对称负载，各相负载的阻抗均为 10 Ω，星形连接，接在线电压为 380 V

的三相四线制电源上。试求：

（1）线电流；

（2）中性线电流。

3．有一台三角形连接的三相异步电动机，满载时每相电阻 $R=9.8\ \Omega$，电抗 $X_L=5.3\ \Omega$。由线电压为 380 V 的三相电源供电，试求电动机的相电流和线电流。

4．如图 6-题-3 所示电路，电源电压 $U_L=380$ V，每相负载的阻抗为 $R=X_L=X_C=10\ \Omega$。试求：

（1）该三相负载能否称为对称负载？为什么？

（2）中性线电流和各相电流，画出相量图。

（3）三相总功率。

5．有一台三相电动机，星形连接，从配电盘电压表读出线电压为 380 V，线电流为 6.1 A，已知电动机取用的功率为 3.3 kW，试求电动机每相绕组的等效电阻和等效感抗。

6．如图 6-题-4 所示的三相四线制电路，三相负载连接成星形，已知电源线电压为 380 V，负载电阻 $R_U=11\ \Omega$，$R_V=R_W=22\ \Omega$，试求：

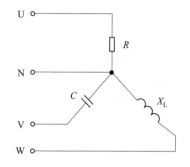

图 6-题-3　计算题第 4 题图

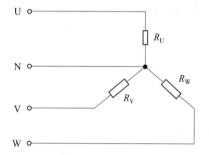

图 6-题-4　计算题第 6 题图

（1）负载的各相电压、相电流、线电流。

（2）中性线断开，U 相短路时的各相电流和线电流。

（3）中性线断开，U 相断开时的各线电流和相电流。

7．已知电源电压为 380V，每个电阻都为 100 Ω，试求图 6-题-5 所示 2 个电路中各电压表、电流表的读数。

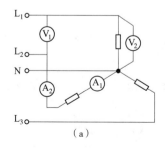

（a）

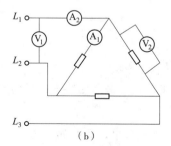

（b）

图 6-题-5　计算题第 7 题图

8. 对称三相电源，线电压 $U_L = 380$ V，对称三相感性负载作三角形连接，若测得线电流 $I_L = 17.3$ A，三相功率 $P = 9.12$ kW，求每相负载的电阻和感抗。

9. 对称三相电源，线电压 $U_L = 380$ V，对称三相感性负载作星形连接，若测得线电流 $I_L = 17.3$ A，三相功率 $P = 9.12$ kW，求每相负载的电阻和感抗。

10. 三相异步电动机的 3 个阻抗相同的绕组连接成三角形，接于线电压 $U_L = 380$ V 的对称三相电源上，若每相复阻抗 $Z = 8 + j6$ Ω，试求此电动机工作时的相电流 I_P、线电流 I_L 和三相电功率 P。

参 考 文 献

[1] 季顺宁. 电工电路设计与制作 [M]. 北京：电子工业出版社，2007.

[2] 刘文革. 电工与电测技术 [M]. 北京：中国水利水电出版社，2009.

[3] 付玉明. 电路分析基础 [M]. 北京：中国水利水电出版社，2004.

[4] 王俊鸥. 电路和基础 [M]. 北京：人民邮电出版社，2008.

[5] 甘祥根. 电路分析基础 [M]. 北京：北京邮电大学出版社，2012.

[6] 曹才开. 电路分析基础 [M]. 北京：清华大学出版社，2009.

[7] 秦曾煌. 电工学，电工技术 [M]. 7 版. 北京：高等教育出版社，2009.